蜜蜂

健康高效养殖技术

王彪 李勇 罗术东 主编

化学工业出版社

·北京·

内 容 简 介

本书以蜜蜂健康高效养殖为主线,主要介绍了蜜蜂生物学基础知识以及蜂场建设与规划、蜂群常规操作与管理、蜂群四季管理、中蜂人工育王、蜜蜂主要病敌害防控、中蜂高效养殖与优质蜂蜜生产等技术。同时,结合当前蜂产品销售问题,介绍了蜂产品市场营销策略,另外,还介绍了蜜粉源植物泌蜜预测预报技术,旨在促进蜂产业健康、高效、可持续发展。

本书图文并茂,实用性强,可供养蜂人员、蜂业科研人员、养蜂爱好者及相关专业师生阅读参考。

图书在版编目(CIP)数据

蜜蜂健康高效养殖技术/王彪,李勇,罗术东主编.
—北京:化学工业出版社,2020.12
ISBN 978-7-122-37716-6

Ⅰ.①蜜… Ⅱ.①王… ②李… ③罗… Ⅲ.①蜜蜂
饲养 Ⅳ.①S894.1

中国版本图书馆CIP数据核字(2020)第171135号

责任编辑:冉海滢 刘 军　　　　　　　　　　文字编辑:郝芯纱 陈小滔
责任校对:王 静　　　　　　　　　　　　　　装帧设计:关 飞

出版发行:化学工业出版社(北京市东城区青年湖南街13号 邮政编码100011)
印　　装:北京宝隆世纪印刷有限公司
710mm×1000mm 1/16 印张14¼ 字数282千字 2020年12月北京第1版第1次印刷

购书咨询:010-64518888　　　　　　　　　售后服务:010-64518899
网　　址:http://www.cip.com.cn
凡购买本书,如有缺损质量问题,本社销售中心负责调换。

定　　价:49.80元

本书编写人员

主　　编　王　彪　李　勇　罗术东

副 主 编　徐国钧　雷耀鹏　罗应国　田建成　何志军

编写人员　王　彪　李　勇　罗术东　徐国钧　雷耀鹏　罗应国

　　　　　田建成　何志军　苏　萍　张　瑞　李　萍　闫雪琴

　　　　　张奎举　赵满飞　安克龙　吴　鋐　曹国伟　吴天文

　　　　　权海涛　孙永武　常　亮　张应清　李玉忠　马存宝

　　　　　马惠东　梁　斌　吴　丹

前 言

　　蜜蜂是人类的朋友。蜜蜂为人类提供天然的营养食品和珍贵的保健品，提升人们的健康水平和生活品质。蜜蜂在觅食采集活动中，通过为植物传花授粉，可以促进生态恢复和生命繁荣，能有效提高农作物的产量和质量，所以，发展养蜂业是一项利国利民的"甜蜜"事业。同时，养蜂业与其他养殖业相比，不仅投入少、见效快，而且不与种植业争地、争水、争肥料，又不与其他养殖业争草、争饲料，也不需建厂房，不污染环境，是一项资源节约型和环境友好型产业。

　　养蜂生产技术性较强，从事养蜂的生产者需要严格遵循自然规律和蜜蜂生物学习性，不断提高科学养蜂理论和实践水平，正确处理蜂群与气候、蜜源之间的关系，运用科学的饲养管理技术，尽可能地创造和满足蜜蜂生活和发展所需要的良好条件，极大地利用蜜蜂的有效劳动，为人们提供更多更好的优质蜂产品，推动蜜蜂产业健康、高效、可持续发展。

　　针对我国蜂业生产效率低、劳动强度大、蜂种退化、产品质量差、蜜蜂授粉普及率低等问题，国家蜂产业技术体系将"蜜蜂健康高效养殖技术研究与示范"确定为"十二五"和"十三五"期间的重点任务之一，明确了我国养蜂生产技术的发展方向。国家蜂产业技术体系固原综合试验站，在首席科学家吴杰研究员和对接本站岗位科学家周冰峰教授、胥保华教授、李建科教授、吴黎明研究员和郭媛研究员的支持指导下，结合当地养蜂技术水平较低等情况，积极开展了"中华蜜蜂健康高效养殖技术试验与示范"和"西方蜜蜂健康高效养殖技术试验与示范"。通过在各示范县示范蜂场认真组织试验示范与研究，集成适合六盘山区乃至西北地区的蜜蜂健康高效养殖技术，在此基础上组织编写了本书，旨在为当地养蜂生产者提供技术指导，为当地蜂业发展提供技术支撑。

　　本书不仅吸收了国家蜂产业技术体系"十二五"和"十三五"对接固原综合试验站岗位科学家团队与综合试验站共同合作研发的科研成果，而且也吸收了体系内许多岗位科学家及团队的科研成果，同时也吸收了体系外许多著名养蜂专家及团队的科研成果，并且在各示范蜂场中进行了广泛的试验示范与推广应用。在此一并表示最真诚的感谢！此外，本书也是编者及当地蜂农几十年的养蜂实践经验与总结。

本书在编写和出版过程中得到了国家蜂产业技术体系、宁夏回族自治区农业农村厅及固原市农业农村局产业发展资金的资助。

由于编写人员水平和能力有限，书中不妥之处在所难免，恳请读者批评指正，以便今后改正。

编　者

2020年6月

目 录

第一章 **蜜蜂生物学** / 001

第一节 蜜蜂个体生物学 001
第二节 蜜蜂群体生物学 010
第三节 中蜂生物学特性 028

第二章 **蜂场建设与规划** / 034

第一节 蜂场场址选择 034
第二节 蜂场规划及布局 036
第三节 蜂场设施及建设 037
第四节 蜂群选购 041
第五节 蜂群排列放置 044

第三章 **蜂群常规操作与管理** / 048

第一节 蜂群检查 048
第二节 蜂群饲喂 056
第三节 蜂脾关系与修造巢脾 059
第四节 分蜂团的收捕与人工分蜂 064
第五节 蜂王和王台的诱入 067
第六节 蜂群合并 071
第七节 分蜂热控制与解除 073
第八节 防止盗蜂 077
第九节 巢温调节 080

第十节　蜂群偏集的预防和处理..082

第十一节　工蜂产卵的预防和处理..084

第十二节　蜂群近距离迁移..086

第十三节　蜂群转地管理..087

第十四节　防止中蜂飞逃..092

第四章　蜂群四季管理　/ 096

第一节　秋季越冬准备阶段蜂群管理..096

第二节　冬季越冬阶段蜂群管理..100

第三节　春季蜂群繁殖发展阶段管理..107

第四节　夏季生产阶段蜂群管理..113

第五章　中蜂人工育王技术　/ 121

第一节　蜜蜂人工育王概念及原理..121

第二节　种用群的选择和组织..125

第三节　人工育王的方法..127

第四节　交尾群的组织和管理..134

第六章　蜜蜂健康养殖与主要病敌害防控　/ 137

第一节　蜜蜂健康养殖..137

第二节　加强饲养管理防控中蜂病敌害......................................140

第三节　蜜蜂病敌害的种类及特点..143

第四节　蜜蜂病敌害防控..149

第五节　蜜蜂病敌害诊断..153

第六节　西方蜜蜂常见病敌害诊断及防控....................................155

第七节　中华蜜蜂常见病敌害诊断及防控....................................169

第七章　中蜂高效养殖与优质蜂蜜生产　/ 175

第一节　中蜂高效饲养管理..175

第二节　中蜂高效养殖的关键环节 ……………………………………… 182

第三节　中蜂优质蜂蜜生产 ……………………………………………… 183

第四节　中蜂分区饲养管理 ……………………………………………… 187

第八章　蜂产品市场营销策略 / 191

第一节　产品策略 ………………………………………………………… 191

第二节　价格策略 ………………………………………………………… 193

第三节　促销策略 ………………………………………………………… 195

第四节　销售渠道策略 …………………………………………………… 198

第九章　蜜粉源植物生理学及开花泌蜜预测预报 / 200

第一节　蜜粉源植物生理学 ……………………………………………… 200

第二节　蜜粉源植物开花泌蜜的预测预报 ……………………………… 212

参考文献 / 218

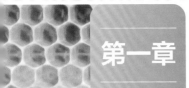

第一章 蜜蜂生物学

蜜蜂生物学知识是蜜蜂养殖的理论基础。要学习和掌握养蜂技术，并不断提高科学养蜂水平，必须要不断学习、研究和掌握蜜蜂生物学知识，并深入联系实际，切实创造满足蜜蜂生活和产业发展所需要的良好条件，真正实现蜜蜂健康高效养殖的目的。

第一节 蜜蜂个体生物学

一、蜜蜂的生活和职能

蜜蜂是群体生活的昆虫，每只蜜蜂都不能离开群体而单独生存。

蜜蜂的蜂群由蜂王、工蜂、雄蜂3种形态（图1-1）和职能不同的个体组成，每群蜂只有1只蜂王（在自然情况下），几千到数万只工蜂，繁殖季节还会出现数百只雄蜂，它们共同生活在一起，分工合作，互相依赖，互相联系，以保障蜂群在自然界里得到生存和发展。

1. 蜂王

蜂王（图1-2）是蜂群中生殖器官发育完全的雌性蜂（母蜂），是一群之母。意大利蜂王体重约为180mg，体长15～17mm；中蜂蜂王体重约为150mg，体长12～15mm。蜂王身体比工蜂长，也比工蜂重。蜂王的主要职能是产卵（图1-3）。通常处女王在羽化后第3天开始出巢试飞，辨认方向，熟悉蜂巢位置和周围环境。4～7d性成熟，进行交

图1-1 三型蜂（李勇 摄）

图1-2 蜂王（李勇 摄）

图1-3 蜂王正在产卵（王彪 摄）

尾飞行，10d左右交尾成功，隔1～2d开始产卵。一只优质的蜂王在产卵盛期，意大利蜂王每天可产卵1500～2500粒，中蜂蜂王可产卵900～1800粒。蜂王产的卵有两种：一种是受精卵，产于工蜂房或王台基内，发育成工蜂或蜂王；一种是未受精卵，产于雄蜂房内，发育成雄蜂。

蜂王自产卵之日起，除自然分蜂和飞逃外，从不飞出。在正常情况下，1群蜂只有1只蜂王，在繁殖季节，在即将出现或已经出现2只以上的蜂王时，就会发生自然分蜂或新、老蜂王互相杀斗，剩下1只，但在自然交替时，2只蜂王可暂时共存。蜂王的寿命为4～5年，最长可达到8～9年，但一般超过1～2年生殖机能减退，产卵力下降，所以在生产中一般每年更换一次。

蜂王的品质和产卵能力对于蜂群的强弱及其遗传性状具有决定性作用。因此，在生产中必须选用优良健壮的蜂王，才能使蜂群保持强壮，提高生产能力。

2. 工蜂

工蜂（图1-4）是生殖器官发育不完全的雌性蜂。意大利工蜂出生体重约100mg、体长12～14mm，中蜂工蜂出生体重约80mg、体长10～13mm。以意大利工蜂计算，每只工蜂爬在巢脾上约占3个巢房，1框足蜂约有2500只，每千克重约有1万只蜜蜂。工蜂的生殖器官退化，一般不产卵，但当蜂群失王，巢内没有王台或没有可改造的卵、幼虫培育新蜂王接替的时候，少数工蜂也会产未受精卵，孵化出雄蜂。工蜂在蜂群中的数量最多，少则几千只，多则几万只，担负着蜂群中的各项工作。大体分工：3日龄内的幼蜂担任保温哺育、清理巢房的任务；4～8日龄的幼蜂担负着饲喂大幼虫的任务；8～12日龄的工蜂营养腺发达，分泌蜂王浆，担负着饲喂蜂王和小幼虫的任

图1-4 工蜂（李勇 摄）

务；12～18日龄工蜂蜡腺发达，泌蜡造脾，清理巢箱，搬运死蜂、蜡渣，接受采集蜂的花蜜和花粉，酿制蜂蜜等，14日龄以后从事采集花蜜、花粉、水、蜂胶等外勤工作，但在大流蜜期幼蜂采集会提前。工蜂的平均寿命与其劳累量有关，在大泌蜜期仅为30～40d，在采集和繁殖不繁重的季节为60～80d，在北方蜂群处于越冬期工蜂的寿命可长达半年之久。蜂群的采集能力大小取决于工蜂数量的多少和品质的好坏，因此，在养蜂生产实践中必须培育强大的蜂群，以夺取蜂产品的高产稳产。

3. 雄蜂

雄蜂（图1-5）是蜂群中的雄性个体，其身体粗壮，头部和腹部末端几乎成圆形。意大利雄蜂体重约为220mg、体长15～17mm，中蜂雄蜂体重约为150mg、体长12～15mm。雄蜂的复眼特别大而突出，翅宽大，腿粗壮，以适应敏捷地发现和追逐处女王。它的唯一职能是与处女王交尾，因此，雄蜂品质的优劣对培育新蜂群的后代遗传性状好坏有着直接影响。在培育蜂王时，要同时培育生活能力强壮的优质雄蜂。

图1-5 雄蜂（李勇　摄）

雄蜂除与处女王交尾外，无其他群体工作，且食量大，故工蜂只在分蜂季节才不排斥并饲喂它，在蜂群活动季节的后期，如北方的深秋和南方的炎夏，外界蜜源缺乏时，工蜂则把雄蜂驱赶出巢，致使其饿死、冻死野外。在不需要雄蜂的时候，养蜂员杀灭雄蜂和割除雄蜂房，不仅可以减少群内的饲料消耗，而且对于降低蜂螨的寄生率也大有好处。雄蜂的寿命一般2个月左右，但与蜂王交尾后的雄蜂，随即死亡。

二、蜜蜂的发育

蜜蜂属于全变态昆虫，三型蜂的生长发育都要经过卵、幼虫、蛹、成虫4种形态不同的阶段，但三型蜂的发育历期各不相同，中西蜂也有差异。

1. 卵

蜜蜂卵（图1-6）如香蕉状，两端稍弯曲，一端粗，一端细。稍粗的一端是头部。卵乳白色，略透明，单细胞，由卵壳、精孔、卵黄膜、细胞质、卵黄及卵核等部分构成。卵壳位于卵的最外层，具有高度的不透性，保护卵内物质；精孔是位于卵前端的一个很小的孔，精卵相遇时，精子即由此孔进入卵内成为受精卵；卵黄膜位于卵壳内层，与卵黄相连；细胞质为卵的生活物质，呈透明水状细胞液；卵黄为卵的营养物质，均分于卵的全部；卵核为胚胎，含有核仁和染色体，是生命遗传的重要物质。蜂王产入巢房里的卵，以细的一端贴在巢房底，第一天是直立的，第二天稍倾斜，第三天侧伏于房底，工蜂在卵的周围分泌一些蜂王浆，使卵壳湿润软化，幼虫即破壳而出。

2．幼虫

蜜蜂幼虫（图1-7）从构型上看属蛆形幼虫，头、胸、腹三者不易分别，缺少行动的附肢。口器和感觉器官均不发达，体白色，体表有横纹的分节。幼虫孵化前3天均喂食蜂王浆，3d之后，对工蜂和雄蜂幼虫停止喂蜂王浆，改换花粉和蜂蜜的混合物即蜂粮，蜂王幼虫则一直食用蜂王浆。据试验观测，每只幼虫自孵化到封盖期间，工蜂平均每日饲喂幼虫1300余次，约每分钟喂1次。

图1-6　蜜蜂的卵（李勇　摄）

图1-7　蜜蜂的幼虫（李勇　摄）

蜜蜂幼虫的发育，也和其他昆虫一样，受内分泌激素的调节。初期咽侧体分泌保幼激素，促进幼虫迅速生长，后期前胸腺分泌蜕皮激素，促进幼虫蜕皮。幼虫每36h蜕皮1次，经4次蜕皮后化蛹。意大利蜂王幼虫发育到5.5d、工蜂幼虫6d、雄蜂幼虫6.5d，即停止取食，并由工蜂用蜡将巢房封盖，其巢房盖上有许多微小的孔，便于空气流通，供幼虫和蛹呼吸。幼虫封盖后1～2d继续生长，由卷曲逐渐伸直，排泄积存的粪便于房底，结成薄茧，在薄茧内再经第4次蜕皮，24h后即化蛹。

图1-8　蜜蜂的蛹

3．蛹

蜜蜂的蛹（图1-8）属不完全蛹，即离蛹，附肢与蛹体分离。幼虫化蛹后不取食，不活动，也不排泄任何物质，静止于巢房内，与外界只进行气体交换，但内部却进行着剧烈的变化。蛹的颜色最初呈白色，但很快变成淡黄色至黄褐色，表皮也逐渐变得坚硬，外形上逐渐显现出头、胸、腹3部分，触角、复眼、口器、翅、足等附肢显露出来。后期分泌一种蜕皮液，溶解部分内层表皮，蜕下蛹壳。封盖后意大利蜂王蛹8d、工蜂蛹12d（图1-9）、雄蜂蛹14d，完成蛹期发育，羽化为成蜂。

图1-9　工蜂蛹的发育

4. 成蜂

初羽化出房的幼蜂外骨骼较软，翅皱曲，身体灰白色，绒毛十分柔嫩，内部器官还需要有个成熟过程。因此，幼蜂出房后依靠吸食大量蜂蜜和水分使体液产生较大的内压，造成身体膨胀，翅膀逐渐伸展平直，外骨骼也逐渐变硬，绒毛竖起，体内各器官随后依次发育成熟（图1-10）。

蜜蜂的四个发育阶段要求具备一定的条件，如适合蜜蜂个体发育的巢房、优质足够的饲料、适宜的温度（34～35℃）和相对湿度（75%～90%）、充足的空气和工蜂的正

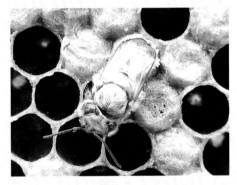

图1-10　正在羽化出房的工蜂
（罗应国　摄）

常哺育等。否则发育就会受到影响，尤其是温度对蜜蜂的发育影响较大，温度超过36℃蜜蜂发育便会提早，发育不良或中途死亡；温度低于34℃便会发育迟缓，尤其是幼虫阶段对温度抵抗力弱，易受冻伤或死亡。在正常情况下，同种蜜蜂由卵到成蜂的发育时间大体上是一致的，如表1-1所示。

表1-1　中蜂和意蜂三型蜂各阶段发育日期表　　　　　单位：d

类　别	蜂　种	卵　期	幼虫期	封盖期	出房期
蜂王	中蜂	3	5	8	16
	意蜂	3	5	8	16
工蜂	中蜂	3	6	11	20
	意蜂	3	6	12	21
雄蜂	中蜂	3	7	13	23
	意蜂	3	7	14	24

三、蜜蜂的外部形态

蜜蜂的身体分为头、胸、腹3部分，外具几丁质外壳，含有色素，构成蜂体的颜色，腹部各节有节间膜相互连接，可以自由活动，体表密生绒毛，起到保温和保护身体的作用（图1-11）。

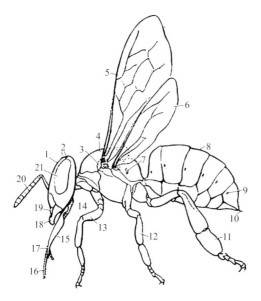

1—头部；2—单眼；3—翅基片；4—胸部；5—前翅；6—后翅；7,9—气门；8—腹部；10—螫针；11—后足；12—中足；13—前足；14—下唇；15—下颚；16—中唇舌；17—喙；18—上颚；19—上唇；20—触角；21—复眼

图1-11　蜜蜂的外部形态

1．头部

工蜂头部呈三角形，蜂王头部呈心脏形，雄蜂头部呈圆形。其上着生触角、眼、口器及腺体。

（1）触角　一对，位于两复眼间的触角窝内，由柄节、梗节和鞭节组成。工蜂和蜂王鞭节11节，雄蜂12节。触角是蜜蜂的主要感觉器官，其鞭节上着生感觉刺、感觉毛和感觉板，所以蜜蜂对物体的气味和方位都可感觉出来，能迅速发现蜜源和识别其他物体。

（2）眼　分复眼和单眼，复眼一对，位于头部两侧，由若干小眼组成。蜂王每只复眼有3000～4000个小眼，工蜂有4000～5000个小眼，雄蜂有8000个左右小眼。单眼3个，成三角形分布于两复眼之间。复眼用来观察远处物象，有感光作用，在飞翔时用复眼辨别方向；单眼用来观察近处物象，为辅助视觉器官。蜜蜂能分辨黄、青、蓝、白、紫等颜色。蜜蜂是红色盲，对于绿和黄、绿和蓝也分辨不清，但能清楚地辨别白色、黄色和蓝色。根据蜜蜂红色盲的特点，在夜间或越冬室内，可用红光照明检查蜂群。

（3）口器　蜜蜂的口器发育十分完善，是最全能的取食器官——嚼吸式口器。

适于咀嚼花粉和吮吸花蜜，由上唇、上颚、下颚和一个特化的下唇组成。上唇和唇基相连，上颚两个，坚固并有小齿，可左右移动，用来咀嚼食物和开启巢房盖。吻是由一对下颚和一对下唇须组成的，呈长管状，其内有根遍生细毛、长而多节的舌，末端有唇瓣，蜜蜂就是用吻来吸取花蜜的，吻的长短与蜜蜂的采集能力大小有很大关系。意大利蜜蜂的吻长6.28～6.60mm，中蜂的吻长5.00～5.60mm。蜜蜂具有味觉器，位于舌的基部。味觉器和味觉神经相连，对糖浆浓度有很高的识别能力，低于5%的糖浆液蜜蜂不去采集，超过8%的糖浆液蜜蜂才开始采集。在外界蜜源丰富的时候，蜜蜂往往要等到花蜜浓度到达15%～20%以上才大批出巢采集。蜜蜂的舌对含有千分之几的盐分和酸味也能识别出来，但对苦味没有感觉。在生产实践中，可利用浸泡有某种花香的糖水，训练蜜蜂到指定的蜜源上去采集。

（4）**上颚腺和营养腺**　上颚腺是分布在上颚基部颊内的一对囊状腺体，开口于上颚两侧。工蜂的上颚腺能分泌一些软化蜡质和溶解蜂胶的液休。营养腺又称咽腺，为一对葡萄状腺体。工蜂的营养腺十分发达，能分泌蜂王浆。

2. 胸部

蜜蜂胸部是运动中心，由几丁质体节包裹着，分前中后胸三节，每节都由背板、侧板和腹板构成。中胸和后胸的背板各着生一对前翅和后翅，前中后胸的腹板各着生一对前中后足，胸部发达的肌肉与翅、足相连接，控制翅与足的活动。

（1）**翅**　蜜蜂的翅为膜质透明状，其上有许多网状翅脉，起支架作用。前翅大于后翅，后缘具翅褶，后翅前缘有一排翅钩，工蜂13～27个，蜂王13～23个，雄蜂13～19个。飞行时，后翅翅钩与前翅的翅褶相连接，构成一个翅面，增强飞行能力。翅还用来扇风，调节蜂箱内的温湿度，振动发声，作为信号传递。雄蜂的翅最大，工蜂次之，蜂王翅最小。一般在蜜源充足时，蜜蜂的飞翔范围不超过2km，蜜源稀少或缺乏时，可飞出8～10km之外。飞行速度在无负荷时为65km/h，载重时为19～23km/h。

（2）**足**　由基节、转节、腿节、胫节和跗节组成。跗节又分为五个小节，末端有一对爪，其间有一柔软的爪垫。工蜂前足短而灵活，第一跗节扩大，外侧着生一列刚毛，用来清扫头部上面的花粉，内侧形成半圆形的触角清洁器，又称净角器，内有粗短刚毛；胫节末端有一活瓣，将触角扣在清洁器内进行清扫；胫节外侧有长而分叉的细刚毛，用以搜集全身的花粉和清理口器。中足胫节末端有一刺状突起，称为距，用以将后足的花粉团铲落在巢房内。后足较长，胫节末端宽而扁，外侧表面略凹陷，边缘有长毛，形成一个花粉篮，将采集的花粉集中到花粉篮内，形成花粉团，花粉篮的周围着生许多细长的刚毛，使花粉团不致脱落；后足胫节末端和跗节的上部共同构成一个夹钳，帮助将搜集到的花粉形成团粒；第一跗节上生有许多粗短的刚毛，即构成花粉刷。

3．腹部

蜜蜂的腹部以第二节的前端与其胸腹节相连，形成一个很细的腰。工蜂和蜂王6节，雄蜂7节，每节分别由背板和腹板构成。腹部是消化和生殖的中心。呼吸器官的开口称为气门，位于腹部和胸部的侧板上。工蜂的腹面有4对蜡腺，位于最后4节的腹板上，能分泌蜡质，用来筑巢。工蜂的产卵器特化为螫针，具倒钩，基部与毒腺、毒囊相连，以抵御敌害。工蜂腹部第6节腹板内有一能分泌挥发性物质的臭腺，用来发出联络信号。

四、蜜蜂的内部器官

1．消化器官

消化器官由消化道(前肠、中肠、后肠)与唾液腺组成。

（1）**前肠**　外胚层内陷而成，由咽喉、食道、蜜囊三者连接而成。咽喉紧接口器后方，并有唾液腺开口，咀嚼的食物在唾液腺的作用下进入咽喉和食道。食道前端接咽喉，后端与蜜囊相连，食道管肌内的收缩将食物运入蜜囊。蜜囊是暂时贮存蜜汁和水分的器官，前接食道，后接中肠，富有弹性，呈半透明状。蜜囊与中肠连接处有一管状活瓣，前端呈"X"形肌肉唇，当肌肉唇关闭时，食物不能进入中肠，贮存于蜜囊中，由于蜜囊的收缩将蜜汁吐回口腔；当肌肉唇开放时，食物便从蜜囊进入中肠。蜜囊的容积为 $14\sim18mm^3$，吸满蜜汁后可扩大至 $55\sim60mm^3$。蜂王和雄蜂的蜜囊不发达。

（2）**中肠**　又叫胃，是由内胚层发育的，是消化食物和吸收养分的主要器官。正常蜜蜂的中肠淡黄色，有弹性，肠壁多环纹和皱褶，可增加对食物的吸收面积，其内有消化腺分泌消化液和酶，促进消化机能，消化的食物被肠壁吸收并经血液循环运输到各器官。中肠与后肠连接，此处着生有马氏管。

（3）**后肠**　是由外胚层发育的，包括小肠和大肠。小肠弯曲而狭长，未被中肠消化的食物经小肠继续消化和吸收，然后进入大肠。大肠肌肉发达，未消化的食物经大肠排出体外。此外，大肠前缘壁上有六条直肠腺，防止大肠内粪便腐败、发酵，并能吸收粪便中过多的水分。

（4）**唾液腺**　后头腺一对，扁平梨状，胸腺一对，两串管状体，两对腺体分别以四条导管入一条总管，开口于舌根下。唾液腺有很多酶，如淀粉酶、转化酶，与消化道内的蛋白酶、脂肪酶、过氧化氢酶共同作用，促进糖和花粉等食物的转化和分解。

2．排泄器官

排泄器官主要是马氏管、脂肪体和后肠，排泄物主要是酸盐和各种无机盐类。马氏管分布于中肠和小肠的连接处，有80～100条，管的前端闭合，相互交错，伸入腹腔，浸在血液中分离出尿酸和其他分解物，送入大肠混入粪便排出体外。蜜蜂的脂肪体发达，尤其是老熟幼虫，占体重的65%～70%。组成脂肪体的细胞大体上有两类，一类是用来贮藏营养的细胞，积存在其中的营养包括脂肪、淀粉、蛋白质等，供生命活动的需要；另一类是积存尿酸结晶的尿酸盐细胞，具有排泄作用。

3. 呼吸器官

呼吸作用是机体能量的转化过程，它的重要意义在于氧化体内有机物质，产生生命活动和能量。

蜜蜂的呼吸是直接由胸部和腹部两侧的气门吸进空气，经气管主干到达气囊，再由气囊到达支气管，进入全身的毛细管，毛细管伸入组织的细胞间，将氧气供给细胞并排出二氧化碳和水。蜜蜂的呼吸运动每分钟40～150次，在静止和低温时，呼吸较慢，在活动和高温条件下呼吸频繁，如空气不足和湿度过高会造成呼吸困难，增加体力消耗，甚至造成死亡。

4. 血液循环器官

蜜蜂和其他昆虫一样，体腔就是血腔，内部器官全部浸在血液里。血液在体内流动称为开放式血液循环。蜜蜂在新陈代谢过程中，必须通过血液在体腔内的循环将营养输送到各组织中去，并将废物带到排泄器官，排出体外。

主要器官是心脏。蜜蜂的心脏是一条长管，始于腹部，沿腹背经胸部而开口于头部脑下，所以又叫背血管。心脏由5个心室组成，前端细长部分叫做动脉，每个心室的两侧都有一对裂孔，叫做心门，是血液的进口，心室扩张时就由心门吸入血液。收缩时将心门关闭，同时将血液从后往前推动，经大动脉进入头部，在头部流出血管，再回流到体腔两侧，然后流入心脏。心脏跳动频率静止时为70～80次/min，活动时为100次/min，飞翔时为120～150次/min。蜜蜂的血液是无色的，由血浆（血淋巴约占体重的30%，含糖3%）和血细胞（血球）组成。血液的主要功能是运输营养给各组织并将废物带给排泄器官，此外，血液还有吞噬、愈合、调节体内水分含量，传递压力以助孵化、幼虫蜕皮、蛹的羽化、幼蜂的展翅、气管系统通风等作用。

5. 神经器官

神经器官由中枢神经和交感神经组成，联络各感觉器官，当蜜蜂受到刺激时，发出冲动由神经传递到肌肉、胸体等器官，即有收缩和分泌现象，蜜蜂的神经器官属腹神经索型。

中枢神经包括脑和腹神经索，蜜蜂的脑位于头部，较其他昆虫发达，有视神经、触角神经和围咽神经，分别与眼、触角和嗅觉、口器的味觉和唾液腺联系，引起头部复杂的反射作用。脑的下部通过咽下神经节和腹神经索相连，两条腹神经索呈节索状在胸、腹部的腹面纵贯全身。胸部有两对神经节，支配胸部肌肉、翅和足的运动；腹面神经索有五对神经节，支配腹部收缩，产生呼吸、排泄、交配、产卵等动作。

交感神经，也称内脏神经，位于前肠侧面和背面，由许多小型神经节结合而成，与脑后相连，并有神经分布到前肠、中肠、气管、背血管和腺体。交感神经是支配内脏正常新陈代谢的反射中心，对蜜蜂的生命活动起着重要作用。

6. 生殖器官

蜜蜂生殖器官位于消化道的两侧。其功能是繁殖后代，延续种族。

蜂王的生殖器官由一对巨大的梨形卵巢，一对侧输卵管、一条短的中输卵管，一个贮精球及一条短的阴道组成。卵巢占据着腹部大部分位置，每个卵巢有卵巢管110～180个，卵巢管又分许多小室，平均每个卵巢管有13个卵室，卵就在卵室里发育，成熟的卵由卵巢进入侧输卵管，通过中输卵管入阴道，经生殖腔排出体外。在阴道的左右两边各有一个交配囊。中输卵管的上方有一个直径约1.5mm的贮精球，蜂王与雄蜂交配后，即将雄蜂精液贮藏在贮精球内，供一生用。贮精球以一个小管与中输卵管相连，小管的开口由肌肉收缩控制精液的排放，当蜂王在工蜂房或王台中产卵时，精子便由贮精球中释放出来进入卵中而受精，产下受精卵，发育为工蜂或蜂王；当蜂王在雄蜂房中产卵时，贮精球不放出精子，而产下未受精卵，发育成雄蜂。

工蜂的生殖器官与蜂王相似，但卵巢发育不完全，仅有3～8条卵巢管，其他附属器官退化，失掉正常生殖机能。

雄蜂的生殖器官，由一对睾丸、两条输精管、一对贮精囊、两个黏液腺、一条射精管和一个阳茎组成。睾丸由200多个精小管组成，外面覆盖一层很厚的膜。精子就是在精小管中产生和成熟的，成熟的精子经输精管进入贮精囊，保留到交尾时使用。雄蜂与蜂王交尾时，阳茎像手套似的外翻，进入蜂王的阴道，射出的精子进入蜂王的输卵管中，最终进入到贮精球内。

第二节 蜜蜂群体生物学

蜜蜂是一种以群体为单位、生活高度社会化的昆虫。在蜂群组织内部，各种类型的蜜蜂有着严密的社会分工。蜂群中蜜蜂个体既各司其职，又相互协调，根据需要随时调整生理发育和活动行为。

一、蜂群的联系

蜂群（蜜蜂群体的简称）是蜜蜂生活和生存的基本单位，任何一只蜜蜂离开了群体都无法长期生存。蜜蜂这种群居生活的特性，是在长期的进化发展过程中形成的。蜂群是由许多蜜蜂组成的有机体，一只蜜蜂就相当于有机体中的一个细胞，蜂群更像人类社会的一个大家庭（图1-12、图1-13）。

图1-12　自然生存在窑洞中的中蜂（王彪　摄）　　图1-13　自然生存在墙壁中的中蜂（王彪　摄）

1. 蜂巢

蜂巢是蜜蜂居住和生活的处所，是蜜蜂的家，这个家由若干具有许多蜂房的巢脾所构成。无论野生在树洞或其他洞穴中的蜂群，或者人工饲养在蜂箱里的蜂群，其巢脾都是与地平面垂直地悬挂着，彼此平行，相互间有一定距离。两个巢脾之间的距离称为蜂路。人工管理的蜂群，蜂路一般为10～12mm。

巢脾上的蜂房，分为工蜂房、雄蜂房和王台。工蜂房（图1-14）和雄蜂房（图1-15）都是六棱形筒状，筒底由三个菱形面组成。这样的构造，既能节省材料（蜂蜡），又能使巢房具有最大的容积和最大的坚固性。一个郎氏标准框巢脾，两面共有工蜂房6600～6800个。雄蜂房比工蜂房大，一般分布在巢脾的下部。王台是专门培育蜂王的，在蜂群准备分蜂之前由工蜂临时建造，多分布在巢脾的下沿（图1-16）。

图1-14　工蜂房（王彪　摄）　　　　　图1-15　雄蜂房（田建成　摄）

图 1-16　巢脾下沿的自然分蜂王台（王彪　摄）

先是圆杯状的台基，口向下，蜂王在里面产卵之后，随着幼虫的发育，工蜂逐渐地把台基加高，最后把台口封上蜡盖，形状像一个向下垂着的花生，外表有凹凸的皱纹。蜂群失王后，工蜂也会在巢脾的任何部位，把一些有小幼虫的工蜂房改造成王台，这种王台叫急造王台。

不同蜂种的蜂房，规格大小不一样。如中蜂的工蜂房宽 4.40～5.30mm，雄蜂房宽 5.00～6.50mm，王台直径 6～9mm；意大利蜜蜂的工蜂房宽 5.20～5.40mm，雄蜂房宽 6.25～7.00mm，王台直径 8～10mm。

新脾（图 1-17）和老脾（图 1-18）蜂房的大小、容积也不相同。因为每一只蜜蜂羽化出房后，都在蜂房里留下一些粪便和薄薄的一层茧衣，所以随着繁殖代数的增加，房孔越来越浅，容积越来越小，巢脾的颜色也渐渐地由浅变深，最后成为黑色。这些变化，就是巢脾陈旧的标志。陈旧的巢脾俗称老脾，它的重量可比新脾大一倍以上。用老脾培育出来的蜜蜂，体格小，重量小，各个器官也相应变小。

图 1-17　新脾（张瑞　摄）

图 1-18　老脾（张瑞　摄）

蜜蜂在蜂房里贮存蜂蜜、蜂粮和培育蜂儿（卵、幼虫和蛹的总称）。有大量蜂儿的巢脾叫做子脾（图 1-19、图 1-20），子脾分为封盖子脾（蛹脾）和未封盖子脾（卵脾、幼虫脾）。在蜂群内，巢脾的自然排列有一定次序，子脾位于蜂巢中部，蜜、粉脾位于两侧。青、幼年蜂主要分布在子脾上，担任外勤采集的壮、老年蜂喜欢停留在温度较低的外侧蜜、粉脾上。封盖蜜脾和未封盖蜜脾分别如图 1-21、图 1-22 所示。

2. 蜂群之间的关系

每个蜂群都有自己的"群味"，这种气味是由蜜蜂的气味和它们所采集的蜜源气味混合而成。蜜蜂具有高度灵敏的嗅觉，特别在外界缺乏蜜源的时候，能够敏锐

图1-19 封盖子脾（雷耀鹏 摄）

图1-20 未封盖子脾（雷耀鹏 摄）

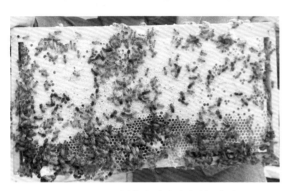

图1-21 封盖蜜脾（张奎举 摄）

图1-22 未封盖蜜脾（吴鋐 摄）

地根据气味来辨别本群和外群的蜜蜂，所以，蜜蜂的一个蜂群和另一个蜂群是不能随便串通的。每个蜂群的巢门口经常都有蜜蜂守卫着，外群的蜜蜂或者其他昆虫和动物，只要一落到巢门口，守卫蜂就立即与之搏斗。蜜蜂的主要自卫武器，就是由卵巢管变态而来的螫针。但是到了野外，无论在花丛中或饮水处，各不同群的蜜蜂则互不敌视，互不干扰。无王群的蜜蜂，卫巢能力很差或者不保卫自己的蜂巢，很容易受外群蜜蜂和其他敌害的侵袭。飞出交尾的处女王，如果误入外群，工蜂会立即将它包围刺死。但雄蜂误入外群，工蜂则不加伤害，这说明蜂群培育雄蜂不只是为了本群繁殖的需要，也是为了种族的生存。

3.蜂群内部的联系

一个强大的蜂群，是由几万只蜜蜂组成的一个庞大有机体，这么多的个体究竟是通过什么联系起来，并使极其复杂的外勤和内勤工作有条不紊呢？这是由蜜蜂的一系列生物学特性来决定的，包括食物传递和信息交流（蜜蜂信息交流的主要方式为舞蹈语言和信息素）等。

（1）**食物传递** 大量科学试验证明，蜂群内部蜜蜂之间，不但存在着食物的传递（图1-23），而且传递的速度很快，同时，承担服侍蜂王的侍从蜂（图1-24）在饲喂蜂王和传递食物时，又将蜂王物质传递给了其他工蜂，维持和保持了蜂群的秩序稳定。蜜蜂之间的食物传递，是它们相互联系而结成一个整体的要素之一。蜜蜂的这种特性，使每一只蜜蜂都可以不必到巢房里去寻找，就能获得它所必需的、贮存在巢房内任何地方的饲料，同时，保证着各种生物活性物质在蜂群当中迅速地传播。可以设想，如果一个蜂群内的蜜蜂全靠自己到巢房里寻找食物，这个蜂群就不可能生存，因为群内的任何工作都无法进行，特别是越冬期间，不靠近蜜房的蜜蜂全部会饿死。

图1-23　蜜蜂在传递食物（张瑞　摄）　　　　图1-24　蜂王周围的侍从蜂（苏萍　摄）

（2）蜜蜂信息交流

① 蜜蜂特种语言——舞蹈　是工蜂以一定方式摆动身体来表达某种信息的行为。蜜蜂的舞蹈语言种类很多，就以蜜蜂采集蜜源植物来说，首先是侦查蜂飞出去寻找开花泌蜜的植物，当侦查蜂发现了蜜源时，就采集一些花蜜和花粉返回巢内，爬到巢脾上，把采集到的花蜜分别吐给周围的蜜蜂，同时在巢脾上进行舞蹈表演，把蜜源的数量、质量、距离和方向位置等信息告诉自己的伙伴共同采集。

随着蜜源与蜂箱距离由近及远变化，蜜蜂舞蹈由圆形舞经新月舞（镰刀形舞）过渡到摆尾舞（"8"字形舞）（图1-25）。在舞蹈过程中，有一部分蜜蜂跟随舞蹈蜂

图1-25　左为圆形舞，右为摆尾舞

后，用触角触摸舞蹈蜂。侦查蜂在舞蹈过程中有时会停下来，将蜜囊中采集回来的花蜜吐出，分给跟随其后的蜜蜂品尝。过不久，这些跟随舞蹈蜂的蜜蜂，就各自独立地飞向侦查蜂所指示的蜜源场地。

　　a. 圆形舞　圆形舞只表示距离100m以内有蜜源，并不表示方向。在圆形舞中，蜜蜂在巢脾上用快而短的步伐，在范围狭小的圆圈爬行，经常改变方向，忽而转向左边绕圈，忽而转向右边绕圈。舞蹈持续时间数秒至1min，然后停息或又在巢脾的其他地方开始舞蹈。其他蜜蜂，随着该舞蹈蜂移动，并用触角伸向它或接近它。

　　b. 摆尾舞　如果蜜源距离蜂群在100m以上，侦查蜂就表演摆尾舞，既表示距离，又表示方向（图1-26）。先是在巢脾上跑直径不大的半个圆圈，而后沿直线爬过3～4个巢房，再向相反的方向转身，朝对面再跑半个圆圈；在沿直线爬行的同时，还摆动腹部。

图1-26　摆尾舞既表示距离，又表示方向

蜜源距离越远，在一定时间内跳半圆舞蹈的圈数就越少，而沿直线的时间较长，摆尾的次数较多。跳舞蜂的头朝巢脾上方，表示蜜源在对着太阳的方向；头朝巢脾的下方，则表示蜜源背着太阳的方向；直线摆尾时，它的身体与巢脾向地面的垂直线所形成的夹角，跟"太阳角"是一致的。即使在阴天，蜜蜂也能透过云层感觉到太阳。

　　c. 新月舞　新月舞是圆形舞向摆尾舞的过渡形式。蜜源距离增加时，跳舞的蜜蜂摆尾次数增多，同时，新月形两端逐渐向彼此方移近，直至转变为摆尾舞。

　　不同蜂种对蜜源距离的表达有所不同，西方蜜蜂10m内为圆形舞，10～100m为新月舞，超过100m为摆尾舞；中蜂2m内为圆形舞，2～5m为新月舞，超过5m为摆尾舞。对于蜜源种类信息主要通过侦查蜂在采集过程中，身体绒毛吸附花朵特有的气味及采集携带归巢的花蜜气味来辨别。对于蜜源质量和数量信息是靠侦查蜂跳舞的积极程度来表达的，如果蜜源的花蜜浓度高、丰富、适口，侦查蜂回到蜂巢以后就会不停地跳舞，鼓动更多的蜜蜂出巢采集。

　　② 蜜蜂信息素　蜜蜂信息素是分泌到蜜蜂体外的化学物质，通过个体间相互接触、食物传递或空气传播，作用于其他个体，能引起特定的行为或生理反应。信息

素对蜂群主要有两方面作用：一是通过内分泌系统控制其生理反应，如工蜂的卵巢发育和王浆的分泌等；二是通过刺激神经中枢直接引起蜜蜂的行为，如改造王台、攻击行为等。信息素多由数种化合物组成，也可以是单一的化学物质。信息素是蜂群个体间相互联系、信息传递的重要方式。

蜜蜂释放信息素可分为主动释放和被动释放两种形式。主动释放是无条件的，只要机体产生信息素的器官功能正常，就不间断地释放，如蜂王信息素；被动释放则是有条件的，只有接受了某种刺激后才释放，如工蜂臭腺信息素和报警信息素等。蜜蜂信息素主要有蜂王信息素和工蜂信息素。蜂王信息素和工蜂信息素的种类较多，这里主要叙述蜂王信息素中的蜂王物质和工蜂信息素中的臭腺信息素与报警信息素。

蜂王物质是蜂王信息素中最主要的一种，是蜂王上颚腺分泌的一种化学物质。当工蜂饲喂蜂王时，借口器的接触，蜂王将这种物质传递给工蜂，通过工蜂的相互传递（借助于食物传递），使整群工蜂都知道蜂王的存在，从而影响整群工蜂的活动和某些生理过程。蜂王物质的组成很复杂，主要由3种不饱和脂肪酸和2种带苯环的芳香化合物组成。主要作用：一是作为群体信息素，维持蜂群的安定和工蜂的正常活动，如抑制工蜂卵巢发育、控制工蜂建造王台、吸引工蜂团聚、控制分蜂等；二是作为性激素，在空中吸引雄蜂交配。

臭腺信息素也称引导信息素或引导外激素，由工蜂臭腺分泌，对蜜蜂具有强烈的吸引力。在分泌引导外激素时，工蜂腹部上翘露出臭腺，振动双翅扇风，以助臭腺分泌物挥发扩散。臭腺分泌的外激素以气味信号招引同伴和标记引导。它在引导本群蜜蜂采集蜜源、防卫、结团等方面有重要作用。其组成也很复杂。侦查蜂在巢内以"舞蹈"动作表示了蜜源的距离和方向以后，在重返蜜源场地的飞行途中，散发臭腺信息素，以引导本群的采集蜂很快找到蜜源。在幼蜂集团试飞时，在把蜂群搬到新的场址时，在换箱或收回分蜂团后把蜜蜂抖落在新蜂箱巢门前时，总有一些蜜蜂在巢门口翘尾振翅，散发臭腺信息素，并发出喧嚣声，以引导本群蜜蜂返回蜂巢。蜂群发生自然分蜂，当分出群开始结团时，一些蜜蜂散发臭腺信息素，引导散飞的蜜蜂找到结团的地方。当蜂群受到敌害侵袭时，一些蜜蜂就散发出臭腺信息素，并发出愤怒的声音，召唤其他蜜蜂抵御劲敌，一致行动。

报警信息素分别来源于工蜂的口器和螫刺两个器官，是蜜蜂受到侵扰时释放的化学通信物质。受到侵扰的蜜蜂常将腹部翘起，露出螫刺，释放出报警信息素。其他蜜蜂受到报警信息素的刺激后，立即产生警觉和攻击行为。盗蜂或其他昆虫入侵时，守卫蜂常用上颚咬住入侵者，并在其身体上留下报警信息素，以引导其他蜜蜂攻击。蜜蜂螫刺后，将螫针连同毒囊等留在敌体上，报警信息素起到标记作用，成为其他蜜蜂继续攻击的目标。侵扰者的气味、颜色、运动速度以及环境温湿度都会影响蜜蜂的报警行为。较高的温度更易引起蜜蜂的警觉行为，提高反应的速度、强度和持续的时间，而较高的湿度仅仅增加报警反应的强度。

二、蜂群的生长和蜂群的生殖

蜂群的生长是指蜂群中工蜂个体数量的增加过程，是蜜蜂个体繁殖的结果；而蜂群的生殖是指蜂群数量增加的过程，是蜜蜂群体生殖的结果。蜂群的生长与蜂群的生殖是紧密联系的两个不同概念，蜂群生长是蜂群生殖的基础，在蜂群生长到一定阶段，就会产生雄蜂和王台，为蜂群的生殖提供必要的准备。蜂群生殖是蜂群生长的必然结果，只要外界气候和粉源条件允许，蜂群就会发生分蜂，实现群体生殖。

1. 蜂群生长

在蜂群养殖阶段，蜂群生长的速度快慢关系到养蜂生产的成败，因此蜂群快速生长成为养蜂关键技术之一。提供蜂群快速生长的有利条件，克服影响蜂群快速生长的不利因素，是养殖阶段蜂群管理的主要任务。蜂群生长需要产卵力强的优质蜂王、具有巢温调节能力和哺育力强的蜂群以及充足的粉蜜饲料等条件。影响蜂群快速生长的主要因素有蜂王产卵力低，外界蜜粉源缺乏和巢内粉蜜饲料贮备不足，巢温过高或过低，群势弱和哺育力低，蜂巢过小且无造脾发展余地，发生分蜂热、盗蜂、病敌害侵扰等。

为了精确反映蜂群生长规律，研究各因素间与蜂群生长的关系，浙江大学陈盛禄教授等提出了王蜂指数、蜂子比值和卵虫蛹指数等蜂学新概念，对促进养蜂生产由经验向科技进步具有重要意义。

（1）**王蜂指数** 是指一群蜜蜂中蜂王数量与工蜂数量的绝对值之比值，蜂王的单位为只，工蜂数量单位为千克。王蜂指数是科学反映蜂群生长效率的新概念，对养蜂生产指导意义重大。在粉蜜饲料充足的前提下，王蜂指数低，蜂群哺育力不能充分利用，使单位群势的蜂群生长率降低，此外，由于哺育力过剩易发生分蜂热；王蜂指数高，致使蜂群哺育力和巢温调节能力不足，导致幼虫和蛹发育不良，工蜂寿命缩短，影响蜜蜂群势发展。王蜂指数与蜂群生长的关系还受到环境温度的影响，在低温的条件下，王蜂指数相应降低。据陈盛禄等在浙江研究测定，王蜂指数在0.23～1.30时，王蜂指数与单位蜜蜂群势的蜂群生长速度呈正比。王蜂指数为1.23±0.20时，单位蜜蜂群势的蜂群生长很快，在57d中可增长370%。在纬度高地区生长速度最快的王蜂指数在0.8左右。

（2）**蜂子比值** 是指蜂群工蜂数量与蜂子数量的比值。工蜂数量一般以千克为单位，蜂子数量以足框为单位。蜂子在20～21d内将全部发育成蜂，所以蜂子比值反映蜂群未来生长的走势。蜂子比值增大预示蜂群生长速度趋缓，甚至可能出现负生长；蜂子比值减小，蜂群中卵虫蛹数量增加，有利于蜂群生长，但是蜂子比值过小，超出蜂群的哺育力和巢温调节能力，则会因虫蛹的发育不良而影响蜂群的生长。蜂子比值的提高有利于蜂群采蜜能力的增强。苏松坤等通过蜂子比值与采蜜量相关性的研究，已证实蜂子比值与单位蜜蜂采蜜力之间存在极显著的正相关。

（3）**卵虫蛹指数**　是指未封盖卵虫数量与封盖子数量的比值，反映蜂王产卵和蜂子发育状态的指标。在外界蜜粉源和气候条件良好的条件下，蜂王产卵力不变且蜂群哺育力正常。根据蜂子的发育历期，卵虫蛹指数应为0.75。卵虫蛹指数大于0.75，蜂王产卵力提高，蜜蜂群势21d后有生长趋势；卵虫蛹指数小于0.75，蜂王产卵量下降或卵虫死亡率提高，蜂群群势一个月后将趋于下降。

2.蜂群生殖

蜂群生殖有两种形式，即自然分蜂和人工分群。虽然这两种形式的蜂群生殖的结果都是使蜂群数量增加，但是二者之间有着本质的不同。

（1）**自然分蜂**　自然分蜂（图1-27）是蜜蜂群体自然生殖的唯一方式，是蜂群最重要的群体活动。蜂群生殖的准备过程是在蜂群的生长阶段中实现的，先后经历了培育雄蜂、造台基、培育分蜂王台等过程，并出现限制蜂王产卵、工蜂"怠工"等分蜂热现象，最终原蜂王与一半以上的工蜂飞离原巢另择新居，开始新蜂群的生活，留在原巢的蜜蜂精心照料王台，处女王出台后破坏其他王台，甚至与同时出台的处女王斗杀，交配、产卵使蜂群重新开始正常生活。

图1-27　自然分蜂团（杨忠权　摄）

（2）**人工分群**　是人为使蜂群数量增加的养蜂技术措施，也就是将一群蜜蜂分为两群或多群，也可从多群蜜蜂中抽出部分子脾和工蜂另组一群。人工分群的蜂群主要可分为有产卵王和无产卵王两种状态。人工分群的原群多有产卵王。单群平分的新分群，其中一群为有产卵王的蜂群。有产卵王的原群和新分群除了群势下降外，仍是正常蜂群，蜂王产卵力正常发挥，巢内卵虫蛹比例合理，蜂群将正常生长。没有产卵王的新分群如果诱入的是王台，一般处女王出台、交尾至正常产卵需经12～15d。新分群的王蜂指数在原封盖子全出房后呈现增大趋势，新王产卵20～21d后，王蜂指数开始下降。新分群的蜂子比值由开始随着新蜂出房逐渐增大，新王正常产卵后，蜂子比值逐渐降低至正常。

三、蜂群调节巢内生活条件的能力

掌握蜂群调节巢内生活条件的能力，能为制定养蜂计划措施提供理论依据。蜂群巢内的生活条件包括温度、湿度、空气和饲料等。养蜂者的重要任务之一，就在于为蜂群调节巢内生活环境创造有利条件。如寒冷时期给蜂群保温，炎热和流蜜时期主要遮阴、加强通风、在蜂场设置饮水器保证蜂群采水等。这样，就能减少蜜蜂维持巢内环境方面的工作量，促使更多的蜜蜂培育蜂儿和采集，提高养蜂效益。

1. 蜜蜂调节巢内温度的能力

单个蜜蜂属变温动物。单个蜜蜂的体温，在很大程度上取决于周围的气温，同时还取决于它的生活状态。飞翔着的蜜蜂，由于肌肉剧烈运动，体温可升高$15\sim16℃$。气温在14℃以下时，静止状态的蜜蜂由于新陈代谢加强，也能使体温提高$2\sim3℃$，但是，单个的蜜蜂不能保持热量，当气温下降到8℃以下时，很快就被冻僵。然而，由成千上万只蜜蜂组成的蜂群，情况就完全不同了，蜂群在产热和调节温度方面，具有恒温动物所持有的某些特点，无论外界气温是高还是低，它都能根据需要加以调节。

蜂群调节巢温的能力大小与群势的强弱成正比。试验证明，一个由500只蜜蜂组成的小群，仅在气温超过33℃和低于18℃时才表现出调节温度的特性，在$18\sim35℃$似乎不调节温度。而一个有5000只蜜蜂的蜂群，在$0\sim40℃$范围内都进行温度的调节，能把巢温提高25℃，降低4℃。如果是由20000只以上蜜蜂组成的蜂群，无论是春寒时期或是40℃的炎热天气，都能把巢温维持在$34\sim35℃$。

蜜蜂维持蜂巢内稳定的温度，主要依靠消耗蜂蜜饲料。气温的升高和降低，蜜蜂都要加强新陈代谢，从而使饲料消耗增多。在低温下多消耗的饲料，都用来补充产生的热量，在高温下，则用于降低巢内的温度。蜜蜂调节巢温所消耗的蜂蜜饲料量，随着群势的壮大而减少。

蜂群繁殖时期，蜂巢中心的巢温必须保持在$34\sim35℃$，蜜蜂的蜂儿才能正常发育。蜜蜂能感觉出0.25℃稳定升降的变化，当温度在34℃时，它们就开始积极地提高巢温；当温度升高至34.4℃时，加温反应便停止；当温度在34.8℃时，它们就产生使巢温降低的反应。蜂儿对温度的变化非常敏感，在低于34℃和高于36℃的温度下，它们的发育期就会推迟或提早，而且羽化的蜜蜂不健康，特别是翅的发育不健全。在同一张子脾上，蜂儿分布区外围的温度只有30℃左右，其他部分则在20℃上下变动。晚秋蜂王停止产卵、蜂儿全部羽化出房以后，只过几个小时，巢内的温度将下降到接近外界气温，随着外界气温的变化而变化。

蜜蜂调节巢内温度的主要方式：当巢内温度过高时，它们就振翅扇风。在巢门口附近担任通风降温的蜜蜂，根据需要，可能有一二十只，也可能有上百只。在气温超过30℃以上炎热的天气里，有些蜜蜂就离开巢脾，在箱底或箱壁上静静地趴着，用停止活动的方式减少产热；还有一部分蜜蜂爬到箱外，连接成片，悬挂在蜂箱前。由于这些蜜蜂外出，蜂巢里产热减少，温度便随之下降。在高温条件下，蜜蜂还用蒸发水分的方法降低巢温。它们把水珠分布在封盖子的房盖之间和巢框的板条以及幼虫巢房的房壁上，有的还把水珠挂在吻上，忽而弯曲，忽而伸直。由于水分的蒸发要吸收热量，巢内的温度就能降低。

气温过低时，蜜蜂主要靠密集、结团、吃蜜等方式来提高巢温。

2．蜜蜂调节巢内湿度的能力

蜂巢里的空气湿度不如温度稳定。子脾之间的相对湿度，一般保持在75%～90%。在有丰富的蜜源时，随着采蜜量的增多，蜜蜂就以加强通风的办法，把巢内相对湿度降低到40%～65%，便于花蜜中水分的蒸发。

在采蜜期，蜜蜂采回的花蜜含有大量水分。这些水分，部分为蜜蜂所利用，大部分则化为水蒸气被排出巢外。如果外界蜜源缺乏，采蜜很少，则有许多蜜蜂外出采水，以满足蜂群对水分的需要，调节巢内的空气湿度和温度。春季蜜源开始时，一个强壮蜂群每天采回的水约50g，在干旱炎热的天气，每天采水量增大到200g以上。

3．蜂群中的空气代谢

蜜蜂的需氧量取决于蜜蜂的状态。被激怒的或正在飞行中的蜜蜂，与处在静止状态的蜜蜂相比较，前者的需氧量比后者大140倍。处于静止状态的蜜蜂，在空气含氧量低于5%、二氧化碳浓度高达9%的环境中还能生存。但是，如果蜂群中有蜂儿，或者在采蜜期，蜜蜂因要维持调节巢内的环境条件，加强新陈代谢，则必须要有充足的氧气或空气流通。据测定，在大流蜜期，一个强群的蜜蜂每小时可从蜂箱排出7200～18000L空气，假若蜂箱的容积为$0.065m^3$，那么每小时可使蜂箱内空气更换111～277次。

蜜蜂的新陈代谢具有如此大的可塑性，使它们能够在一些情况下十分节约地消耗氧气和饲料，而在另一些情况下，则迅速地产生大量的能，这就大大地增强了蜂群对环境的适应能力。

4．蜂群中的饲料贮备

蜜蜂怕"穷"，要"富"养。如果蜂巢内缺乏饲料，不仅影响蜂群调节巢内生活条件的能力，而且为了减少消耗就停止繁殖。所以，在蜂巢内要经常保持和存有一定数量的蜂蜜和蜂粮，以备在外界缺乏蜜源和气候恶劣的情况下，维持蜂群生活的需要。

按照蜜蜂在自然发展过程中形成的习性，蜂蜜贮存在蜂巢外侧的巢脾和子脾的上方，蜂粮存放在子脾边缘的巢房里。蜜蜂把蜂蜜和蜂粮贮存在蜂儿的周围，不仅便于饲喂幼虫，而且还可以作为防御寒冷的屏障，因为贮有蜂蜜蜂粮的巢脾，其保温性要比空巢脾好得多。

四、蜂群自然分蜂行为

在蜜粉源丰富、气候适宜、蜂群强盛的条件下，原群蜂王与一半以上的工蜂以及部分雄蜂飞离原巢，另择新居的群体活动，称为自然分蜂（图1-28）。

自然分蜂是蜜蜂群体自然生殖的唯一方式，对蜜蜂种群的发展繁荣意义重大。自然分蜂活动可以使蜜蜂数量增加和分布区域扩大，但对预防生产影响很大。在自然分蜂的准备期间，蜂群呈"怠工"状态，减少采集、造脾和育虫，控制蜂王产卵。蜂群的这种"怠工"状态称为分蜂热，如果自然分蜂发生，将使原群的群势损失一半以上。所以控制分蜂热成为蜜蜂饲养管理中的关键技术之一。

图1-28　收捕自然分蜂群（吴鋐　摄）

1. 自然分蜂的过程

自然分蜂实际上是从蜂群春季进行培育第一批工蜂幼虫就开始准备的。第一批工蜂幼虫消耗了蜂群中贮存的大量蜂蜜和花粉。在第一批工蜂羽化补充了蜂群中陆续死亡的越冬蜂后，随着蜂王产卵量不断增加，相应蜂群内的蜜蜂数量不断增加，同时开始培育雄蜂，这说明分蜂不久后就要开始。

在临近分蜂的季节，工蜂会在巢脾下缘筑造几个王台，并迫使蜂王在王台内产下受精卵。当蜂王在王台内产卵10d后，工蜂对蜂王不像以前那么亲热，只有少数几只工蜂饲喂蜂王，这样由于产卵蜂王缺少高级饲料蜂王浆，它的腹部会自动收缩，这是对分蜂活动的一种适应，以便蜂王能随工蜂飞离原有的蜂巢。在王台封盖后2~5d，在晴暖天气就会出现分蜂活动。在即将分蜂蜂群巢门口，可以看到工蜂结团，且很少出巢去采蜜采粉。分蜂开始时，分蜂巢门口常挂有一团蜜蜂，当蜂王被工蜂驱赶飞离原巢后，蜂群内约有一半工蜂也紧随蜂王离开原来的蜂巢。它们在附近飞翔不久，部分工蜂便在合适的场所（如树枝、墙角）临时结团。先到结团地点的工蜂，为了招引其他同伴，就撅起腹部，振动翅膀。至蜂王落入蜂团时，其他工蜂会像雨点一般飞落在分蜂团上。当分蜂团静止时，分蜂团中央内陷成一个缺口，使蜂团通气。从分蜂群开始飞离蜂巢到结团，约20min内完成。但有时蜂王并未参加结团，而是回到原来的巢内，结团的工蜂发现分蜂团中没有蜂王时，很快会自动解散飞回原巢。工蜂飞回原巢内会迫使蜂王再次出巢，直至重新在外形成分蜂团。在形成分蜂团后，有数百只侦查蜂会马上外出寻找新蜂巢，往往有数百只侦查蜂同时找到十几个新居候选位置，它们会在分蜂团表面用舞蹈来表达自己找到的蜂巢信息，跳舞的热情取决于新居的质量，这时其他侦查蜂会根据舞蹈信息，对这些候选蜂巢的距离、巢门、周围蜜源及安全等进行考察比较，最后通过蜂群集体决策，选择一个它们认为最好的新居候选地。当分蜂群飞向新蜂巢时，只有5%的侦查蜂知道新蜂巢具体位置，但分蜂群飞行速度很快，而且方向很准确。这么少的侦查蜂是怎么引导蜂群到达目的地的？目前有两种假说：第一种是侦查蜂在飞行的过程中，形成一定的形状，通过视觉效应直接引导蜂群到达目的地；第二种是侦查蜂飞在蜂群的前面并从嗅腺中分泌信息素，从而引导蜂群到达目的地。迁入新巢后，由于工蜂在分蜂前吸饱了蜂蜜，它们能在一夜间建好一张整齐的巢脾。同时工蜂给蜂王饲喂大量的蜂王浆，1～2d后，蜂王的腹部不断膨大，恢复了正常的产卵机能，从此，一个新的群体生活宣告开始，分蜂活动结束。

若蜂群要连续进行第2次或第3次自然分蜂，则在蜂群进行第1次分蜂后，工蜂会以刚出房的处女新蜂王为中心重复上述分蜂过程。但是，第2次、第3次自然分蜂的蜂群，蜂王不能马上产卵，必须经过处女新蜂王性成熟和交配后，才能形成产卵群。留在原来蜂巢内的工蜂，通过封盖王台来培育新蜂王。当处女王出房后，经过性成熟、交配、产卵等几个阶段，恢复了原来的正常生活。至此，一个蜂群分成了完整的两群或更多的蜂群。

在蜂群自然分蜂过程中，哪些工蜂留在原来蜂群中，哪些工蜂随老蜂王出巢分蜂？有两种观点：一种是在自然分蜂的过程中，蜂群中工蜂去与留是随机的，即随老蜂王分出的工蜂是随机的；另一种是工蜂去留与亲缘关系指数有关，由于蜂王是多雄交配，蜜蜂个体之间的亲缘关系指数不同。对蜂王来说，蜂王与群内所有工蜂亲缘关系指数都是0.5。但对于即将羽化的处女王来说，群内有些工蜂是它的全同胞姐妹，而有些是它的半同胞姐妹，处女王与全同胞姐妹亲缘关系指数高于半同胞。从理论上讲，留在原群中的工蜂应该多数与即将羽化的处女王属于全同胞姐妹，随老蜂王分出的工蜂应该与即将羽化的处女王属于半同胞姐妹。

2. 自然分蜂的机理

（1）哺育蜂过多　哺育蜂是指6～15日龄分泌蜂王浆的工蜂。由于在蜂王产卵高峰期过后，封盖子增多，不久蜂群内出现了大量的哺育蜂，哺育蜂的能力远大于幼虫和蜂王的需要。这时，部分工蜂不仅消耗自己的蜂王浆，而且接受并取食其他哺育蜂的蜂王浆，因而，它们的卵巢得到发育，这样就出现许多假饲喂圈和怠工的现象，从而促使自然分蜂的形成。

（2）**蜂王物质不足**　蜂王物质的主要功能之一是抑制工蜂的卵巢发育。每只蜂王分泌蜂王物质的量是一定的，当蜂群内每只工蜂得到蜂王物质的量少于0.13μg时，则必然导致工蜂的卵巢发育，从而促使自然分蜂的形成。

（3）**贮蜜的位置缺少**　巢房是蜜蜂贮存食物的仓库，也是蜜蜂生存的场所。实践证明，当巢房都贮满蜜时，蜂群内大部分采集蜂怠工，从而使蜂群内正常秩序被打乱。这种混乱现象要得到解决，只有通过自然分蜂，使蜂群自动分成两群或更多群，这样蜂巢得到扩大，贮蜜的位置也相应得到增加。

（4）**工蜂保幼激素浓度显著降低**　我国著名养蜂专家、国家蜂产业技术体系岗位科学家曾志将教授等研究了预备分蜂群与尚未准备分蜂群中工蜂的生理变化规律，结果表明：预备分蜂群中大量出现封盖王台，准备分蜂时，工蜂的血淋巴中保幼激素含量明显低于对照组（尚未准备分蜂的蜂群）。这就预示着预备蜂群中的工蜂推迟发育成为采集蜂，这与我们看到预备分蜂群采集活动下降的现象是一致的。

（5）**合作效应和距离效应**　随着蜂群群势的增加，从宏观上会产生合作效应和距离效应。合作效应是指群内蜜蜂数量的增加，蜂群生产出的食物也会增加，并且呈上升趋势，但当蜂群中的蜜蜂达到一定数量后，合作效应会逐渐减弱。这是因为蜜蜂越多，它们要飞到更远的地方去寻找食物，使得产出增长的效应逐渐减弱，距离效应则增强。自然分蜂则成为解决合作效应和距离效应矛盾的最好方法。

五、蜂群的泌蜡造脾行为

1. 蜜蜂泌蜡造脾的条件

蜜蜂的蜡腺，是一种特化的下皮层细胞，专门分泌蜂蜡。刚羽化的蜜蜂，蜡腺是发育不全的。在正常蜂群里，12～18日龄的蜜蜂蜡腺最发达，泌蜡最多，是泌蜡的主力。但是，如果使蜂群失去幼蜂和蜂巢，蜡腺已全区退化的老蜂蜡腺也会重新发育起来。蜜蜂只有在以下三种情况下才会泌蜡造脾。一是如果蜂群失去了蜂巢，蜜蜂的其余工作将几乎完全停止，倾巢动员建造蜂巢，直到整个蜂群有了容身之处为止；二是如果蜂巢拥挤，同时蜂巢内还有造脾的空地方，蜜蜂就在巢内筑造新巢脾；三是蜂巢有一部分损坏，或者它的严整性、紧密性遭到破坏，那么蜜蜂就会在已形成的空间里筑造新脾。蜂巢的严整性遭到破坏越明显，蜜蜂修复蜂巢的积极性就越高。但是，在蜂巢中创造空间位置时要注意，不应使现有的子脾面积减少，不应使巢内的温湿度变坏，不应过分破坏蜂巢的严密性。

从事造脾的工蜂都是蜡腺比较发达的泌蜡蜂，造脾时工蜂用后足基跗节花粉栉的硬刺，从腹部蜡镜上取下蜡鳞，经前足传送到上颚。蜡鳞经上颚的咀嚼，并混入上颚腺的分泌物，成为可塑性的小蜡团。工蜂将该蜡团放置在新脾上，造脾的工蜂能把自身调整到地球引力的方向，且能对造脾过程中从巢脾垂直地面的微小偏差做出调整。自然蜂巢的巢脾从顶端附着的部位开始筑造，然后向下方延伸（图1-29）。一般中蜂和西蜂从蜂巢中心开始造脾，向两侧扩展，并始终保持中间脾大、两侧脾小，使整个蜂巢呈球形。人工饲养的蜂群，加入巢础框造脾（图1-30），蜜蜂则在巢础两侧同时展开造脾活动。中蜂造脾多从靠近巢门处开始。

图1-29 蜜蜂建造的自然巢脾
（罗应国　摄）

图1-30 蜜蜂正在巢础框上造脾（苏萍　摄）

蜜蜂泌蜡造脾与外界蜜源条件有密切的关系。试验证明，只有在大量蜜蜂采集新鲜花蜜的情况下，蜜蜂才能大量地泌蜡造脾，而且，凡是采集花粉较多的蜂群，泌蜡比较多，说明花粉对泌蜡也是不可缺少的。

蜜蜂泌蜡与培育蜂儿也有正相关的表现。泌蜡高峰期，正好也是哺育幼虫最多的时候。事实上，蜜蜂在巢内的工作并无严格的阶段顺序，而往往是几种工作同时交错进行。用标记的方法可以观察到，泌蜡的幼蜂大部分时间是处在子脾上。它们在哺育幼虫的时候，蜡腺分泌的蜡液渐渐地在蜡板表面积累成蜡鳞，于是它们就转移到蜜源巢脾的地方或巢础框上，用蜡鳞进行一段时间的造脾工作，然后又返回到子脾上哺育幼虫。在哺育幼虫的时间内，蜜蜂在蜡板上又渐渐地积累起蜡鳞，它们又去进行造脾工作。如此往返交错地进行哺育幼虫和泌蜡造脾，因此，蜜蜂哺育幼虫越多，营养越好，泌蜡量就越大。从泌蜡造脾与培育幼虫的关系也可说明，蜂王对泌蜡造脾也是有影响的。实践的经验正是这样，无王群造脾的效率是非常低的。

蜂群造脾的最适宜条件是：巢内要有较多的青、幼年蜂，大量的各龄蜂儿，产卵力强的蜂王，充足的饲料贮备和可供造脾的空间，巢外要有丰富的蜜粉源，气候比较稳定，平均气温在20～25℃。

2．泌蜡造脾的饲料消耗

假设蜜蜂用糖来制造蜡，按它们燃烧的放热量计算，生产1g蜡应消耗2.428g

糖。如果有机体消耗含水20%的蜂蜜1g，能产生3.34×10³cal（1cal≈4.186J）热，那么生产1kg蜂蜡就需要消耗蜂蜜3.035kg。所以，就热量而论，1kg蜂蜡与3.035kg蜂蜜等效。也就是说，蜜蜂用蜂蜜制造蜂蜡，生产1个单位的蜂蜡需要3个单位的蜂蜜。

然而，试验证明，蜜蜂分泌1kg蜂蜡，实际消耗3.5～3.6kg蜂蜜，比理论数字多消耗0.5～0.6kg。这是因为蜜蜂把糖转化为蜂蜡的生理活动和造脾时的运动，自身需要消耗能量。

六、蜂群的采集行为

蜂群主要采集花蜜、花粉、水、树脂树胶等。采集蜂多为壮年蜂和老年蜂，只有在蜜粉源丰富的季节，较低日龄的工蜂才会提前参加采集活动。采集花蜜的工蜂日龄段较长（图1-31），采集花粉的工蜂多为绒毛较多的壮年蜂（图1-32），采集水和树脂树胶的工蜂多为老年蜂（图1-33）。在蜂群采集前，均由少数侦查蜂寻找蜜粉源后，在巢内用舞蹈的形式将信息传递给同群的其他工蜂。并根据蜜粉源情况，决定动员采集蜂的数量。这种蜂群的采集特性，有利于提高蜂群的采集效率。

图1-31 蜜蜂采集党参花蜜（梁斌 摄）

1. 蜜蜂飞行活动与泌蜜强度

当外界气温不低于8℃时，蜜蜂就可以出巢飞行。蜜蜂飞行的最适宜温度是15～25℃。

蜜蜂开始飞出采集的日龄与蜂群群势、巢内状况和外界泌蜜量有关。大部分蜜蜂是在羽化后14日龄开始参加巢外工作，但是，在主要采蜜期，强群里的蜜蜂有时在出房后一个星期就开始野外工作。

蜜蜂早晨开始出勤的时间，依前日夜晚和当日黎明的气温而定。在一天最热的时刻，蜜蜂飞行减少，甚至停止飞行，这时往往不泌蜜，即便泌蜜也很快干掉。如果有的植物主要在傍晚泌蜜，那么蜜蜂就

图1-32 蜜蜂采集金银花花粉（闫雪琴 摄）

图1-33 蜜蜂采水（张瑞 摄）

一直采集到天黑，经常有些蜜蜂在天黑之前来不及返回而在野外的花朵上过夜。每只采集蜂每天能往返飞行约8～10次。

蜜蜂一般飞行采集的距离为2～3km。如果蜂群距离蜜源很近，在1km以内的地方采集蜂最多。如果蜂群附近缺乏蜜源，许多蜜蜂也会飞到8km，甚至10km以外的地方去采集。

在泌蜜不大的情况下，蜜蜂的飞行强度（一定时间内每千克蜜蜂飞行的蜂数）是随着蜂群群势的增大而减弱的。弱群的飞行强度高，则是因为按单位蜂量（每千克或每脾）计算，它比强群培育的蜂儿多得多，大量幼虫对饲料、花粉、水分和矿物质的巨大需要，迫使许多蜜蜂飞出去采集。随着大蜜源的到来，这样的蜂群再无力加强采集工作，然而强群相反，在小泌蜜时，许多幼年蜂贮备在群内，一旦大泌蜜开始，它就依赖积累和保存的后备幼蜂，使采集强度成倍地增加，极其有效地利用蜜源。可见，在采集方面，强群比弱群优越性大得多。

2．蜂群子脾与采蜜量

在主要采蜜期，蜜蜂由于采集和酿蜜工作量大，容易衰老，死亡率升高，所以到了采蜜的后期，蜂群群势要显著下降。如蜂群内有大量的子脾，那么采蜜期过后，因有幼蜂补充，蜂群群势将很快恢复。但是，在泌蜜期不长（如不到半个月）的情况下，蜂群内若有大量未封盖子，则对采蜜很不利。因未封盖幼虫需要蜜蜂大量饲喂照顾，把蜜蜂牵制在巢内，不能大量投入到采集工作。在这种情况下，只有封盖子脾对蜂群采集影响不大，因为它们不需要饲喂和特殊照顾，而且还能在泌蜜期内陆续羽化出房，使蜂群群势得到维持，不致严重下降。因此，为了更有效地利用泌蜜期短的蜜源，应在泌蜜期开始前几天，对蜂群蜂王的产卵量适当地加以限制。

如果泌蜜期在25～30d以上，或者两个泌蜜期紧密衔接，限制蜂王产卵，则不利。因为，巢内子脾大量减少，在泌蜜前期固然可以增加采蜜量，但到后期由于没有一定数量的幼蜂补充，致使蜂群群势削弱，采蜜量减少。当然，在泌蜜期内，由于强群每天能够采回大量的花蜜，很快就把蜂巢里的空巢房装满，自然而然地限制了蜂王产卵时子脾数量减少，结果还是导致群势下降。为了避免这种情况，在泌蜜期内，如果适当地用巢础框来扩大蜂巢，就可以在很大程度上调节蜂王的产卵量。也可采用主副群饲养，用强群采蜜、弱群繁殖的方法解决这一矛盾。

3．蜂群日龄成分与采蜜量

在蜜源丰富的季节，外勤采蜜蜂回巢后，多将蜜囊中的花蜜传递给内勤酿蜜的蜂，然后再出巢继续采集。据观察，接受花蜜的内勤幼蜂，它们分布在巢门附近、箱底和箱壁上。当外勤采集蜂回来时，它们就从采集蜂那里把花蜜接受过来，急忙爬到巢脾上去。由此可见，对利用蜜源来说，不仅需要采集蜂把花蜜从野外采集回来，而且还需要内勤蜂接受花蜜，把花蜜酿造成蜂蜜。

有人做过试验，在大流蜜开始时，把老蜂和幼蜂分开，分别组成蜂群，结果全部是老蜂的蜂群采蜜较少，相反全是幼蜂的蜂群采蜜还多些。这是因为全部是幼蜂的蜂群，有一部分幼蜂很快变成了外勤蜂，恢复了蜂群利用蜜源所必需的蜜蜂日龄对比关系。

为了有效地利用蜜源，蜂群里要有各种日龄的蜜蜂，使外勤蜂和内勤蜂保持一定的比例，破坏这种比例关系就会使采集效率降低。如果不得不破坏采集蜂和内勤蜂的关系，就应该在大泌蜜期前10d左右进行，以便蜂群到泌蜜开始时恢复正常的分工。

4．蜂群群势大小与采蜜量

据观察，一个西方蜜蜂的优质蜂王，在产卵空间充足的情况下，一天可产卵2500粒左右；大流蜜期，工蜂的寿命为35d左右。假若蜂群中产卵空间充足，一个蜂王一天产卵1800粒，蜜蜂的寿命是35d，一群西方蜜蜂的数量应该是35d×1800粒/d=63000粒，即25框蜂左右。一般情况下，强群中的工蜂在19日龄以后转变为外勤采集蜂。一只采集蜂，一次采集花蜜约40mg，每天外出采集约10次，63000只蜂中，大约有45%的工蜂从事采集，也就是有28000只工蜂从事采集。一群蜂一天采集花蜜量是40mg/只×28000只×10次/（群·天）=11200000mg/（群·天）=11200g/（群·天），蜜蜂采集回巢，会浓缩挥发掉一半多的花蜜中的水分，也就是说，一个25框蜂的强群，大流蜜期，一天可以进5kg以上的蜂蜜。

如果蜂群群势弱，大多数工蜂只能顾及巢内工作，采集蜂少，产蜜量低。蜂群群势强，满足内勤蜂数后，采集蜂相对更多，蜂蜜产量就会更高。一个10框蜂以内的蜂群，只有几千只工蜂采蜜，进蜜量只能够维持蜜蜂自己的消耗。一个15框蜂左右的蜂群，进蜜量大约是一个10框蜂蜂群进蜜量的190%。一个20框蜂左右的蜂群，进蜜量大约是一个10框蜂蜂群进蜜量的300%。一个25框蜂左右的蜂群，进蜜量大约是10框蜂蜂群进蜜量的400%。弱群采集蜂少，进蜜太慢，只能拿白糖换取蜂蜜，要不然没有收入。一般情况下，流蜜好的蜜源植物有限，大流蜜花期短暂，应该利用强群，集中精力多采蜜，争取获得最大利益。

七、蜂群群势消长规律

一年之中，随着气候、蜜源的变化，北方（以六盘山区为例）蜂群群势是有规律的消长，分为恢复期、增长期、保持期、衰退期和越冬期。

1．群势恢复期

经过越冬期的蜂群，在早春排泄飞行之后，开始培育蜂儿，以春季第一批新蜂接替越冬老蜂，此期称为群势恢复期。如果蜂群春季排泄后群势较弱，群势在2框蜂，恢复期长达40d之久；如果蜂群春季排泄后，蜂群群势在3框蜂以上，恢复期可在25d

之内。恢复期是蜂群全年最弱的阶段。此期蜂群是在早春最低的群势基础上开始繁殖，越冬蜂的哺育力较低，平均1只工蜂能哺育1个左右蜜蜂幼虫，加上外界气候多变和蜜源稀少，蜂群繁殖较慢，群势增长不明显；但蜂群内部个体质量却发生了很大变化，新蜂逐渐更替了越冬老蜂，哺育幼虫能力增强，蜂群的群势基本恢复。

2．群势增长期

蜂群通过恢复期，越冬蜂更新之后，蜂群的个体逐渐增加，群势处于上升趋势。在整个增长期，全群为新蜂所接替，新蜂的哺育力明显增强，平均1只工蜂可以哺育4只左右蜜蜂幼虫。此期外界气候和蜜源条件逐渐有利于蜂群的繁殖，繁殖效率日益提高，蜜蜂个体不断增加，蜂群群势迅速壮大起来。群势增长期所需要的时间，主要取决于蜂群在恢复期的群势。如果当时的群势较强，繁殖速度就快，群势增长期就会短一些；如果当时的蜂群群势较弱，繁殖缓慢，群势增长期就要长一些。

3．群强保持期

蜂群群势通过增长期的个体积累，群势迅速壮大，从而进入最强盛的群强保持期。此期的群势是全年最富有生产力和哺育力的强壮阶段，是群势增长的高峰期，也是蜂蜜和花粉等主要蜂产品的主要生产时期。此期维持时间的长短，在很大程度上受蜂王、蜜粉源、饲养技术等条件的影响。

4．群势衰退期

宁夏六盘山区及北方大部分地区的秋季，气温和蜜源条件都是向着不利于蜂群繁殖的低温季节变化，外界蜜源逐渐稀少，对蜂群的繁殖产生了影响。蜂王产卵率下降直至停产，蜂群内工蜂死亡率高于出生率，群势处于下降趋势，直至越冬前的最低点，此期为群势衰退期。

5．越冬过渡期

蜂群经过群势衰退期，进入冬季，为了保存实力，蜜蜂在巢内结成蜂团进入越冬期，即蜂群越冬过渡期，也是蜂群群势消长的起点和终点。

第三节　中蜂生物学特性

中蜂的特殊习性是对我国生态地理条件的一种极好的适应，也是在我国特有的生态条件下形成的。它相对意蜂（西蜂）主要有以下生物学特性。

1．群势小

中蜂的群势一般情况下只有意蜂的1/2，在不同季节，中蜂和意蜂蜂群群势的差异较大，意蜂容易发展成强群，而中蜂相对较难养成强群。

2．三型蜂个体小

中蜂的三型蜂，从外表看个体都比意蜂小。如表1-2所示。

表1-2　中蜂与意蜂形态比较

类　型	项　目	中　蜂		意　蜂	
		范　围	平均值	范　围	平均值
蜂王	体长/mm	18.25～22.25	21.22		22.35
	体重/mg	216～235			
工蜂	体长/mm	11.64～12.55	12.14	12～15	
	体重/mg	68.70～73.86	72.57		100
	吻长/mm	5.0～5.3	5.1	5.65～6.55	6.28
雄蜂	体长/mm	12.4～15.25	13.5	15～17	
	体重/mg	142.2～158.5	150		200

3．工蜂和雄蜂的发育期短

中蜂三型蜂从卵到成蜂羽化出房的各阶段发育历期，除蜂王外，工蜂和雄蜂都比相应的西蜂短。中蜂工蜂20d，西蜂工蜂21d，中蜂雄蜂23d，西蜂雄蜂24d。

4．巢房较小

中蜂具有善于修建自然巢脾的特性，所筑造的巢脾绝大部分是工蜂房。但中蜂三型蜂巢房比意蜂巢房小。如表1-3所示。

表1-3　中蜂与意蜂巢房比较　　　　　　　　　单位：mm

房型	中　蜂				意　蜂			
	直径	平均值	深度	平均值	直径	平均值	深度	平均值
工蜂	4.81～4.97	4.89	10.80～11.75	11.23	5.20～5.40			12.00
雄蜂	5.25～5.75	5.58	11.25～12.70	11.98	6.25～7.00		15～16	
王台	6～9		15～20		8～10		20～25	

5．善于利用零星蜜源

中蜂嗅觉灵敏，善于发现利用零星分散的蜜粉源，是中蜂能适应山区丘陵地区生存的重要因素，也是中蜂比较稳产的保证。中蜂勤劳，早出工、晚收工，采集时间长，而且中蜂产卵育虫会灵活适应蜜粉源的变化，即使蜜源条件稍差、管理粗放，也能有生产收入，具有"大年丰收，平年有利，歉年不赔"的稳产性能。此外，飞行敏捷，容易避过胡蜂和其他敌害的追捕，有利于利用各种蜜粉源。中蜂还具有采集低浓度花蜜的特点，可做到无大蜜源时饲料自给有余。

6. 工蜂扇风头朝外

中蜂在长期的生存斗争中产生了对环境的适应性，除了灵活敏捷，直进直出巢门，利用早、晚进行突击采集外，还形成扇风头朝外的习性（图1-34、图1-35），使其能随时观察外界动态，遇到胡蜂等敌害侵袭时方便立即退避进入巢内。这种扇风习性将外界空气扇入巢内，外界冷凉的空气进入后遇到巢内较高温度时，即在箱壁凝结成水珠，致使巢内的湿气难以排出而保持较高的湿度，这也是中蜂长期在岩洞土穴营巢忍受较高湿度环境的适应。据测定，中蜂巢内常年保持湿度在75%～95%，大流蜜期雨天可高达100%。这样的湿度虽然对蜂蜜的成熟和在管理上有些不利，但对幼虫的生长却有利，尤其在干燥季节，仍然可以保持幼虫发育所需的湿度。

图1-34 中蜂工蜂扇风头　　　　　图1-35 西蜂工蜂扇风头朝内（李萍　摄）
　　朝外（张瑞　摄）

7. 蜂巢湿度大

我国有些地方老百姓把中蜂称为"水蜜蜂"。因为中蜂扇风头朝外，在长期的生存进化过程中，形成了在繁殖期喜欢在湿度较大的环境中育儿，所以中蜂蜂巢湿度大，箱内往往形成水滴，在管理中夏季应注意给蜂群遮阴。

8. 筑巢触底易分蜂

中蜂筑巢由上到下，巢脾上部贮蜜，下部育儿，蜂巢喜欢下面空间较大，蜂群建筑巢房筑满后，巢脾一旦触底没有造脾发展空间，易发生分蜂热；同时中蜂蜂巢喜暗不喜明，巢门喜隐蔽。

9. 不采树胶

中蜂不采集树胶，这也是中蜂与西蜂习性上的一个较大差别。中蜂营造巢脾、粘固框耳、填补蜂箱缝隙都完全用自身分泌的蜂蜡，而不采集树胶来补充。因此中蜂巢脾熔化提取的蜂蜡，不仅颜色洁白，而且熔点较高。因中蜂不采树胶，活框饲养检查蜂群时容易提取巢框，管理方便。但转地饲养时，巢脾受震动容易发生断裂现象，而且没有蜂胶产品的收益。

10. 怕震动易离脾

中蜂喜欢安静，蜂群一旦受到轻微震动，工蜂就容易离脾而造成偏集。若受到剧烈震动就会离开巢脾往箱角集结，甚至涌出巢门而迁飞。中蜂怕震动易离脾的特性，给饲养管理造成一定困难，对检查蜂群和转地放蜂不利。

11. 恋巢差易飞逃

中蜂对自然环境极为敏感，温度、湿度、光照等气候变化和人为因素都会产生一定影响，一旦不适应环境就会发生迁飞，给养蜂生产带来不便，这就是人们所说的中蜂不好养的重要因素之一。

12. 分蜂性强

中蜂好分蜂，在蜜源丰富、气候适宜、蜂群强盛的条件下，原群蜂王易与相当数量工蜂和部分雄蜂飞离蜂巢，另择新居营巢生活。由于好分蜂，维持强群能力差，对提高产品产量有一定影响，但对于增殖蜂群有利。

13. 盗性强

中蜂嗅觉灵敏，在蜜源缺乏季节，极易出现盗蜂现象。在蜜源末期，由于工蜂有强烈的采集欲望，对蜜源十分敏感，于是蜂场上洒落的蜜汁、其他蜂群贮存的蜂蜜、仓库里的蜂蜜等都成了中蜂盗取的对象。发生盗蜂，一般是强群盗弱群，有王群盗无王群，缺蜜群盗有蜜群，无病群盗有病群。发生盗蜂时，轻者受害群的贮蜜被盗空，重者造成蜂王损失或蜂群飞逃。如果出现全场互盗，就要转移场地，才能止盗。

14. 白天性躁、夜间温驯

中蜂在白天有时不如西蜂温驯，特别是在蜜源缺乏的季节或在阴冷的天气更为突出，但在夜间中蜂的防卫能力很差，当夜间检查时，工蜂容易离脾，但不会轻易蜇人，这点与西蜂相反。

15. 失王后工蜂易产卵

中蜂群失王后，如果群内没有小幼虫和卵时，失王蜂群中少数工蜂2～3d后卵巢就会发育，并在工蜂房中产下未受精卵。而西蜂则要失王后10d左右才会出现工蜂产卵。工蜂产的卵，培育出的成蜂均为雄蜂。

16. 造脾能力强

中蜂造脾快而整齐。中蜂分蜂性强，而分蜂后就泌蜡造脾，营造新巢。为了防御巢虫危害，中蜂不断咬掉旧巢脾修造新脾。这就造就中蜂泌蜡多、造脾快而整齐的能力。一般情况下，1～2d可造成1张巢脾。

17．喜新脾、咬旧脾

中蜂喜欢新脾，一旦巢脾比较陈旧，就会将其咬除（图1-36），因陈旧的巢脾易生巢虫，然后在原位筑造新脾，这是中蜂长期以来形成抗御巢虫的特性。中蜂蜂王喜欢在新脾上产卵，常常巢房筑造到1/2深度时蜂王就开始在其中产卵，所以在养蜂生产中要充分利用这一特性，及时更新巢脾，以利蜂群发展。

图1-36　被工蜂咬穿成洞的中蜂旧巢脾（苏萍　摄）

18．抗病虫害特性

① 抗螨性强。
② 抗美洲幼虫腐臭病能力强。
③ 抗胡蜂的能力强。
④ 清巢能力弱，抗巢虫力差。
⑤ 抗囊状幼虫病能力差。

19．抗寒又耐热

据观测，中蜂在气温9℃能安全采集。在晴天即使气温只有7℃时，中蜂也能出勤采集蜜源。冬季能在−30℃的树洞中安全过冬，春季外界气温在1～2℃时群内蜂王便开始产卵繁殖后代，比西蜂早半个月。

20．认巢能力差

中蜂认巢能力差，易于迷巢。如果蜂群密集、没有明显标志时，常误入它群造成巢门口斗杀。所以中蜂蜂群摆放时最好保持2m以上，而且相邻蜂箱的巢门朝向不同方向。

21．蜂产品日产量低

中蜂工蜂个体小、群势小，除蜂蜡外，其他蜂产品日产量都低于西蜂。但中蜂采集勤奋，早出晚归，善于利用零星蜜源，在无大蜜源只有零星蜜源时，西蜂饲料入不敷出，而中蜂还有贮存。

22．蜜房封盖干爽洁白

中蜂封盖蜜脾洁白整齐干爽（图1-37）。由于中蜂的蜜房封盖是工蜂自身分泌的纯蜡，没有掺入树胶和其他杂质，所以非常洁白。加上中蜂长期在自然界生存，深知蜂蜜遇热会膨胀的道理，所以当巢房内蜂蜜贮满成熟要封盖时，会在蜂蜜和蜡盖之间留下微小的间隙，使蜂蜜遇热膨胀时不致胀裂蜡盖，以保持蜜房封盖的干爽，而且蜜房封盖的厚度也超过意蜂蜜房封盖的厚度。中蜂蜜房干爽洁白的特性给生产巢蜜提供有利条件。

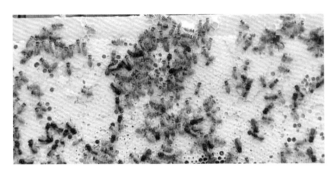

图1-37 中蜂封盖蜜脾（安克龙 摄）

23．中蜂与意蜂相比在生产性能上的优点

① 中蜂采集勤奋，不仅能利用大蜜源，而且善于利用零星蜜源。

② 抗螨能力强。

③ 易饲养。中蜂号称"懒汉蜂"，一般可土法饲养、定地饲养，管理粗放，无需像西蜂那样勤检查。即使活框饲养也不难，只要掌握中蜂的生活习性，很好管理。

④ 飞行敏捷。可避开胡蜂、蜻蜓、鸟类的捕食。

⑤ 抗寒能力强。

24．中蜂与意蜂相比在生产性能上的缺点

① 分蜂性强。

② 易感染囊状幼虫病。

③ 清巢性弱。

④ 不宜长途转地。

⑤ 盗性强。

⑥ 蜂王产卵力差，失王工蜂易产卵。

第二章 蜂场建设与规划

第一节 蜂场场址选择

不同类型的蜂场对场址的选择要求有所不同。生产蜂蜜、蜂王浆、蜂花粉等蜂产品的蜂场，最主要的要求是蜜粉源丰富；专业育王、培育笼蜂、出售蜂群、出租授粉蜂群的蜂场，对辅助蜜粉源和小气候环境条件要求较高；休闲旅游蜂场，除具有蜜粉源、小气候等养蜂条件外，更重要的是交通便利，环境优雅宁静，空气清新，覆盖无线通信网络等条件。养蜂场址的选择是否理想，直接影响养蜂生产的成败。养蜂场址应具备蜜粉源丰富、交通便利、小气候适宜、水源良好、场地开阔、蜂群密度适当、人蜂和产品安全等基本条件。

1. 蜜粉源丰富

在固定蜂场2.5～3km范围内，全年至少有两种以上高产稳产的主要蜜源（图2-1），以保证蜂场稳定的收入。在蜜蜂活动季节还需要有多种花期交错、连续不断的辅助蜜源。尤其早春粉源应丰富，为蜂群的生存、发展、生产提供保证。开花期间经常施农药的蜜源，不适宜蜜蜂安全生产。

图2-1 主要蜜源植物——紫苜蓿（王彪 摄）

蜂场应该建在蜜源的下风处或地势低于蜜源的地方，以便蜜蜂采集飞行。

2．交通便利

蜂场交通条件与生产、产品运输和养蜂人的生活都有密切的关系。蜂群、蜂机具、饲料糖、蜂产品的运输销售以及蜂场养蜂人员都需要比较便利的交通条件。如果蜂场交通条件太差，就会影响蜂场的生产和养蜂人的生活。

3．小气候适宜

蜂场应选择在地势高燥、背风向阳等冬暖夏凉的地方。山区蜂场可安置在北坡山腰，北有高山屏障，南面有一片开阔地，阳光充足，中间布满稀疏的林木。这样的蜂场春天可防寒风侵袭，盛夏可免遭烈日暴晒。同时，蜂场附近不要有化工厂、水泥厂、白灰厂等有污染的工厂。

4．水源良好

蜜蜂养殖场应建在有良好水源条件的地方，即常年有干净的流水或较充足的活水水源，而且水体、水质良好。但是，蜜蜂养殖场也不宜设在水库、湖泊、河流、水塘等较大面积的水域附近，因为在刮风的天气，蜜蜂采集归巢或蜜蜂采水时容易落入水中淹死，处女王交尾常因大风掉落水中死亡。此外，蜂场周围不能有污染或有毒的水源，以防引起蜜蜂患病、中毒或污染产品。

5．场地开阔

蜂群摆放不宜过于拥挤，以保证蜜蜂飞行路线畅通，便于养蜂人员管理操作，减少盗蜂和蜜蜂迷巢现象的发生。如果是稍具规模的养蜂场需要分区布局，将生产区、营销区和生活区分开，蜂群放置场地与仓库分开，蜂群生产场地和交尾群场地分开，更需要宽阔的场地空间（图2-2）。

图2-2 中蜂蜂场（李勇 摄）

6．蜂群密度适当

蜂群密度过大，不仅减少蜂产品的产量，还易发生蜜蜂偏集和病害传播，而且在蜜粉源枯竭期或流蜜期末容易在邻场间引起盗蜂。蜂群密度太小，又不能充分利用蜜源。在蜜粉源丰富的情况下，在半径0.5km范围内蜂群数量一般不宜超过100群。养蜂场址的选择还应避免与相邻蜂场的蜜蜂采集飞行路线重叠，以避免大流蜜期发生采集蜂偏集或蜜源后期引起盗蜂。

7．人蜂和产品安全

建立蜜蜂养殖场之前，还应该清楚建场周围对人员和蜂群有危害的因素，并且尽量避免。如在可能发生山洪、泥石流、塌方等危险地点不能建场；在溪流等水域附近建场，需了解该地历史最高水位，以防水灾；山林地带建场还应注意预防森林火灾。另外，蜜蜂喜安静，养蜂场应远离铁路、厂矿、机关、学校、畜牧场等地方；从蜜蜂安全生产的角度，在香料厂、农药厂、化工厂以及农药仓库等环境污染严重的地方不能建立蜂场；蜂场也不能设在糖厂、蜜饯厂附近，因为蜜蜂在蜜源缺乏的季节，就会飞到糖厂或蜜饯厂采集，不但影响工厂生产，对蜜蜂也会造成很严重的损失。

第二节 蜂场规划及布局

蜂场的规划应根据场地大小和地形地势合理地划分各功能区，并将养蜂生产作业区、蜂产品过滤包装贮存区、营业销售展示区和生活区等各功能区分开，以免相互干扰。定地蜂场应做好场地环境的规划和清理工作，平整地面，修好道路，架设防风屏障，种植一些与养蜂有关或美化环境的经济林木或草本蜜源植物。场区的道路尽可能布置在蜜蜂飞行路线后，避免行人对蜜蜂的干扰和蜜蜂蜇人。蜂场各功能区道路应相互连接，路面硬化，保证拉运交通运输方便安全。

1．养蜂生产作业区

养蜂生产作业区包括放蜂场地、养蜂建筑、巢脾贮存室、蜂箱蜂具制作室、蜜蜂饲料配制间、蜂产品生产操作间等。

放蜂场地可划分出饲养区和交尾区，尽量远离人群和畜牧场。饲养区是蜜蜂群势恢复、增长和进行巢脾生产的场地，应宽敞开阔。在饲养区放蜂场地，可用砖石水泥砌一平台，放置一磅秤，磅秤上放一群蜂，作为蜂群进蜜量的观测群。交尾区的蜜蜂群势较弱，为了避免蜂王交尾后在回巢时受饲养区强群蜜蜂吸引错投，交尾区应与饲养区分开。交尾群需分散排列，故交尾区场地面积应较大。为方便蜜蜂采水，应在蜂场内设置饲水设施。

养蜂建筑、巢脾贮存室、蜂箱蜂具制作室、蜜蜂饲料配制间、蜂产品生产操作间等均应建在与放蜂场地相邻的地方，以便于蜜蜂饲养和操作。

2．蜂产品过滤包装贮存区

蜂产品过滤、包装车间及贮存仓库，在总体规划时应一边与蜂产品生产操作间相邻，另一边靠近成品库。

3．办公区

办公区最好安排在靠近场区大门的位置，方便外来人员洽谈业务，减少外来人员出入养蜂生产作业区和蜂产品过滤包装区。

4．蜂产品营业销售展示区

蜂产品营业销售展示区，是对外销售、宣传的窗口，一般布置在场区的边缘或靠近场区的大门处，紧靠街道。营业厅和展示厅应相连或为一体，消费者在参观后欲购买时方便及时购买。

5．休闲观光区

休闲观光区在场区户外，要求环境优美，布置性情温和的示范蜂群和观光箱，设置休闲吧，提供即食的蜂产品，这样可拉近消费者与蜂场的距离，促进蜂产品消费。

第三节　蜂场设施及建设

蜂场设施应根据蜂场场地大小、地理位置、气候条件、蜂群规模、经营形式、生产类型等不同的因素而确定。

常年定地饲养的蜂场应本着勤俭办场的方针，根据地形、占地面积、生产规模等条件兴建办公生产用房。蜂场建筑按功能分区，合理配置。养蜂场设施包括养蜂建筑、生产车间、库房、办公场所、蜂产品销售和展示场所、生活区建筑等。

一、养蜂建筑

养蜂建筑是放置蜂群的场所，主要包括养蜂室、越冬室、蜂棚、遮阴棚架、挡风屏障等。这些养蜂建筑并不是所有蜂场都必需的，可根据气候特点、养蜂方式和蜂场需要有所选择。

1．养蜂室

养蜂室是饲养蜜蜂的房屋，也称为室内养蜂场，一般适用于小型或业余蜂场。养蜂室通常建在蜜源丰富、地势较高的场所，呈长方形，沿室内墙壁排放蜂群，蜂箱的巢门通过通道穿过墙壁通向室外。室外墙壁巢门口，有蜜蜂能够识别的明显颜色和图形作标记，以减少蜜蜂迷巢。养蜂室的高度依蜂箱层数而定，室内只放一层蜂箱至少需2m，每增加一层室内高度应增加1.5m，养蜂室的长度由蜂群数量、蜂箱长度、蜂箱间距离等因素决定。室内蜂群多呈双箱排列，两箱间距160mm，两组间距660mm。养蜂室宽度为蜂箱所占位置和室内通道宽度总和。室内通道宽度一般为1.2～1.5m。

养蜂室以土木结构或砖木结构为主，养蜂室的门应设在侧壁中间，正对室内通道。养蜂室上方开窗，平时放下遮光板，保持室内黑暗，检查可用红灯或打开遮光板，方便管理操作。

2．越冬室

越冬室是北方高寒地区蜂群的室内越冬场所，室内越冬效果取决于越冬室温度的控制条件和管理水平。

越冬室的基本要求是隔热、防潮、黑暗、安静、通风、防鼠害。越冬室的温湿度必须保持相对稳定，温度应恒定在0～2℃为宜，最高不能超过4℃，室内相对湿度应控制在75%～85%，过于潮湿贮蜜发酵，引起下痢，过于干燥贮蜜结晶，引起饥饿。

越冬室内温湿度控制主要由越冬室的进出气孔调节，越冬室的大小和进出气孔的配置，可视蜂群的数量来确定。一个10框标准箱约占0.6m³空间，进出气孔按照每群3～5cm²的面积设计。

越冬室高度一般为2.4m，宽度分两种，放2排蜂箱宽度为2.7m，放4排蜂箱宽度为4.8～5m。长度由蜂群数量而定，宽度5m、长度7.5m可放100个标准箱，长13m可放200个标准箱，长18.7m可放300个标准箱。

越冬室的类型很多，主要有地下越冬室、半地下越冬室、地上越冬室以及窑洞等。越冬室的类型可根据地下水位高低选择。

3．蜂棚和遮阴棚架

蜂棚是一种单向排列养蜂的建筑物。蜂棚可用砖木搭建，3面砌墙以避风，1面开口向阳。蜂棚长度由蜂群数量而定，宽度多为1.3～1.5m，高度1.8～2m。

遮阴棚可在摆放蜂群地点固定支架，棚顶用不透光的建筑材料，长度依蜂群数量定，宽度为2.5～3m，高度1.9～2.2m。

4．挡风屏障

挡风屏障应设在蜂群的西侧和北侧两个方向，建筑挡风屏障的材料可因地制宜选用木板、砖石、土坯、夯土、草垛等。挡风屏障应牢固，以防倒塌，高度为2～2.5m。

二、生产车间

大中型蜂场需要完备的生产车间，主要包括蜂箱蜂具制作、蜂产品生产、蜜蜂饲料配制及成品加工包装的场所。

1. 蜂箱蜂具制作室

蜂箱蜂具制作室是蜂箱蜂具制作、修理和上础的操作房间。室内设有放置各类工具的橱柜，并备齐木工工具、钳工工具、上础工具以及养蜂操作各类工具等。蜂箱蜂具制作室必备稳重厚实的工作台。

2. 蜂产品生产制作间

蜂产品生产制作间分为取蜜车间、蜂王浆等产品生产操作间、榨蜡室等。

蜂王浆生产操作间是移虫取浆操作的场所，要求明亮、无尘、温湿度适宜。室内设有清洁、整齐的操作台。操作台上放置产浆设备和工具，并应设置光源，以便于阴天正常移虫。

榨蜡室是从旧巢脾提炼蜂蜡的场所，室内根据榨蜡设备的类型配备相应的辅助设备，墙壁和地面能够用水冲洗，地面设有排水沟。

3. 蜜蜂饲料配制间

蜜蜂饲料配制间是配制蜜蜂糖饲料和蛋白质饲料的场所。蜜蜂糖饲料配制需要加热容器和各类容器。蜜蜂蛋白质饲料配制需要配备操作台。

4. 蜂产品过滤、包装车间

直销蜂产品的蜂场，需要建筑蜂蜜等成品包装车间。蜂产品过滤、包装车间应符合卫生要求。天然成熟蜜不需要加工，蜂场只需购置过滤分装设备。

三、库房

库房是贮存蜂机具、养蜂材料、蜂产品成品和半成品、交通工具的场所。不同功能的库房要求不同。

1. 产品贮存室

产品贮存室要求密封，室内设巢脾架，墙壁下方安装管道。管道一端通向室中心，另一端通向室外，并与鼓风机相连。在熏蒸巢脾时，鼓风机能将燃烧硫黄的烟雾吹入室内。

2．蜂箱蜂具贮存室

蜂箱蜂具贮存室要求干燥通风，库房内蜂箱蜂具分类放置，设置存放蜂具的层架。

3．半成品贮存室、成品库

半成品是指未经包装的蜂蜜、蜂王浆、蜂花粉等，成品是指经加工包装的蜂产品。半成品贮存均要求清洁、干燥、通风、防鼠。成品与半成品应分别存放。

4．饲料贮存室

饲料贮存室是贮存蜜蜂饲料糖、蜂花粉及蜂花粉代用品的场所。量少可贮存在蜜蜂饲料配制间，量多则需要专门的库房存放。蜜蜂饲料贮存的条件与蜂产品贮存条件相同，也可与半成品同室分区贮存。

5．车库

有条件的蜂场，可根据各种车的类型设计车库，车库地面应能承受重压，车库内应配备汽车维修保养工具和材料。

四、办公场所

蜂场的办公场所包括办公室、会议室、接待室、休息活动室等。办公场所有关蜂场的形象，不求豪华，但要整洁、大方。根据蜂场的财力确定办公场所的规模和办公场所的设施，反对铺张浪费。有的办公场所可多功能，如办公室可划出接待区，会议室可供员工休息和活动等。

五、蜂产品销售和展示场所

图2-3　蜂产品展示区（冶连荣　摄）

蜂产品销售和展示场所是对外宣传蜂场、蜜蜂和蜂产品的重要阵地，在蜂场建设中应给予重视。蜂产品销售和展示场所的装修和布置应简洁大方、宽敞明亮，并能体现蜜蜂文化和产品特色（图2-3）。

营业厅内可适当划分功能区，如产品展示区，陈列蜂场的各种产品，并配有产品简介；顾客休息区，配备适当的沙发、茶几、桌椅、电视等，方便顾客休息的同时，品尝蜂产品和观看宣传片；售货区，设置柜台等。

观光示范蜂场还应设置宣传蜜蜂和蜂产品知识的展厅，在进行蜜蜂科普知识宣传的同时，正确引导消费，树立企业形象。展示室以图文、实物陈列和影视等形式介绍养蜂历史，蜜蜂生物学，蜂产品的生产、功能、食用方法，蜜蜂对农牧业和环境的意义等。室内的窗口处或门外适当位置设置蜜蜂观察箱，满足观光者对蜜蜂的好奇心和提高兴趣。

六、生活区建筑

蜂场生活区建筑包括员工宿舍、厨房食堂、卫生设施等。

第四节　蜂群选购

建立蜂场首先要考虑的问题是蜂群的来源。一般养蜂场的建立都需要购买蜂群。选择的蜂种是否适宜、购买时间是否恰当以及所购买蜂群质量的好坏都会直接影响到蜂场建设的成败。

一、蜂种选择

蜂种选择就是选择确定饲养的蜂种。我国饲养的蜜蜂主要有两种，中华蜜蜂和西方蜜蜂。不同地区的中蜂在长期进化过程中，逐渐形成了适应于本地区环境的习性。外来中蜂往往会因水土不服在生产性能上表现为不适应，同时，外来中蜂的雄蜂会改变当地中蜂的基因，常导致蜂群的抗病力下降。因此，在生产上应杜绝或谨慎引进外地中蜂，中蜂不易长途转地放蜂。西方蜜蜂在我国主要有意大利蜜蜂、卡尼鄂拉蜂等亚种，此外还有我国特有的东北黑蜂、新疆黑蜂等品种。在西方蜜蜂生产用种的改良方面，不易无序引种，不提倡盲目杂交组合，可根据当地环境和蜂场经营目标，选择合适的配套系。

1.优良蜂群的特征

挑选蜂群应主要从蜂王、子脾、工蜂和巢脾4个方面考虑。

① 蜂王年轻、胸宽、腹长、健壮、产卵力强。

② 子脾面积大，封盖子整齐成片，无花子现象，没有幼虫病，小幼虫底部浆多，幼虫发育饱满、有光泽。

③ 工蜂健康无病，身体蜂螨寄生率低，幼年蜂和青年蜂相对居多，出勤积极，性情温顺，开箱时安静。

④ 巢脾平整、完整，并以浅棕色为佳，雄蜂房少。

2．良种选择

蜜蜂蜂种没有绝对的良种，现饲养的各个蜂种均有其优点，也有其不足。在选择蜂种前必须深入研究各个蜂种的特性，并根据养蜂条件、饲养管理水平、养蜂目的等对蜂种做出选择。对于任何优良蜂种的评价，都应该从当地自然环境和现实饲养管理条件出发。一般蜂种选择应从适应当地的自然条件、适应现实的饲养管理条件、增殖能力强、经济性能好、容易饲养等几方面考虑。

（1）选择蜂种必须适应当地的自然条件 自然条件包括气候、蜜粉源植物、病虫害等方面。针对气候因素，应考虑蜂种的越冬性能，北方由于冬季漫长寒冷，所选择蜂种应着重考虑蜂种的抗寒能力。针对蜜粉源因素，应考虑不同蜂种对蜜粉源的要求和利用特点，蜜粉源植物花期长且零散的山区适合中蜂饲养，蜜粉源植物泌蜜量大且集中的地区适合西方蜜蜂饲养。针对防控蜜蜂病虫害因素，则应考虑不同蜂种对当地主要病虫害的内在抵抗能力以及人为的控制能力。

（2）选择蜂种必须适应实际饲养管理条件 不同蜂种对适应专业和副业养蜂经营方式、定地和转地养蜂生产方式以及对蜜蜂饲养管理技术水平的要求均有所不同，对适应机械化操作的程度也不一样。专业养蜂需要在精心饲养管理下能够高产的蜂种，副业养蜂需要可以管理粗放的蜂种。因此，所选择的蜂种，应考虑能否适应现有的饲养管理条件。

（3）选择蜂种应繁殖能力强、经济性能好 养蜂的主要目的之一是要获取大量的蜂产品，所以选择的蜂种在相应饲养条件下，应具有较高的生产力。蜂群的增殖能力包括蜂王的产卵能力、工蜂的育子能力以及工蜂的寿命等。增殖力强的蜂种，可以有效地采集花期长且丰富的蜜粉源，对转地饲养、追花采蜜也极为有利。

（4）适当考虑蜂种管理的难易程度 蜂种管理的难易程度将直接影响劳动生产率的高低。如果蜜蜂的性情温驯，分蜂性和盗性弱，清巢性和认巢性强，则管理较为方便。

二、蜂群的挑选方法

1．在规范的蜂场购买蜂群

蜂群最好是在连年高产、稳产的蜂场购买，养蜂技术水平高的蜂场对蜜蜂的蜂种特性重视，在生产中会注意选择良种。

2．初学者购买蜂群的数量

初学者不宜大量购买蜂群，跟随师父转地饲养初学者一般不超过30群，定地饲养自学者以不超过20群为宜。以后随着养蜂技术的提高，再逐步扩大规模。

3．挑选蜂群的季节

购买蜂群最好在蜂群增长阶段的初期，早春蜜粉源初花期是最理想的购蜂时期。北方越冬蜂群顺利越冬后已充分排泄，蜂群饲养的风险已降低。此时气温日益回升，并趋于稳定，蜜源也日渐丰富，有利于蜂群增长，而且当年就可以投入生产获得经济效益。

其他季节也可购买蜂群，但最好还有一个主要蜜源花期，这样即使不取蜜，至少也可保证蜂群饲料的贮备和培育适龄越冬蜂。

购买蜂群的时期：南方上半年宜在1～2月，下半年宜在9～10月；北方宜在2～3月。

4．挑选蜂群的时间

挑选蜂群应在天气晴暖时进行，以方便箱外观察和开箱检查。首先在巢门口前观察蜜蜂活动表现和巢门前死蜂情况并进行初步判断，然后再开箱检查。

5．箱外观察与开箱检查

（1）**箱外观察**　在蜜蜂出勤采粉的上午高峰时段，进行蜂箱前巡视观察。健康正常的蜂群巢门前一般死蜂少，基本没有蜜蜂在蜂箱前地面爬行，进出巢门的蜜蜂较多，蜂群群势强盛，携粉归巢的外勤蜂比例多，巢内卵虫多，蜂王产卵力强。如果巢门前地面死蜂较多，则蜂群不正常；有较多瘦小甚至残翅的工蜂爬动，可能螨害严重；巢门前有体色暗淡、腹部膨大、行动迟缓的工蜂，或在蜂箱前壁蜜蜂粪便量较大、较稀薄便是工蜂下痢病症状；巢门前有白色和黑色的幼虫僵尸，为蜜蜂白垩病，这样的蜂群不能买。

（2）**开箱检查**　开箱时工蜂安静、不惊慌、不乱爬、不激怒蜇人，说明蜂群性情温顺；工蜂腹部较小，体色正常，没有油亮现象，体表绒毛多而新鲜，则表明蜂群健康，年轻工蜂比例大；蜂王体大、胸宽、腹长丰满，爬行稳健，全身密布绒毛且色泽鲜艳，产卵时腹部屈伸灵活，动作迅速，提脾时安稳，并产卵不停，则说明蜂王质量好；卵虫整齐，幼虫饱满有光泽，小幼虫房底蜂王浆多，无花子、无烂子现象，说明幼虫发育健康。

6．蜂群要求

（1）**蜂群群势**　购蜂的季节不同，蜜蜂群势要求标准也不同。一般来说，早春蜂群不少于2足框，夏秋季应在5足框以上。

（2）**子脾**　在群势增长季节还有一定数量的子脾。5张脾的蜂群，子脾应在3～4张，其中封盖子至少应占一半。

（3）**蜂王**　蜂王不能太老，最好是当年培育的，最多是前一年春季培育的蜂王。

（4）贮蜜　购买的蜂群内还应有一定的贮蜜，一般每张巢脾应有贮蜜 0.5kg 左右。

7. 蜂箱与巢脾要求

购买蜂群还应注蜂箱是否坚固严密，巢脾、巢框的规格是否符合标准。蜂群购买后应立即装车运走，蜂群在运输途中，应注意防止蜜蜂因蜂箱陈旧破损发生外跑现象。巢脾规格存在不统一标准，则会影响今后蜂群管理。巢脾好坏对蜂群的发展至关重要，所购蜂群巢脾不能太黑、咬洞、残缺、翘曲、雄蜂房多。中蜂箱内，不能有被蜜蜂啃咬的旧巢脾。

第五节　蜂群排列放置

一、蜂群排列

蜂群排列方式多种多样，应根据蜂群数量、场地面积、蜂种和季节灵活掌握，但都应以管理科学、高效、方便为原则，切实保证流蜜期便于形成强群以及在外界蜜源较少或无蜜源期不易引起盗蜂。

1. 中蜂排列

中蜂认巢能力差，容易错投，并且盗性强，所以中蜂排列不宜太紧密，以防蜜蜂错投、斗杀和引起盗蜂。

中蜂排列应根据地形、地物适当分散排列，相邻蜂群的巢门方向应尽可能地错开。在山区可利用斜坡、树丛或大树布置蜂群，使各个蜂箱巢门的方向、位置、高低各不相同。箱位目标显著易于蜂群识别，蜂箱前如有小树、大草等具有标志性作用的标志应有意识予以保留（图2-4、图2-5）。

图2-4　中蜂蜂场（一）（王彪　摄）

图2-5　中蜂蜂场（二）（李勇　摄）

2.西蜂排列

西方蜜蜂排列方式有单箱排列、双箱排列、"一"字形排列、环形排列等，国外还有四箱排列和多箱排列等。这些蜂群的排列方式各有特点，可根据放蜂场地的大小和蜜蜂饲养管理需要进行选择。

（1）**单箱排列**　这种排列适宜蜂场规模小、蜂群数量少且场地宽敞的蜂场。单箱排列可分为单箱单列和单箱多列两种。每个蜂箱之间相距1~2m，各排之间相距2·3m，前后排的蜂箱交错放置，以便蜜蜂出巢和归巢。

（2）**双箱排列**　这种排列方式适宜于蜂场规模大、蜂群数量多且场地受到限制的蜂场。双箱排列可分为双箱单列和双箱多列两种方式。双箱排列就是将两个蜂箱并列靠在一起为一组，多组蜂群排成一排。两组之间相距1~2m，各排之间相距2~3m，前后排的蜂箱尽可能错开。

（3）**"一"字形排列**　这种排列方式多用于放蜂场地受到限制时，或在气温较低季节方便保温。"一"字形排列只适用在单箱体饲养的蜂群，常见于转地蜂场。转地蜂场为了便于管理，蜂群应尽量集中放置。"一"字形的排列就是将蜂群一箱紧靠一箱，巢门朝向一个方向，排成一长列或数列。优点是占地面积小，方便管理，易于箱外保温，可用覆盖草帘或稻草、谷草及塑料薄膜对蜂群加强保温。缺点是蜂群易偏集，蜂群加继箱后不便开箱操作。

（4）**环形排列**　这种排列方式多用于转运途中临时放蜂，转地蜂场在流蜜期有时也采用环形排列。环形排列的特点是既能使蜂群相对集中，又能防止蜂群的偏集，但巢门不能朝向同一个方向。环形排列是将蜂群排列成圆形或方形，巢门朝向环内（图2-6）。

（5）**四箱排列**　四箱蜜蜂为一组，巢门分别朝东、南、西、北4个方向，每组方向放在同一个木制的托盘上，方便用叉车装卸。这种排列方式在冬季进行包装时，同一组内的4箱蜜蜂紧靠后，用油毡、稻草、绳索捆扎包装。这种排列方式占地面积较大，巢门朝向也各不相同，是国外常见的一种蜂群排列方式（图2-7）。

图2-6 意蜂蜂场（王彪 摄）

图2-7 四箱一组（张世文 摄）

（6）**多箱排列** 将6~10群蜜蜂相互紧靠在同一个木制的托盘上，各群蜜蜂的巢门分别朝向东、南、西3个方向。这种蜂群的排列方式多用于国外的转地蜂场，优点是方便搬运，用叉车可高效地装车、卸车和排放蜂群。

二、蜂群放置

1. 放置环境

蜂群夏日应安放在阴凉通风处，冬季应放在背风向阳的地方。所以蜂群最好能放在阔叶树下，炎热的夏天茂密的树冠可为蜂群遮阴，冬天落叶后，温暖的阳光可照射在蜂箱上。排列蜂群时，蜜蜂增长阶段和生产阶段蜂箱巢门的方向尽可能朝东或朝南，不可轻易朝西。巢门朝东或南，能促使蜂群提早出勤；在酷暑季节，便于清风吹入巢门，加强通风。在低温季节可以保持巢温，有利于蜂群安全越冬。巢门朝西的蜂群，春秋季节蜜蜂上午出勤迟，下午尤其傍晚在太阳刺激蜜蜂出巢后，又常因太阳下山或阴云的影响，使蜜蜂受冻不能归巢；夏天下午太阳直射巢门，造成巢温过高，使蜜蜂离脾；越冬前期，为了控制蜜蜂减少出勤，降低巢温，有时可将巢门朝北排放。

此外，放置蜂群的地方，不能有高压电线、高音喇叭、飘动的红旗、路灯、诱虫灯等吸引刺激蜜蜂的物体。蜂箱前面应开阔无阻，便于蜜蜂进出飞行，不能将巢门面对墙壁、篱笆或灌木丛。蜂群不能摆放在密林中，避免蜜蜂找不到归巢的路线。

2. 蜂群摆放

蜂箱摆放应左右平衡，避免巢脾倾斜，且蜂箱后部应略高于前部，避免雨水进入蜂箱。但是蜂箱倾斜不易过大，以免刮风或其他因素引起蜂箱翻倒。

除了转地途中临时放蜂，无论采取哪一种蜂群排列方式，都应将蜂箱垫高20～60cm，以免地面上的敌害进入蜂箱和潮气腐烂箱底。蜂箱垫高的材料可就地取材，可选用木桩、砖头、水泥块、钢材支架等将蜂箱垫高，还可利用市售的塑料凳、塑料筐等日用品将蜂箱垫高。固定蜂箱可设立固定的放蜂平台，放蜂平台可用砖石、水泥、木材等材料搭建。

第三章 蜂群常规操作与管理

第一节 蜂群检查

检查蜂群是了解掌握蜂群内部情况的重要措施，也是加强蜂群管理的必然手段。检查蜂群是一项繁杂细致的工作，其方法主要有箱外观察和开箱检查两大类。箱外观察和开箱检查各有特点，箱外观察可根据某些现象来判断蜂群内情，开箱检查可亲眼看到蜂群内部情况。养蜂人检查蜂群的顺序通常为：箱外观察→局部检查→全面检查。

一、箱外观察

从事蜂群管理，平时主要通过箱外观察了解蜂群情况，通过箱外观察蜜蜂的某些行为进而判断蜂群内部的实质问题，得出准确答案后，方可采取科学合理的管理措施。

箱外观察的方法：一是通过巢前蜜蜂活动情况判断，二是通过巢前死亡的蜜蜂判断。

1. 巢前蜜蜂活动情况判断

巢前观察蜜蜂活动主要是观察蜜蜂在巢前的飞行和巢前蜜蜂的聚集。蜜蜂巢前观察需在蜜蜂能够巢外活动的条件下进行。

（1）活动正常　巢门口秩序井然、熙熙攘攘，蜜蜂活动积极主动，说明蜂群兴旺正常（图3-1）。

（2）蜂多蜂少　同等条件巢门情况下，巢门蜜蜂显得拥挤，说明群强，可考虑加脾或扩大蜂巢，反之则群弱蜂少。

（3）蜂王状况　在外界有蜜粉源的晴暖天气，如果工蜂采集积极，归巢蜂携带大量花粉（图3-2），说明该蜂王健在，且产卵力强。如果蜂群出现怠慢，无花粉带

图3-1　巢门口蜜蜂活动（李勇　摄）　　　　　　图3-2　蜜蜂采粉归巢（张瑞　摄）

回，有的工蜂在巢门前乱爬或振翅，则有失王的可能。

（4）**围王现象**　群内有阵阵轰响声，巢门口有蜂惊慌不安，发出尖叫声，不时有蜂将伤、残、死蜂拖出巢门，则是围王现象。

（5）**失王现象**　工蜂不时聚集在巢门口振动翅膀或来回焦急爬动，惊慌不安，是失王现象。

（6）**工蜂产卵**　工蜂产卵过久，巢内所有蜜蜂体色变黑、变暗，出勤减少。

（7）**飞逃前征兆**　以往出勤积极的蜂群出勤锐减，并且停止在巢门口扇风守卫，不进花粉或进粉很少。在天气闷热时有少量工蜂在巢门口上部的箱板处密集聚结，蜂群骚动不安。

（8）**采蜜和贮蜜**　全场蜂群普遍出现外勤工蜂进出巢繁忙，巢门拥挤，归巢的工蜂腹部饱满，有的甚至飞回落入地面后再爬入巢门，夜间扇风声较大，蜂场取蜜无蜂靠近，是外界蜜源泌蜜较好的现象。中蜂蜂箱中有水从巢门流出，说明外界蜜源泌蜜丰富，蜂群采酿蜂蜜积极。

（9）**缺少饲料**　阴冷或不利活动的时节，多数蜂群停止活动，只有个别蜂群的蜜蜂仍忙乱的出巢活动，或在箱底及周围无力爬行，或巢门前出现有拖弃幼虫或增长阶段驱杀雄蜂的现象，若用手托起蜂箱后方感到很轻，说明巢内已缺蜜，蜂群已处于危险状态。

（10）**敌害入侵**　巢门口蜜蜂混乱，并有残片蜡渣和无头、少胸的死蜂，是老鼠或其他敌害入侵箱内的表现。

（11）**自然分蜂**　在分蜂季节，大部分的蜂群采集出勤积极，若个别强群工蜂进出巢采集出勤不积极，且存在很多工蜂拥挤在巢门前形成"蜂胡子"，此现象多为分蜂的征兆。如果大量蜜蜂涌出巢门，则说明分蜂活动已经开始。

（12）**蜂螨危害**　常有发育不良、翅膀残缺不全、出房不久的幼蜂出巢爬行，则是蜂螨危害的严重表现。

（13）**麻痹病**　蜜蜂变黑发亮，绒毛几乎掉光，腹部变小，或腹部膨大，身体颤抖，在巢门前地面上无力爬行，呈瘫痪状，是蜂群患有麻痹病的表现。

（14）**下痢病**　蜜蜂颜色发黑，腹部膨大，飞翔困难，在巢门前跳跃爬行，巢门附近发现稀粪便，则是蜜蜂患有下痢病或孢子虫病的表现。

（15）**农药中毒**　工蜂在蜂场激怒狂飞，性情凶暴，并追蜇人畜，全场蜂群巢门前突然出现大量死蜂，有的出勤蜂采集归来未进巢就在巢门口折腾翻滚不久死亡。死亡蜜蜂翅膀展开，吻长伸，腹部弯曲，有的还带有花粉团，则说明蜜蜂有农药中毒的情况。

（16）**盗蜂**　当外界蜜源缺少时，有少量蜜蜂在蜂箱四周飞绕，伺机寻找进入蜂箱的缝隙，表明该群已被盗蜂窥视。蜂箱的巢门前秩序混乱，工蜂团抱厮杀，表明盗蜂开始进攻被盗群。如果弱群巢前的工蜂进出巢突然活跃起来，仔细观察进巢的工蜂腹部小，而出巢的工蜂腹部大，这些现象均说明发生了盗蜂。如果此时某一强群突然又有大量的工蜂携蜜归巢，该群可能是作盗群。在非蜜源花期，有大量的蜜蜂进出巢活动时需注意。

（17）**巢内过热**　巢门拥挤，大量蜜蜂爬伏在巢门口，部分工蜂有秩序地振翅扇风，说明巢内过热，通风不良。

（18）**招引蜜蜂**　蜂群迁徙到新址后开巢门放蜂，或在巢前抖落蜜蜂时，少数蜜蜂停留在巢门踏板上，高举腹部，露出嗅腺，振翅扇风将嗅腺分泌的味液散发到空气中，这是招引蜜蜂归巢的重要方式（图3-3）。

图3-3　工蜂在巢门踏板上放嗅（李勇　摄）

（19）**花期结束**　蜜蜂出勤减少，巢门守卫蜂增多，雄蜂被驱逐出巢，说明外界蜜粉源已基本结束，蜜蜂警戒性提高或进入秋末储备饲料阶段。

2. 巢前死蜂情况判断

从严格意义上讲，蜜蜂死在巢前是不正常的。如果巢前有少量的死蜂和死虫蛹对蜂群也无大影响，但死蜂和死虫蛹数量较多，就应引起注意。为了准确判断死蜂出现的时间，在日常的蜜蜂饲养管理中最好定时清扫。

（1）**巢内缺蜜** 巢前出现腹部小、伸吻的死蜂，甚至巢内外大量堆积这种死蜂，垂死蜜蜂呈虚弱状，则说明蜜蜂已因饥饿而开始死亡。

（2）**农药中毒** 在晴朗的天气，蜜蜂出勤采集时，全场蜂群的巢门前突然出现大量的双翅展开、勾腹、伸吻的青壮年死蜂，尤其强群巢前死蜂更多，部分死蜂后足携带花粉团，说明是农药中毒。

（3）**冻死** 在较冷的天气，蜂箱前出现头朝向蜂箱巢门口呈冻僵状的死蜂，则说明因气温低外勤蜂归巢时来不及进巢冻死在巢外。冻死巢前的蜜蜂，越靠近巢门则越多，呈扇形散布。外勤蜂冻死在巢前多发生在早春。

（4）**病害致死** 死蜂较多，具有大肚、黑尾等症状，挤压腹部会挤出黑、黄色粪便，有的肠道变色、变形，是患病致死现象。

（5）**遭受鼠害** 在冬季或早春，如果巢前出现较多的蜡渣及头胸不全的死蜂，从巢门散发臊臭的气味，并且看到蜂箱有咬洞，则说明老鼠进入巢箱危害。

（6）**巢虫危害** 饲养中蜂如果发现在巢门前有工蜂拖弃死蛹，则说明是巢虫危害。取蜜不慎，破坏封盖巢房时，巢前也会出现工蜂或雄蜂的死蛹。

（7）**白垩病** 饲养西方蜜蜂巢门口发现有苍白干硬的"石膏蛹"，是蜂群发生白垩病。

（8）**斗杀致死** 死蜂双双厮抱，翅膀破损，常是发生盗蜂或错投后，搏斗致死现象。

二、开箱检查

开箱检查，就是开启蜂箱的箱盖（包括大盖、副盖），提出部分巢脾或逐一进行观察，可具体观察、细致了解群内情况，以便及时采取相应的管理措施，是养蜂人在箱外检查的基础上常用的检查方法。开箱检查分为局部检查和全面检查两种。

1．开箱检查方法

（1）**开箱目的与条件** 为了提高检查质量和作用，检查前应明确本次检查的目的和主要内容，以便及时了解和解决问题。开箱检查的目的，以当时蜂群的中心任务结合外界条件而定，如繁殖期查看蜂王产卵和育子情况，流蜜生产期则重点查看采集酿蜜情况。必须抓住主要矛盾，以便解决当前实际问题。

开箱检查必须根据蜂群生物学特性及规律，结合外界自然条件灵活掌握。一是开箱检查适宜气温为18～30℃，气温低于14℃时不要开箱检查，开箱操作的时间越短越好，一般不超过10min，开箱时力求仔细、轻捷、沉着、稳重；二是早春或晚秋开箱检查，要选择晴暖无风天气；三是无蜜源缺饲料期尽量少开箱检查；四是平时尽量减少开箱检查次数，不到真正需要或必须时，一般不要开箱检查；五是在日常管理中，以箱外观察为主，箱外观察有怀疑时，可开箱部分抽查，确实难以弄清问题时，可实行全面检查。

（2）**开箱前准备**　为了减少开箱操作对蜂群的不利影响和提高工作效率，尽可能缩短开箱时间，开箱前应做好充分准备，备齐工具。开箱时应随身携带起刮刀、蜂刷、喷烟器等常用的开箱工具。在开箱时如还需进行其他工作，如加础加脾、饲喂、检查等，还需相应地准备好巢础框、空脾、糖饲料、蛋白质饲料、检查记录表等用具和相关物品。

同时，开箱前还需做好防护准备工作。穿上浅色非毛呢质布料工作服，或穿戴黑色或深色毛呢质的衣帽，戴上蜂帽面网。养蜂人切忌带有葱、蒜、汗臭、香脂、香粉等异味。

（3）**站位**　开箱前置身于蜂箱的侧面或箱后，尽量背着太阳，便于观察巢房内情况。不宜站在箱前挡住巢门，影响蜜蜂进出巢活动。"一"字形排列的蜂箱开箱时，可一只脚蹲踏在相邻的蜂箱上，另一只脚站在箱后。

图3-4　开箱检查中蜂（苏萍　摄）

（4）**打开箱盖**　把箱盖轻捷地打开后置于蜂箱侧面并翻转过来平放在地上，或倚靠在蜂箱侧面或后面的箱壁旁。去除覆布，手持起刮刀从两个对角线轻轻撬动副盖，将副盖揭起，有蜜蜂的一面向上放在巢箱前的巢门踏板上。对于凶暴好螫的蜂群，副盖掀起一个缝隙，可用点燃的喷烟器或喷水器，对准缝隙或巢框上梁喷烟或喷水少许。如果蜂群温顺不必喷烟喷水。天气炎热季节喷水比喷烟效果好（图3-4）。

继箱群开箱且需要全面检查调整时，应先查看巢箱。打开副盖后将箱盖取下，翻过来平放在箱侧或箱后的平地上，用起刮刀沿对角线撬动继箱与隔王板巢底箱的连接处，搬下继箱，放置在翻过来的箱盖上，取下隔王板放在巢门前。巢箱操作后，放好隔王板，继箱放回巢箱上，再进行操作。

（5）**提脾**　箱盖和副盖都打开后，将隔板向边脾外侧推移，或提出立于箱外，然后用起刮刀依次插入近框耳的各脾间蜂路，轻轻撬动巢框。巢脾提出时先拉大脾间距离，用双手的拇指和食指紧捏双侧框耳将巢脾垂直向上提出。切勿使巢脾互相碰撞而挤伤和激怒蜜蜂，防止蜂王被挤伤。提出的巢脾应置于蜂箱的正上方检查或操作，同时还应注意巢脾不可提得太高，以免伤害蜂王。如果蜂箱巢脾太满，不便操作，可将无王的边脾提出，暂时立于箱外侧壁或箱后壁。

（6）**翻转巢脾**　在提脾操作时，需要始终保持巢脾的脾面与地面垂直，以防巢脾断裂、蜜粉从巢房脱落（图3-5～图3-7）。

另一种提脾查看的方法是，提出巢脾后先看面对的一面，然后将巢脾放低，巢脾上梁靠近身体，下部略向前倾斜，从脾的上方查看巢脾的另一面。有经验的养蜂员常用此法快速检查。

（7）**恢复蜂巢**　开箱后，按正常的脾间蜂路8～10mm，约一个手指的距离，将各巢脾和隔板按原来的位置靠拢，然后盖好副盖和箱盖。特别注意不挤压蜜蜂。

（8）**继箱检查**　检查继箱时，首先将大盖掀起反放在箱后地面上，将继箱搬下以斜角方式放在翻转的大盖上，将隔王板取下放在向前巢门口，先检查巢箱，巢箱检查完后，再将隔王板、继箱复位，然后检查继箱。为了减轻搬运继箱劳动强度，也可制作折叠式继箱搁置架。

2. 局部检查

局部检查即部分抽查，就是在箱外观察的基础上，开启蜂箱后，有目的、分重点地提出一部分巢脾，从局部现象去分析判断群情（图3-8）。局部检查的特点，一是工作量相对减轻，二是检查时间短，对蜂群的干扰相对小一些。

（1）**重点提脾**　每一次检查都有其特定目的和一个或几个需要解决的主、次要问题，可根据抽查目的和需要弄清的问题，进而确定需要抽查哪几张巢脾。

这个问题必须事前考虑好，做到目的明确，提脾准确，以便对需要了解的问题做出科学判断。一般情况，饲料脾多靠外侧放置，检查饲料多少，可提出靠边的脾；子脾靠近饲料脾，检查判断虫蛹情况可提边脾箱里第3～4张脾。需要检查哪方面问题，就提哪一种巢脾。

（2）**蜂脾检查**　揭开箱盖时，如发现盖

图3-5　将巢框上梁垂直地竖起
（正面）（苏萍　摄）

图3-6　以上梁为轴使巢脾向外转半个圆
（苏萍　摄）

图3-7　再将提住框耳的双手放平
（反面）（苏萍　摄）

图3-8　提脾检查（苏萍　摄）

下和隔板外挤满蜜蜂，说明蜂多于脾，应及时加脾；如脾上蜜蜂稀少，边脾外侧几乎无蜂，是脾多于蜂，如果巢脾上的蜜蜂稀疏，巢房中无蜂子，就应将此脾抽出，紧缩蜂巢，适当抽脾。高温季节，虽然隔板外挤满蜜蜂，而脾上蜂却很少，且巢门口有蜂聚集，这是巢温过高，湿度太低，蜜蜂离脾纳凉的表现。

（3）饲料检查　打开箱盖，可闻到蜂蜜的香味，边脾上有存蜜或隔板内侧2～3张巢脾上角有部分封盖蜜，表明箱内蜜足；若开箱后蜜蜂表现不安或惊慌，提脾感到轻且有蜂掉落，是箱内严重缺蜜，而子脾上蜂子不整齐（花子），是曾经缺过蜜；若有拖子现象，说明缺蜜严重，需马上补充饲喂。

（4）蜂王检查

打开箱盖，蜂王一般在蜂巢中部的巢脾上活动，检查蜂王可在蜂巢中央提脾。如果提出脾上未见蜂王，但可见巢房内有卵或小幼虫，说明蜂王健在；若不见蜂王，又无各龄蜂子，且可见有的工蜂在巢脾或框梁上惊慌振翅，意味着失王；若巢脾上卵分布不整齐，一房多粒且东倒西歪，说明失王已久，工蜂产卵；如果蜂王与一房多卵现象并存，说明蜂王已经衰老或存在生理缺陷；巢脾下缘边角若有少量规则整齐的王台，说明蜂王欠佳或已发生分蜂热，蜂群正准备更新蜂王或准备分蜂；若王台过多不整齐，部分为原工蜂房改造而成，说明蜂群正在急造王台。

（5）哺育检查　检查蜂子（蛹、虫、卵）发育状况，一要查看蜂群对幼虫的哺育好坏，二要查看有无幼虫病。可从蜂巢的偏中部位提1～2张巢脾进行观察，如幼虫显得滋润、丰满、鲜亮，封盖子脾整齐，则发育正常；若幼虫显得干瘪，甚至变色、变形或出现异臭，整个子脾上的卵、虫、封盖子脾混杂，说明蜂子发育不良或患有幼虫病；封盖子表面如有小孔，中蜂可疑为烂子病，西蜂可疑为螨害严重；前期育子正常，近期箱外观察采粉锐减，或未有采粉蜂，疑似有飞逃征兆；打开蜂箱，会发现蜂王腹部缩小，产卵锐减或停产，有的蜂群内卵虫蛹全无，有一些工蜂(包括采集蜂)吸饱蜜汁后，停留在巢脾上部一动不动，如果蜂王健康，即使巢内有存蜜，蜂群也会出现飞逃行为。

（6）病害检查　从蜂群中间部位各抽提1～2张幼虫脾和大幼虫脾，查看是否有幼虫病；查看蜂体变化可判断是否有成年蜂病害，如麻痹病、蜂螨等；蜂群中的卫生状况，一定程度上代表着蜂群的生存质量，提出巢脾时可观察蜂箱内的空闲处，清洁光亮的说明蜂群健康旺盛，反之则较差；中蜂子脾巢房封盖打开，可见白色蜜蜂蛹，则说明巢虫危害；中蜂巢房中出现尖头的蜂子，则患囊状幼虫病。

3．全面检查

全面检查就是将蜂巢内巢脾逐一提出进行细致检查。这种检查方法工作量比较大，能准确全面了解蜂群内情，随之采取相应的管理措施，但费时费力，对蜂群造成很大干扰，不宜经常进行。

全面检查应在蜂群管理每一阶段的始、末进行，为蜂群调整提供依据。要求快速，对于检查中发现的问题能够即刻处理，例如毁台、加脾、加础、抽脾等可同时处理，不能马上处理的，应做好标识，待全场蜂群检查完毕之后统一处理。

全面检查的目的：主要是了解蜂王产卵、子脾发育、饲料贮备、蜂脾比例、病敌害等情况，分蜂季节还须了解是否有自然王台和分蜂征兆，流蜜期必须掌握进蜜、贮蜜及蜂蜜的成熟情况。

全面检查的时间及要求：对蜂群逐脾进行仔细的检查，以便掌握蜂群内部的全部情况。检查应在气温13℃以上进行，夏季宜在早上进行；检查速度快，动作要轻稳；处女王交尾群，检查应避开处女王试飞或婚飞时间；在气温低时、流蜜高峰期、盗蜂多发季节等都不宜进行全面检查。

每一蜂群检查后，应调整好巢脾，摆好蜂路，再盖好箱盖，需要及时填写蜂群检查记录分表（表3-1），全场检查完后，将各蜂群的情况汇总到记录总表（表3-2）。分表反映现状和周年变化规律，总表反映某阶段全面状况。

表3-1 蜂群检查记录分表

蜂箱号　　　蜂群号　　　蜂王初产卵日期　　　　　　　年　月　日

检查日期		蜂王情况	放框数量	子脾框数	空脾框数	巢础框数	存蜜量	存粉量	群势		发现问题
月	日								蜂	子	

表3-2 蜂群检查记录总表

放蜂场址　　　　　　　检查日期　　　　　　　年　月　日

蜂箱号数	蜂群号数	蜂王情况	放框数量	子脾数量	空脾框数	巢础框数	存蜜量	存粉量	群势		发现问题
									蜂	子	

4．开箱检查应注意的事项

① 开箱检查前，应提前准备好所需用具，如起刮刀、蜂扫、喷烟器、记录本和笔等；还需准备空继箱，以便存放抽出的巢脾；繁殖季节，还需准备好空脾和上好巢础的巢框，及时扩、缩蜂巢。

② 蜜源缺乏的季节，尽量不开箱检查。如必须开箱，要采取有效防盗措施。开

箱前，在蜂箱四周支起盗蜂防御罩，或在框梁上覆盖一块防盗布（较厚大点的遮盖布），或在早、晚进行，时间越短越好。巢脾蜜汁千万不要洒落在箱外地面上，检查时削下的蜡渣应及时收集起来，万万不可引起蜜蜂混乱发生盗蜂。

③ 检查操作时，力求轻捷、准确、沉着、仔细。做到"一短（开箱时间短）""二直（提脾放脾直上直下）""三防（防压死蜜蜂、防任意扑打蜜蜂、防挡住巢门）""四轻（轻揭、轻盖、轻提、轻放）"。

④ 交尾群只能在早、晚进行检查，以防检查时处女王返巢错投。交尾群中的处女王行动快捷、易惊慌，检查时更要做到轻、快、稳，防止受惊飞逃。

⑤ 刚开产的蜂王，常会在提脾时惊慌飞出。遇到这种情况，要立即放下巢脾，停止检查，敞着蜂箱，人暂且离去，待蜂王返回后再盖好箱盖。

⑥ 夜晚如必须检查蜂群时，可用红色灯泡照明，可减轻蜜蜂乱爬乱钻现象；冬季个别蜂群由于特殊情况需检查时，应提前2h将蜂群搬进温室内，待检查处理好以后，再及时搬回原处。

第二节　蜂群饲喂

蜂群饲喂是蜂群管理中一项很重要的措施。蜜蜂饲料主要有糖饲料和蛋白质饲料两大类。饲料是维持蜜蜂生命活动和群势发展所必需的，蜜蜂的天然饲料均来自花朵的花蜜和花粉。由于外界蜜粉源不足，或气候条件不适合蜜蜂飞出采集，或人为地过分取蜜脱粉，常导致蜂巢内饲料贮存不足。此外，在蜂群需要施加某些特殊的管理措施时，如促进蜂王产卵、工蜂育子、蜜蜂授粉、蜂王浆生产以及提高诱王和蜂群合并的成功率等，也需要对蜂群进行糖饲料饲喂。

一、糖饲料的饲喂

糖饲料是蜜蜂的能源物质。蜂群缺乏糖饲料不但会影响蜂群的正常发展，甚至会威胁蜂群的生存，所以在蜜蜂饲养管理中任何时候都必须保证蜂巢内贮蜜充足。用来饲喂蜂群的糖饲料主要是蜂蜜和用蔗糖配制的糖液。糖饲料饲喂方式主要有补助饲喂和奖励饲喂。

无论是补助饲喂还是奖励饲喂，都应注意盗蜂的发生，在饲喂时要注意糖饲料不能滴撒在箱外。不能用来历不明的蜂蜜饲喂，以防蜂蜜中带有传染蜜蜂病原和不易消化的甘露蜜。饲喂时饲喂器中还需放入浮板或草秆等漂浮物，以防淹死蜜蜂（图3-9）。

蔗糖作为蜜蜂饲料，价格相对较低，饲喂时不易引发盗蜂。蜂蜜作为蜜蜂饲料最理想，但必须是优质蜂蜜。优质蜂蜜作为饲料成本高，易传染蜂病和引发盗蜂，最好用本场生产并保存的封盖蜜脾。

1. 补助饲喂

补助饲喂是保证蜜蜂不缺糖饲料的饲喂方法，即在蜜源缺乏的季节，为保证蜂群维持正常的生活，对贮蜜不足的蜂群大量饲喂高浓度蔗糖液或蜂蜜的饲喂方法。如果蜂群在晚秋未采足越冬饲料，就必须在越冬期前进行补助饲喂以保证安全越冬。另外，在其他季节遇到较长的断蜜期，也需要进行补助饲喂。

最理想的是补加优质封盖蜜脾。补助蔗糖饲喂的方法是，取蔗糖 2 份，兑水 1 份，以小火化开，待放凉于傍晚饲喂给蜂群。补助饲喂的量，每次应以蜂群的接受能力为度，即饲喂器中糖饲料的量，以蜂群一夜间全部搬进巢房为准，一般为 1.5～2kg，连续饲喂数次，直到补足为止。补给蜂群的封盖蜜脾，紧靠子圈的外

图 3-9　饲喂糖饲料（李勇　摄）

侧。寒冷的季节应事先把蜜脾放置在 25～30℃室内一昼夜。

饲喂器可放在蜂箱内隔板的外侧，也可放在巢脾上方的空继箱内。

2. 奖励饲喂

为了刺激蜂王产卵、工蜂泌浆育子、加快造脾速度、促进蜂群的采集积极性以及合并蜂群、诱王等操作之前稳定蜂群的性情，无论蜂群巢内贮蜜是否充足，在一段时间内连续饲喂蜂群一定量的糖饲料，这种给蜜蜂外界有蜜源错觉的饲喂方法就是奖励饲喂。

在春季对蜂群进行奖励饲喂至少应在主要蜜源期到来之前 45d，或外界出现蜜粉源的前一周开始。在秋季，应在培育适龄越冬蜂阶段前期开始奖励饲喂。人工育王或生产蜂王浆，应在组织好哺育群或产浆群后开始奖励饲喂。奖励饲喂应在蜂王产卵时进行。

奖励饲喂的量比较少，浓度常为成熟蜂蜜 2 份或优质蔗糖 1 份，兑水 1 份。饲喂量以不压缩蜂王产卵圈为度。对巢内贮蜜不足的蜂群奖励饲喂，糖饲料的浓度和饲喂量可适当增加。奖励饲喂应在每晚连续进行，不可无故中断。

二、蛋白质饲料的饲喂

花粉是蜂群自然食物中唯一的蛋白质来源。外界粉源不足，就会造成蜂王产卵减少和幼虫发育不良，严重影响蜜蜂群势的发展。此外，蛋白质饲料不足还会引起蜜蜂早衰、泌蜡造脾和泌浆育子等能力降低。因此，在蜂群增长、蜂王培育、蜂王浆生产、雄蜂蛹生产等时期，如果外界粉源缺乏，就必须给蜂群补充花粉或人工蛋白质饲料。花粉及人工蛋白质饲料饲喂蜂群的方法主要有补充饲喂粉脾、灌脾饲喂、饼状饲喂等。

1. 补充饲喂粉脾

将保存的粉脾直接加到蜂巢中靠近子脾的外侧。

2. 灌脾饲喂

用奖励饲喂浓度的蜜液或糖液充分搅拌蜂花粉或人工蛋白质饲料，直到用手能捏成团松开落到案板上，又能散开，将其灌入空脾的巢房中，或者将巢脾中央部分用硬纸板遮住，在脾的四周空巢房中灌入蛋白质饲料，最后在脾面上刷蜜液，放入蜂群中紧靠子脾的位置饲喂。灌蛋白质饲料的巢脾需要选择脾面颜色深一些的旧脾。

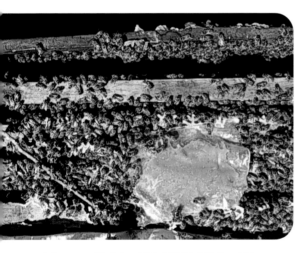

图3-10　饲喂人工蛋白质饲料（苏萍　摄）

3. 饼状饲喂

将蜂花粉或人工蛋白质饲料用蜂蜜或糖液充分浸泡后，搅拌成面团状，然后搓揉成饼状或长条形，放到蜂箱中的框梁上，由蜜蜂自行取食。为了防止花粉饼干燥，可在花粉饼上方覆盖无毒的塑料薄膜（图3-10）。

三、喂水

水是蜜蜂生命活动中不可缺少的物质，蜂群在育子过程中需要大量的水，蜂群中所需要的水一部分来自蜜蜂采集的花蜜，在非流蜜时期蜜蜂需要专门采集水。水还是蜜蜂调节巢温的媒介，通过水分蒸发降低巢内温度和湿度。人工喂水能够减轻蜂群的劳动强度，避免蜜蜂从不洁水源采集。喂水的方法主要有3种：蜂场喂水、巢门前喂水、巢内喂水。

1.蜂场喂水

在蜂场设置蜜蜂采水装置，供蜜蜂自由采水。蜂场内喂水器可以简单地用盆等普通大口容器置于蜂场中，容器盛水。为了防止蜜蜂采水溺亡，可在容器中铺砂石或干草等。专业蜂场可设置自动喂水器，用水桶等容器改装。在容器下方安装水龙头，水龙头下方置一块长斜板。调节水龙头开关，以一定的速度将水滴到斜板上，使蜜蜂能够到斜板上采到水。

2.巢门前喂水

玻璃瓶等容器装满净水后，或用一个小塑料袋盛满水，把袋口扎住，放在巢门踏板下，并从瓶中或小塑料袋中引出一根面纱带，或让蜜蜂在湿润的面纱带上吸水。

3.巢内喂水

在早春或晚秋，为防止采水蜜蜂低温飞出冻死，可采取巢内喂水的方法。巢内喂水可在饲喂器添加饮用水，或将空脾灌水后放在隔板外侧。

四、喂盐

盐是构成和更新生物机体组织，促进生理机能代谢旺盛，帮助消化和保障机体运转的必不可少的物质。蜂群内若缺少盐分，其幼虫发育不良，成蜂体质也会下降。平时，蜜蜂从花粉花蜜中摄取盐分，花粉、蜂蜜中均含有一定量的盐类物质，只要饲料充足、新鲜，一般不会缺少盐分。不过，早春繁殖期，群内幼虫多，加之外界缺乏蜜粉源，如果以白砂糖和花粉代用品喂蜂，天然营养成分降低，缺少盐分就在所难免。此外，盛夏气温炎热，蜜蜂代谢能力下降，也需补充一定量的盐分。

喂盐不必要特殊程序和设施，配合奖励饲喂或喂水，在所喂清水或糖浆中，加入少量食盐即可，清水或糖浆与盐的比例以100：1为宜，不可过高。

第三节　蜂脾关系与修造巢脾

调整蜂脾关系在蜂群饲养管理中至关重要，人为调整蜂脾关系，可以改变蜂群的内部条件，引起蜂群数量和质量的变化。

一、蜂与脾的关系

一张标准巢脾，两面爬满蜜蜂看不见巢房，但无重叠，大约有3000只蜜蜂，称为一框蜂，300只称作一成。一群蜂有几张巢脾，有几框蜂，是蜂多脾少，还是蜂少脾多，或者蜂脾相称，即蜂与脾的比例，称为蜂脾关系。

通常蜂多于脾，指的是一脾上的蜂量比一框蜂多3成以上；蜂略多于脾，就是每张脾上的蜂量比一框蜂多1～2成；蜂脾相称，是每张脾上的蜂量与一框蜂数量相等；如果一张脾上的蜂小到一框蜂称蜂少于脾或脾多于蜂（图3-11～图3-13）。

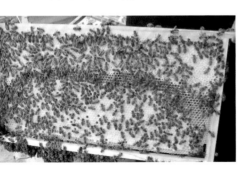

图3-11 脾多于蜂（王彪 摄）

图3-12 蜂脾相称（王彪 摄）

图3-13 蜂多于脾（魏效忠 摄）

二、蜂脾关系的调整应用

正确处理好蜂脾关系，贯穿于全年蜂群管理的各个时期，一年四季无论是繁殖期，还是越冬期，都要涉及如何科学合理地掌握蜂脾关系。管理蜂群时调整蜂脾关系不能凭主观臆断决定，必须根据蜂群、气候、蜜源等客观条件来决定。如果不分群势和蜂王优劣，不分当时气候和蜜源条件，均以相同的蜂脾关系布置蜂巢，那么，只能贻误蜂群的发展，达不到管理蜂群的目的。因此，要准确观察气候和蜜源的变化，针对蜂群的消长规律及其所处阶段的特点，相应地应用蜂脾关系，使当时使用的蜂脾关系有利于蜂群的繁殖、生产和越冬。

六盘山区及宁夏周边地区的蜂脾关系，早春蜂群恢复期、过渡期和越冬期，一般均要紧脾缩巢，做到蜂多于脾；蜂群增殖发展期和初秋保持蜂脾相称；大流蜜期群势已相当强壮，温度也相应增高，加之群内需要较多的空巢脾盛装花蜜，应暂时将巢脾适当放松一点，做到脾多于蜂，但最低不得少于8成以上蜂。大流蜜过后须尽快调整蜂脾关系。

三、巢脾的合理摆放

正常情况下，供蜂王产卵的巢脾应放置在繁殖区域的中间，而饲料脾则应放在蜂群外围，巢础框应放在虫卵脾与老子脾之间，封盖的大子脾应放在靠近饲料脾的内侧。这些布置也须根据蜂群和季节等因素来合理变动，例如冬季大蜜脾放在蜂群的两侧，空脾必须全部撤出。

四、蜂路调整

在蜂巢里，巢脾之间的距离叫蜂路。在处理蜂脾关系和调整蜂巢时，要根据不同季节需要，使用不同宽度的蜂路。通过扩大或缩小蜂路，可以使蜂群达到密集保温或疏散通风的目的。

在春、夏、秋三季繁殖期，意蜂蜂路应控制在10～12mm。因为爬行的蜜蜂身高4.8mm，蜂路两侧爬满蜜蜂，背靠背占9.6mm，还有0.4～2.4mm的空间，两侧的蜜蜂勉强可自由通行。中蜂繁殖期常用8～9mm的蜂路，因为爬行的中蜂身高3.6mm，背靠背占7.2mm，还有1～2mm的空隙利于蜜蜂自由通行。这样既不妨碍蜜蜂正常工作，又有利于蜜蜂护脾、保温、通风等活动，所以这种规格的蜂路适合繁殖期使用。

流蜜生产期，气温高，蜂群强，意蜂可使用11～13mm蜂路，中蜂可使用9～10mm蜂路，以适应蜜蜂贮存和酿造蜂蜜的需要。流蜜期采集蜂大肚便便、行迹匆匆，蜂路过窄不利通行，蜂路过宽也不利巢脾间蜜蜂攀越，也会造赘脾，故应适度为好。越冬期蜂群需要结团，蜂路应适当放宽一些，意蜂以14～15mm为宜，中蜂一般使用11mm左右蜂路，以促使蜂群在结团时加厚蜂层，有利于蜂群安全越冬。

五、新脾修造

优质巢脾应完整、平整、无雄蜂房或雄蜂房少，修造优质巢脾的关键在于巢础框周正、上础优良、造脾蜂群粉蜜充足、蜂王产卵力强、适龄泌蜡蜂多、群强密集。新脾修造需要制作优质的巢础框和加入蜂群后加强造脾群的管理。

1. 制作巢础框

巢础框制作需要经过清理巢框、拉线、上础、埋线、固定巢础等步骤。巢础框要求巢脾表面平整、不破损、无孔洞、铁丝埋在巢础中，上端伸入上梁的巢础沟中，熔蜡固定。

（1）**制作或清理巢框**　新巢框由一根上梁、一根下梁和两根侧条钉制。制作专用的装钉模具，批量钉制巢框可以大幅度提高效率。清理巢框时，将旧巢脾从巢框割下去除铁丝，用起刮刀清理干净框梁和侧条上的蜂蜡。用自制的清沟器清除上梁下面巢础沟中的残蜡。旧巢框清理干净后，需检查巢框是否完好平整，必要时需调整或重新装钉。

（2）**拉线**　拉线是为增强巢脾的强度，避免巢脾断裂。拉线使用24～25号铁丝，拉线时顺着巢框侧梁的小孔4道铁丝，将铁丝的一端缠绕在事先钉在侧条孔眼附近的小铁钉上，并将小铁钉完全钉入侧条固定。用手钳拉紧铁丝的另一端，直至用手弹拨铁丝能发出清脆的声音为度。最后将这一端的铁丝也用铁钉固定在侧条上。

（3）**上础**　巢础是用蜂蜡压制而成，很容易被碰坏，上础时应细心。将巢础放入拉好线的巢础框上，使巢础中间的两根铁丝处于巢础的同一面，上、下两根铁丝处于巢础的另一面，再将巢础仔细放入巢框上梁下面的巢础沟中。

（4）**埋线**　将已拉线的巢础框镶入巢础，使中间的铁丝在巢础的一面，上下两条铁丝在巢础的另一面。将巢础框平放在埋线板上，调整巢础已镶嵌伸入上梁的巢础沟，并将巢础抚平。用埋线器将铁丝加热，熔化巢础中的蜂蜡，铁丝埋入巢础中。埋线器有普通埋线器和电热埋线器。普通埋线器有烙铁埋线器和齿轮埋线器。

（5）**固定**　埋线后需用熔蜡浇注在巢框上梁的巢础沟槽中，使巢础与巢框上梁粘接牢固。熔蜡的温度不可过高，否则易使巢础熔化、损坏。

2．加础造脾

快速造脾的要点是蜂群处于快速发展阶段、群势较强、蜂多于脾、巢内贮蜜充足、外界蜜源较丰富或进行奖励饲喂。

（1）**加脾造脾方法**

① 普通造脾　普通造脾是指在蜜粉源较丰富、适宜造脾的季节，全场正常蜂群每群均加础造脾。巢础框的数量根据蜜蜂的群势而定，加入巢础框后仍能保持蜂脾相称。

② 重点造脾　并不是所有蜂群造脾能力都相同，外观差不多的蜂群往往造脾能力相差很大。在普通造脾的基础上，发现造脾能力强的蜂群可用于重点造脾。造脾能力强的蜂群多处于群势增长阶段中期的蜂群。巢础框一般一次加一个，多加在育子区边2脾的位置。新巢脾加高到一半时可移到中间供蜂王产卵，以促进蜂群更快造脾。人工不存在保温，也可将巢础框直接加到中间。自然分蜂的蜂群造脾能力最强，巢内除放一张供蜂王产卵的半蜜脾外，其余均加入巢础框，数量以蜂脾相称为度。

（2）**造脾蜂群的管理**　新脾造好后应及时提供蜂王产卵，未经蜂王产卵、培育蜂子的巢脾时间过久则成为"老白脾"。"老白脾"表面看起来似"新脾"，实际上属于废脾。蜂王不在"老白脾"上产卵。

巢内巢脾过多，影响蜂群造脾积极性，并使新脾修造不完整。在造脾蜂群的管理中应及时淘汰老劣旧脾或抽出多余的巢脾，以保证蜂群内适当密集。保持蜂群内蜂脾相称，或蜂略多于脾，是快速造脾和脾面完整的关键点。保证蜂群蜜粉充足是修造优质巢脾的物质基础。奖励饲喂能够促进蜂群造脾。

巢础框加入蜂箱中的位置由蜜蜂群势和外界气温决定。加入中间造脾快，但易影响巢温。气温适宜、蜜粉源较丰富、造脾有利的季节，在蜜蜂群势强盛，蜂王产卵力强的蜂群中造脾可直接将巢础框加到蜂巢中央。气温不稳定的季节，群势较弱的蜂群造脾，巢础框放入子圈的外侧。除了生产雄蜂蛹或育种需要修造雄蜂脾，巢础框一般不加入继箱。在新脾修造过程中，需要检查1～2次。变形破损的巢础框及时淘汰。未造脾或造脾较慢，应查找原因。修造不到边角的新脾，应及时移到造脾能力强且高度密集的蜂群去完成。如果巢脾两面或两端造脾速度不同，可将巢础框调头后放入。发现脾面歪斜应及时推正。

六、巢脾保存

西蜂在流蜜期的中后期群势下降，应从蜂箱中抽出多余的巢脾。抽出的巢脾保管不当，就会滋生巢虫，引起盗蜂、发霉、积尘，遭受鼠害，将严重影响下一个季节的蜂群管理。巢脾保存最主要的问题是防止蜡螟的幼虫蛀食危害巢脾。巢脾应该保存在干燥清洁密封的地方，大多数蜂场将巢脾贮存在空蜂箱中。贮存巢脾的蜂箱应将四周与接缝用纸粘好密封，防止蜡螟进入箱内产卵。

1．巢脾选择和清理

巢脾贮存之前，应将巢脾中少量的蜂蜜摇尽，并放到巢箱隔板外侧，让蜜蜂将残余在空脾上的蜂蜜舔吸干净，然后再取出收存。从蜂箱中抽出来的巢脾用起刮刀将巢框上的蜂胶、蜡瘤等杂物清理干净，然后分类放入蜂箱中。

需要贮存的巢脾可分为蜜脾、粉脾、空脾三大类。贮存的蜜脾应为成熟封盖蜜脾。花粉脾要待蜜蜂加工到粉房表面有光泽后再提出，同时在粉脾表面涂一层浓蜂蜜，并用无毒塑料薄膜袋包装，以防干涸。贮存的空脾主要用于早春提供蜂群产卵，对蜂群发展至关重要。空脾按质量可分为三等，应分别存放，以便早春使用。一等巢脾浅褐色，完整平整、无雄蜂房；二等巢脾稍有缺陷；三等巢脾有明显缺陷，在一等和二等巢脾用完后备用。空脾颜色深褐色至黑色、变形、雄蜂房多、破损等应集中化蜡。

2．巢脾熏蒸

巢脾需要放在密闭的空间内，用药物进行熏蒸。有条件的蜂场可建造封闭的巢脾贮存室，在室内放置巢脾架。通过药物熏蒸杀灭巢脾上的蜡螟及其卵虫蛹。用于巢脾熏蒸的药物主要有二硫化碳和硫黄粉。熏蒸保存的巢脾，使用前应取出经过一昼夜通风，待完全没有气味后方能使用。

（1）二硫化碳熏蒸　二硫化碳是一种无色、透明、有特殊气味的液体，常温下易挥发。同时易燃、有毒，使用时应避免火源和吸入人体。二硫化碳熏蒸巢脾时可在一个巢箱上叠加5～6层继箱，最上层继箱还应空出2脾的位置，其他继箱均等距排列10张脾。二硫化碳比空气重，应放在顶层继箱。

在熏蒸操作时，为了减少吸入有毒气体，向蜂箱中放入二硫化碳时应从下风处，或从里面开始，逐渐向上风处或外面移动。二硫化碳的气体能杀死蜡螟的卵虫蛹和成虫，除非以后外面的巢虫重新侵入，否则经一次彻底处理后就能解决问题。二硫化碳的用量，按每立方米容积30mL计，即每个继箱用量1.5mL，考虑到巢脾所处空间不可能绝对密封，实际用量可加1倍左右。

（2）硫黄粉熏蒸　硫黄粉熏蒸是通过硫黄粉燃烧后产生大量的二氧化硫气体，从而达到杀灭巢虫和蜡螟的目的。硫黄粉熏蒸需要进行3次，时间间隔15d。在一个空巢箱上加5～6个继箱。为防止硫黄燃烧时巢脾熔化失火，巢箱不放巢脾，第一层继箱仅在两侧共排列6个巢脾，分置两侧，中央空出4张巢脾，继箱等距离放入10张巢脾。硫黄粉的用量，按每立方米容积50g计，每个继箱约合2.5g。实际用量同样增加1倍。在薄瓦片或浅碟盘中放上燃烧火炭数小块，撒上硫黄粉后，撬起巢门档，从巢门档处塞进箱底。硫黄粉完全燃烧后，将余火取出，仔细观察箱内无火源后，再关闭巢门档并用报纸糊严。硫黄熏蒸易引起火灾，切勿大意。二氧化硫气体有强烈的刺激性，有毒，操作时避免吸入人体。

第四节　分蜂团的收捕与人工分蜂

在分蜂期由于检查蜂群不及时或因检查疏忽，自然分蜂仍可能发生。而旧法饲养的蜂群，自然分蜂更是不可避免。自然分蜂飞出的蜜蜂，会暂时结团于附近的树干或建筑物上，后再飞向远处的新巢。当自然分蜂飞出的蜜蜂集结成蜂团时，是及时收捕蜜蜂的好时机。

一、分蜂团的收捕

发现分蜂越早越容易处理，在分蜂季节应注意蜂群的分蜂动态，做好准备，及时处理。在蜂群管理中尽可能早发现分蜂和早处理。

1. 刚出巢的分蜂团收捕

大批蜜蜂突然涌出巢门，蜜蜂在蜂场上空纵横飞行。在分出群未结团之前可采取3种方法处理，即关闭巢门、控制蜂王、用收蜂器收蜂。

（1）**关闭巢门**　在开始分蜂数秒内，蜂王还没有出巢，可立即关闭巢门，打开蜂箱前后纱窗，取下箱盖覆布露出沙盖。用喷雾器向巢内喷水，迫使蜂群安定。待蜂群平静后打开蜂箱，参照解除分蜂热的方法，采取人工分蜂、调整子脾等措施。

（2）**控制蜂王**　当分蜂群开始涌出巢门时，守候在蜂箱前，在巢门捕捉刚出巢的蜂王。捉到蜂王后，将蜂王放入囚王笼中（图3-14）。然后把分蜂群的蜂箱移开，原位置放一个空蜂箱，调入一张卵虫脾、一张蜜脾和若干巢础框，将囚王笼夹放在框梁间。分出群结团后因无蜂王，蜂团解散，工蜂飞回原巢。也可用扣脾法将蜂王扣在脾面上。当蜂群安定后，调整蜂群并放出蜂王。

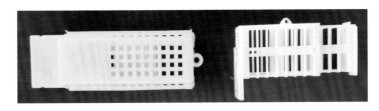

图3-14　塑料囚王笼（吴丹　摄）

（3）**收蜂器收蜂**　收蜂器多为笼式，个别呈板状。笼式收蜂器也称收蜂笼（图3-15），各式各样。

蜂群发生分蜂，蜂王已离开蜂箱，但还未结团时，可立即将收蜂器用长竹竿挑挂在蜜蜂飞翔相对集中的空中，吸引分出群在收蜂器中结团。等蜂团安静后参照分蜂团安顿的方法酌情处理。在分蜂群常结团的地方，提前放置收蜂笼，诱使蜜蜂在放置的收蜂笼中结团，也能收到很好的效果（图3-16）。

图3-15　收蜂笼（罗应国　摄）　　　图3-16　收蜂笼收捕的自然分蜂团（张奎举　摄）

在收蜂笼中涂抹蜂王浸液、蜂蜜和旧脾，收蜂效果更好。蜂王浸液是用淘汰老劣王或处女王放入95%的酒精中浸泡提取的，内含蜂王信息素，对工蜂有很强的吸引力。

2．已结团稳定的分蜂团收捕

（1）收蜂笼收捕分蜂团　先将收蜂笼挂在蜂团上方，收蜂笼的内缘必须靠近蜂团，利用蜜蜂的向上性，并以蜂扫等顺势催蜂入笼。待蜂团大部分入笼后，确保蜂王已收入收蜂笼，便可结束收蜂。如果蜂团挂在较高的地方，可用竹竿将收蜂笼吊起靠近蜂团收捕。实在不便收捕，可设法震散蜂团，使之重新结团后再收捕。

（2）巢脾收捕分蜂团　将巢脾的脾面靠近分蜂团，分蜂团的蜜蜂逐渐爬到巢脾上，待一张巢脾的两面基本爬满蜜蜂后取下查看蜂王是否上脾后，放入蜂箱中。再用一张空脾靠近分蜂团，直至大多数蜜蜂收入蜂箱，且蜂王收到为止。此方法只适合西方蜜蜂分蜂团的收捕，中蜂不适用。

（3）编织袋等收捕分蜂团　塑料编织袋在农村随手可得，用其收捕分蜂团也很方便。收蜂时编织袋开口向上，从蜂团下方靠近，将蜂团套入袋中，稍加抖动便将分蜂团收入编织袋中，抓紧袋口。如果蜂团结团过高，也可将编织袋套在长竹竿的网兜中，将分蜂团兜入编织袋中。

（4）其他方法收捕分蜂团　如果分蜂团在小树枝上结团，可轻轻地剪下树枝，将蜂团直接抖入蜂箱内，或直接将小树枝上的分蜂团抖入蜂箱中。

二、分蜂团安顿和原群调整

1．分蜂团安顿

分蜂团收捕后挂在阴凉安静的地方，准备蜂箱和巢脾，20min内完成过箱。视分蜂团的大小，在蜂箱内布置巢脾和巢础框，一般保持蜂脾相称。为了稳定蜂群习性，箱内可放1～2张幼虫脾和粉蜜脾，同时利用新分蜂的造脾积极性，适当加础造脾。接纳新分蜂群的蜂箱摆放在适当的位置，摆放稳固。在蜂箱的空余处用稻草塞满，以防蜜蜂不上脾而在蜂箱空余处筑巢。然后将收蜂笼、编织袋等分蜂团震落在蜂箱中，迅速盖好箱盖。

2．原群调整

自然分蜂发生后，及时检查处理原群。除了保留一个较完好的王台外，其余王台全部毁除。也可将巢内分蜂王台全部毁除后，诱入新的产卵王。适当地提出空脾，保持蜂脾相称。如果原群经第一次分蜂后仍有分蜂热，可将弱群或新分蜂群中提出的卵虫脾加入蜂群中，增加哺育蜂的工作量，彻底解除分蜂热。

三、人工分群

人工分群简称分群，就是人为地从一个或数个蜂群中抽出部分蜜蜂、子脾、粉蜜脾，组成一个新分群。人工分群是人工饲养蜜蜂增加蜂群数量的重要手段，也是防止自然分蜂的一项有效措施。无论采用什么方法分群，都应在蜂群强盛的前提下进行。

1．单群平分

单群平分，就是将一个原群按等量的蜜蜂、子脾和粉蜜脾等分为两群。分开后两个蜂群都由各龄蜂和各龄蜂子组成，不影响蜂群的正常活动，新分群的群势增长比较快。但单群平分后群势大幅度下降，只宜在主要蜜源流蜜开始的45d前进行。

具体操作是先将原群向一侧移出一个箱体的距离，在原蜂箱位置的另一侧放好一个空蜂箱。再从原群中提出大约一半的蜜蜂、子脾和粉蜜脾置于空蜂箱内，新分出群诱入一个产卵蜂王。单群平分人工分群，不宜给新分出群诱入王台。分群后如果发生偏集现象，可以将偏集多的一箱向外移出一些，稍远离原群巢位，或将蜂少的一群向里靠一些，以调整两个蜂群的群势。

2．混合分群

利用若干个强群中一些带蜂的成熟子脾，搭配在一起组成新分群，这种人工分群的方法叫混合分群（图3-17）。混合分群从根本上解决了蜂群与采蜜的矛盾。从强盛的蜂群中抽出部分带蜂成熟子脾，既不影响原群的增长，又可以防止分蜂热的发生，同时可以使蜂场增加采蜜群数量。但混合分群的蜂群增长速度较慢，原场分群易回蜂，外场分群较麻烦，且易扩散蜂病。特别注意的是患病蜂群不宜参与混合分群。

图3-17　正在组织混合分蜂群（田建成　摄）

为了有计划地进行混合分群，应从早春开始就给蜂群创造良好的快速增长条件，加强保温，适时扩巢等，促使蜂群尽快地强盛。在蜜蜂增长阶段，当西蜂群势达10框以上时，即可从这些蜂群中抽出1～2框带蜂成熟子脾，混合组成4～6框的带蜂成熟子脾的新分群。每一蜂群可诱入一只成熟王台。抽脾分群时应先查找原群的蜂王，避免原群蜂王提出。原场分群，新分群应补抖2～3框幼虫脾上的内勤蜂，次日不够再补。

第五节　蜂王和王台的诱入

蜂王或王台的诱入是蜂群在无王或由于蜂王衰老、病残需要淘汰的情况下，将它群的蜂王或王台放入蜂群中的一种补充或替换蜂王的方法。蜂王或王台的诱入，简称诱王或诱台，也称介绍蜂王或介绍王台。自然蜂群发生失王，都是本群工蜂培育新王，不轻易接受其他蜂群的蜂王和王台。把非本群蜂王放到蜂群中时，易发生工蜂围王。诱入蜂王的成功与否，与诱入蜂王时的蜜源、群势以及蜂王的行为和生理状态等因素有关。蜜源丰富、群势较弱、蜂王腹大、产卵力强、爬行稳重时诱王易成功。

一、蜂王诱入

诱入蜂王多为产卵王，处女王活泼好动很难诱入成功。在蜂群需要新蜂王时，如果没有产卵蜂王，多诱入成熟王台，很少诱入处女王。

1．直接诱入

直接诱入就是把蜂王放入蜂群，通常在蜜源丰富时进行，蜂王直接诱入简单，但在条件不理想或操作不慎重时，诱王不容易成功。

蜂王直接诱入方法很多（图3-18、图3-19）。可以在夜晚将蜂王轻轻放到无王群框梁上或巢门口，让蜂王自行爬上巢脾，或从交尾群里提出1框连王带蜂的巢脾，放到隔板外，过1～2d，再调整蜂群。也可将无王群的副盖搭放在巢门踏板上，再从箱中提出2～3框蜜蜂抖落在斜放于巢门前的副盖上，把产卵王放入蜜蜂中，使蜂王跟随蜜蜂一起进入蜂箱。更换蜂王时，提走蜂王，立即将诱入蜂王放入提走蜂王的位置，稍观察一会儿，如果蜂群没有围王，诱入蜂王稳重，能接受工蜂饲喂，并寻找巢房产卵，就可把巢脾放入蜂群。

图3-18 大流蜜期巢门口直接诱入（罗应国 摄）　　图3-19 大流蜜期框梁直接诱入（张瑞 摄）

2．间接诱入

间接诱入就是把蜂王暂时关闭在能够透气的诱入器中，放入蜂群，蜂王被接受后再释放蜂王的诱入方法（图3-20、图3-21）。这种方法成功率高，一般不会发生围王事故。在外界蜜源不足、蜂王直接诱入较难成功时，多采用此法。

图3-20　蜂王间接诱入（李勇　摄）

图3-21　自制铁纱蜂王间接诱入器（梁斌　摄）

对已出现工蜂产卵的无王群诱入蜂王更为困难，最好间接诱入老产卵王。在诱入蜂王前提走有工蜂产卵的巢脾。诱入蜂王后进行奖励饲喂，直至诱王成功。诱王成功后，工蜂产卵会自然消失。

间接诱王器有全框诱入器、蜂王邮寄笼、囚王笼以及其他简便的诱入器。在诱王操作时，将蜂王放入诱入器中，放在框梁上或夹在框梁间，也可用扣脾笼将蜂王扣在巢脾上，连同巢脾放入无王群。扣脾诱入器应将蜂王扣在卵虫脾上有贮蜜的部位。1～2d开箱检查，如果诱入器上的蜜蜂已散开，工蜂已开始饲喂蜂王，或向诱入器密集的工蜂吹口气时蜜蜂散开，说明接受，可放出蜂王。如工蜂啃咬诱入器则未接受。

间接诱王最好用框式诱入器，即从交尾群中选择1框带有边角蜜的巢脾，连王、工蜂和巢脾一起放入框式诱入器中，放入无王群。过1～2d后，诱入器上的工蜂没有敌意后，就可放出蜂王。

诱入邮寄来的蜂王，可将王笼内伴随的工蜂去除后，将邮寄王笼直接放在蜂路间，王笼的铁纱一面直接对着蜂路。也可用一小团炼糖塞住邮寄王笼的进出口，放入无王群，待工蜂将炼糖吃光后，进入王笼的通道自行打通，蜂王自行从王笼爬出。

3．组织幼蜂群诱入蜂王

组织幼蜂群是最安全的诱王方法，对于必须诱入成功的蜂王，可采用此法诱入。用脱蜂后的正在出房的封盖子脾和小幼虫脾上的哺育蜂组成新分蜂群，新分蜂群搬离原群巢位，使新分蜂群中少量的外勤工蜂飞回原群，新分蜂群基本由幼蜂组成。把装有蜂王的囚王笼放入蜂群的两脾中间，待蜂王完全被接受后，再释放蜂王。

二、被围蜂王解救

对诱入蜂王不久的蜂群尽量减少开箱检查，以免增加围王的危险。可先在箱外观察，当看到蜜蜂采集正常，巢门口无死蜂或工蜂抱团的小蜂球，表明蜂王没有被围。若情况反常，就需立即开箱检查。开箱检查围王情况，只要把巢脾稍加移动，从蜂路向下看即可。如果脾间蜂路和箱底没有聚集成球状蜂团说明正常，如发现蜜蜂结球，说明蜂王被围，应迅速解救（图3-22）。

解救蜂王不能用手捏住工蜂强行拖拉，避免损伤蜂王。可立即把蜂球用手取出投入到温水中，或向蜜蜂喷洒蜜水或喷烟雾，或将清凉油的盒盖打开扣在蜂球上，或向蜂球滴数滴成熟蜂蜜等驱散蜂球上的工蜂（图3-23、图3-24）。最后仔细用手将少量死咬蜂王不放的工蜂一一捏死，解救出来的蜂王应做好仔细检查。蜂王伤势严重，则不必保留。肢体无损、行动正常的蜂王，可用间接诱入，直到接受后再释放出来。

图3-22 蜂王被围
（罗应国 摄）

图3-23 围王解救（一）
（李勇 摄）

图3-24 围王解救（二）
（李勇 摄）

三、王台诱入

在诱入王台前一天应毁除诱台蜂群所有的王台，如果是有王群还需除王。诱入的王台为封盖后6~7d的老熟王台，王台端部的蜂蜡已被工蜂去除，露出茧衣。在诱入王台的过程中始终保持王台垂直并端部向下，切勿倒置或横放王台，尽量减少王台的震动。在气温较低的季节诱台，应避免王台受冻。

诱入王台蜂群群势较弱，可在子脾中间的位置用手指压一些巢房，然后使王台保持端部朝下的垂直状态紧贴在巢脾上压倒巢房的部位，牢稳地嵌在凹处（图3-25）。如果群势较强，可直接夹在两个巢脾上梁之间。

在给群势较强的蜂群诱入王台时，王台诱入后常遭破坏。为了保护王台，可用王台诱入器（图3-26），或用铁丝绕成弹簧形的王台保护圈加以保护。也可用锡箔纸包裹在王台侧面和上端，仅把下端露出，以供处女王出台。

图3-25　王台直接诱入（雷耀鹏　摄）

图3-26　王台间接诱入（雷耀鹏　摄）

第六节　蜂群合并

蜂群合并就是把两群或多群蜜蜂合并成一个蜂群的养蜂技术。强群是养蜂高产稳产的基础，适当的群势也是蜂群快速发展的基础。弱群不但生产能力低，还容易被盗，易感染病虫害等。群势过弱或失王均需合并。

群味和蜂群警觉性是蜂群合并的障碍。群味由蜂箱中贮蜜、贮粉、巢脾、蜜蜂等气味混合而成，是每一蜂群特有的。在蜜源缺乏的季节，蜂群间的群味差别很大，大流蜜期间各群的群味均来自同一种蜜源，各群间的群味差别不大。蜜蜂根据群味的不同，可区别本群或它群蜜蜂。合并蜂群应在警觉性弱的时候，从混合群味入手，进行蜂群合并。蜂群合并应选择在蜂群警觉性较低、蜜源较好、无盗蜂和胡蜂骚扰、蜜蜂停止巢外活动的傍晚或夜间进行。

一、蜂群合并前准备

1. 蜂群合并原则

弱群并入强群，无王群并入有王群。

2. 箱位的准备

为了防止合并后蜜蜂仍要飞回原址寻巢，造成混乱，蜂群合并应在相邻的蜂群间进行。需将两个相距较远的蜂群合并，应在合并之前采用渐移法使箱位靠近。

3. 除王毁台

如果合并的两个蜂群均有蜂王存在，除了保留一只品质较好的蜂王之外，另一只蜂王应在合并前一天去除。在蜂群合并的前半天，还应彻底检查毁弃无王群中的改造王台。

二、蜂群合并方法

蜂群合并的方法有直接合并和间接合并两种。

1. 直接合并

直接合并蜂群适用于外界蜜源泌蜜较丰富的季节和刚搬出越冬室的蜂群。直接合并前1～2h，将无王群的巢脾移至蜂巢中央，使无王群的蜜蜂全部集中在巢脾上，以便合并。为了合并蜂群时蜂王安全，应先用囚王笼把蜂王暂时保护起来，待合并成功后，再释放蜂王。

合并时把有王群的巢脾调整到蜂箱的一侧，将无王群的巢脾带蜂放到蜂箱内另一侧（图3-27）。视蜂群的警觉性调整两群蜜蜂巢脾间隔距离，多为间隔1～3张脾，也可用隔板隔开。次日就可将两侧的蜜蜂靠拢。

在直接合并有点困难时，可采用混合气味和转移工蜂注意力等辅助措施减少风险。具体是向蜂群喷洒稀薄的蜜水，或在箱底和框梁滴2～3滴香水或白酒，或喷烟雾等，或用蜜脾（糖液脾）暂时隔开两个蜂群。

2. 间接合并

间接合并方法应用于直接合并困难的

图3-27　直接合并（李勇　摄）

情况下，如非流蜜期、失王过久、巢内老蜂多而子脾少的蜂群。对于失王已久，巢内老蜂多、子脾少的蜂群，在合并之前应先补给1~2框未封盖子脾以稳定蜂性。间接合并是先使蜂群群味混合后，再让不同蜂群蜜蜂接触。合并方法主要有报纸合并法和铁纱合并法两种。

图3-28 报纸合并（李勇 摄）

（1）**报纸合并法** 将有王群放在巢箱，另一无王群放入继箱，两箱之间可用钻有许多小孔的报纸分隔两个需要合并的蜂群。经过1~2d，让群味混同，上下箱体中的蜜蜂将报纸咬开，两群蜜蜂的群味就混同了（图3-28）。

（2）**铁纱合并法** 将有王群放在巢箱，另一无王群放入继箱，两箱之间用铁纱隔开。经过1~2d上下箱体中蜜蜂已无斗杀现象，较容易驱赶蜜蜂，就可撤去铁纱副盖，将蜂群合并（图3-29）。

图3-29 竖式隔王板加纱网合并（李勇 摄）

第七节 分蜂热控制与解除

自然分蜂是在粉蜜丰富的季节，群势强盛蜂群中老蜂王与约一半的工蜂飞离原巢，另择新居的群体行为，简称分蜂。蜂群在增长阶段中后期和流蜜阶段初盛期，当群势发展到一定程度（中蜂3～5框，意蜂6～8框）就可能发生分蜂。分蜂使蜜蜂群势大幅度下降，影响蜂群的生产能力。特别在主要蜜粉源花期，发生分蜂会影响蜂蜜等蜂产品的产量。蜂群在准备分蜂的过程中，当王台封盖以后工蜂就会减少对蜂王的饲喂，迫使蜂王卵巢收缩，产卵力下降至停产。与此同时，蜂群也减少了采集和造脾活动，整个蜂群呈"怠工"状态，称为"分蜂热"。

促进分蜂热发生的因素主要有三个方面：第一，巢外环境因素，外界蜜粉源丰富和天气闷热；第二，巢内环境因素，蜂巢拥挤、通风不良、巢温过高、粉蜜充塞压缩子脾、供蜂王产卵的巢房不足、缺乏造脾余地等；第三，蜂群因素，是分蜂的内因，包括蜜蜂群势强盛、蜂王老弱释放的蜂王物质少、卵虫数量少、哺育蜂数量多造成哺育力过剩等。此外，分蜂热程度与季节有关，分蜂季节即使群势不是很强，蜂群也普遍发生分蜂热。

产生分蜂热既影响蜂群增长，又影响养蜂生产。分蜂发生后，增加了收捕分蜂团的麻烦和分蜂团飞走的风险。中蜂在分蜂季节多群同时分蜂，易导致多群分出的工蜂共结一个分蜂团，处理非常麻烦，不同蜂群的蜜蜂相互斗杀，蜂王被围杀等损失很大。因此，在养蜂生产上，控制蜂群分蜂热是极其重要的管理措施。

一、分蜂热控制

分蜂热控制是指在分蜂热严重发生前，通过蜜蜂饲养管理技术措施将分蜂热控制在不影响蜂群正常发展的状态下，其主要方法是选育良种和通过管理技术控制。

1. 选育良种

同一蜂种的不同蜂群控制分蜂的能力有所不同，并且蜂群控制分蜂能力具有遗传性。在蜂群换王过程中，应注意选择能维持强群的、高产的蜂群作为种用群。从这种种用群中移虫育王和培育雄蜂，多年的积累能够使全场蜂群维持更强的群势。此外，还应注意定期割除分蜂性强的蜂群中的雄蜂封盖子，同时保留能维持强群的、分蜂性弱的蜂群中的雄蜂，以此培育出能够维持强群的蜂王。

利用自然王台换王时，切忌随意从早出现的王台中培育蜂王，这些王台往往产生于分蜂性强的蜂群。如果长期如此换王，蜂群的分蜂性将越来越强。蜜蜂交尾在空中，因此蜂种的分蜂性受周边蜂场的影响很大。选育良种应在周边蜂场免费推广，才能促进同一个区域范围内蜜蜂种性共同改良。

2. 管理技术

控制分蜂热的管理技术就是通过消除促进分蜂热的因素实施的，包括换新蜂王、促王产卵、造脾扩巢、降低巢温、调整群势、生产蜂王浆等技术措施。

（1）换新蜂王　新蜂王释放的蜂王物质多，控制分蜂能力强，有新蜂王的蜂群很少发生分蜂。新蜂王产卵多，幼虫也多，使蜂群具有一定的哺育负担，在蜂群增长阶段尽量提早换新蜂王。

（2）**调整群势**　蜂群哺育力过剩是产生分蜂热的主要原因。蜂群在增长阶段保持过强的群势不但对发挥工蜂的哺育力不利，而且容易促使分蜂热，增加管理上的麻烦。在蜂群增长阶段应适当地调整群势，以保持最佳群势。蜂群增长阶段的最佳群势与蜂种有关，意蜂8～10框，南部中蜂2～4框，中部中蜂3～5框，北部中蜂4～6框。调整群势的方法主要是抽出强群的封盖子脾补给弱群，同时抽出弱群的卵虫脾加到强群中，这样既可减少强群中的潜在哺育力，又可加速弱群的群势发展。

（3）**改善巢内环境**　巢内拥挤、闷热也是促使分蜂热的重要因素之一。当外界气候稳定、蜂群的群势较强时，就应及时进行扩巢、通风、遮阴、降温，以改善巢内环境。尤其巢门有大量的工蜂扇风，表明巢内过热。蜂群应放置在阴凉通风处，不能在太阳下长时间暴晒。适时加脾加础造脾，增加继箱，扩大蜂巢的空间，开大巢门、扩大脾间蜂路以加强巢内通风。及时喂水并在蜂箱周围喷水降温。

（4）**生产蜂王浆**　饲养西蜂，蜂群群势壮大以后，连续生产蜂王浆，加重蜂群的哺育负担，充分利用蜂群的过剩哺育力，这是抑制分蜂热的有效措施。

（5）**提早取蜜**　在大流蜜期到来之前，取出巢内贮蜜，有助于促进蜜蜂采集，减轻分蜂热。当贮蜜与育子发生矛盾时，应取出积压在子脾上的成熟蜜，以扩大卵圈。提早取出的蜂蜜往往不纯，应另置，可用于蜜蜂饲料，不宜混入商品蜂蜜中。

（6）**多造新脾**　凡是陈旧、雄蜂房多的、不整齐的劣脾，都应及早剔除，以免占据蜂巢的有效产卵空间。同时充分利用工蜂的泌蜡能力，积极加础造脾，扩大卵圈，通过加重蜂群的工作负担控制分蜂热。

（7）**双王群饲养**　双王群能够抑制分蜂热，所维持的群势更强，主要是因为双王群中蜂王物质多和哺育负担重。由于蜂群中有两只蜂王释放蜂王物质，增强了控制分蜂的能力，能够延缓分蜂热的发生。另外两只蜂王产卵，幼虫较多，减轻了强群哺育力过剩的压力。

（8）**毁弃王台**　分蜂王台封盖后，蜂王的腹部开始收缩，蜂群出现分蜂热后，应每隔5～7d定期检查一次，毁弃王台，将王台毁弃在早期阶段。毁弃王台只是应急的临时延缓分蜂的手段，不能从根本上解决问题。如果一味地毁弃王台抑制分蜂，蜂群的分蜂热可能越来越强，最后导致工蜂迫使蜂王在台中产卵后，就开始分蜂。采取此方法控制分蜂热时，应注意分蜂热强烈的蜂群应及时采取解除分蜂热的技术措施。

（9）**蜂王剪翅**　在久雨初晴时因来不及检查，或管理疏忽易发生分蜂。应在蜂群发生征兆时，将老蜂王的一侧前翅剪去70%。剪翅时，可将带蜂王的巢脾提出，左手提巢脾的框耳，巢脾的另一侧搭放在蜂箱上。用右手拇指和食指捏住翅部，将蜂王提起，放下巢脾后再用左手拇指和食指将蜂王的胸部轻轻地捏住，右手拿一把锐利的小剪刀，挑起一边前翅，剪去前翅面积的2/3。剪翅操作之前，可先用雄蜂进行练习。

剪翅后的蜂王在分蜂时必跌落于巢前，分出的蜜蜂因没有蜂王不能稳定结团，不久分蜂团就会解散，蜜蜂重返原巢。剪翅蜂王的蜂群分蜂后，需及时在巢前找到蜂王，将蜂王放入囚王笼中，避免蜂王丢失。

二、分蜂热解除

如果控制分蜂热的措施无效，群内王台封盖，蜂王腹部收缩，产卵几乎停止，应根据具体情况，因势利导采取措施。

1．人工分蜂

当活框饲养的强群发生强烈的分蜂热以后，人工分群是解除分蜂热的有效措施。在大流蜜期前解除分蜂热应尽量保持强群，可根据不同蜂种采取措施。

（1）意蜂分群方法 意蜂分蜂性相对较弱，处理技术相对简单。将原群蜂王和带蜂的成熟封盖子脾、蜜脾各1脾提出，放到空蜂箱中组成新分群另置。在新分群中加入1张空脾，供蜂王产卵。同时在原群中选留或诱入1个大型、端正、成熟的封盖王台，其余的王台毁尽。流蜜期到来，原群组成采蜜群，新分群为副群。此后，7～9d原群还需要彻底检查和毁弃改造王台。

（2）中蜂分群方法 中蜂的分蜂性较强，当蜂群内分蜂王台封盖、强烈的分蜂热已形成时，采用毁台的方法不能解决问题。采用意蜂分群的方法也不能解除分蜂热，新蜂王出台仍会发生分蜂。可将原群的蜂王和所有的卵虫脾留下，毁尽巢内王台，加1～2个空脾或巢础框，供蜂王产卵。其余的带蜂巢脾组成新群，选留1个成熟王台。新分群封盖子多，卵虫少，可组织成采蜜群，原群为副群。

2．调整子脾

将分蜂热强烈的蜂群中所有封盖子脾全部带蜂提出，补给弱群，留下全部的卵虫脾。再适当地从其他蜂群中抽出卵虫脾加入该群，使每足框蜜蜂都负担约1足框卵虫脾的哺育工作，加重蜂群的哺育负担。该方法的不足之处是哺育负担过重，影响蜂蜜生产，适用于大流蜜期前。

3．互换箱位

在大流蜜初期发生严重分蜂热，可将分蜂热强烈的蜂群与弱群互换箱位，使强群的采集蜂进入弱群。强群失去大量的采集蜂，群势下降，迫使一部分内勤蜂参加采集活动，因而分蜂热消除，减弱的蜂群补充大量的外勤蜂后，也增强了群势。

4．空脾取蜜

流蜜期已开始，蜂群中出现比较严重的分蜂热，可将子脾全部提出放入副群中，强群中只加空脾，使所有工蜂投入到采酿蜂蜜的活动中，以此解除分蜂热。空脾取蜜的不足是后继无蜂，对群势维持有很多影响。这种方法只适用于流蜜期短而流蜜量大，并且距下一个主要蜜源花期还有一段时间的蜜源花期。流蜜期长，或者几个蜜源花期连续，只可提出卵虫脾，以防严重削弱采蜜群。流蜜期长而进蜜慢，或紧接着就要进入越冬期，不能采取空脾取蜜法。

5．提出蜂王

当大流蜜期即将到来之际，蜂群发生不可抑制的分蜂热，为了确保当季的蜂蜜高产，可采取提出蜂王的方法解除强烈分蜂热。去除蜂王，脱蜂仔细检查王台，将蜂群内的所有的封盖王台全部毁弃，保留所有的未封盖王台。在第7天除了选留1个成熟王台之外，将蜂群中其余王台毁尽，且必须毁尽。如果蜂王优质不宜淘汰，可将蜂王和带蜂的子脾、蜜脾各1框提出，另组1群。大流蜜期到来时，由于巢内的幼虫负担轻，蜂群便可大量投入采集活动。流蜜期过后，新王也开始产卵，有助于蜜蜂群势的恢复。

6．促使分蜂

当个别蜂群发生严重分蜂热时，可以抽出空脾，紧缩蜂巢，同时奖励饲喂，促使蜂群尽早分蜂，以缩短蜂群的怠工时间。分蜂发生后，及时收捕分蜂团。分蜂团另立新群，充分利用分蜂后蜂群的积极性，促使快速增长和快速造脾。以后视需要独立饲养或并入原群进行生产。这种方法适合只有个别分蜂热强烈的蜂群。如果分蜂热强烈的蜂群过多，此法因分蜂团收捕不及，可能造成损失。

第八节　防止盗蜂

盗蜂是指进入它群蜂巢中搬取贮蜜的外勤工蜂。盗蜂有时也是指蜂场出现一群蜜蜂去抢夺另一群巢内贮蜜的现象。在流蜜末期、外界蜜源缺乏季节或蜂群巢内贮蜜不足等情况下，盗蜂更容易发生。盗蜂一般来说是可以避免的，因为盗蜂的发生多为管理不善。蜂场周围暴露有蜜、蜡、糖、脾，蜂箱破旧、开箱、蜂群饲喂不当等均可能诱发盗蜂。如果发生盗蜂，首先受害的是防御较差的弱群、无王群、交尾群和病群。

一、盗蜂识别

进入它群巢内采集贮蜜的蜂群为作盗群，被盗群侵扰的蜂群为被盗群。
蜂场发生盗蜂，多从被盗群发现。个别身体油光发黑的老工蜂，徘徊于巢门或蜂箱周围，伺机从巢门或蜂箱缝隙进入巢内，这就是早期的盗蜂，实际上这些黑亮的工蜂是老年的侦查蜂。有的工蜂刚落到巢门板上，守卫工蜂刚靠近就马上飞离，这些都是盗蜂发生的初期迹象。蜂箱巢门前秩序混乱，工蜂抱团厮杀，这是盗蜂向被盗群进攻，而被盗群的守卫蜂阻止盗蜂进巢的现象。

蜜源泌蜜较少的季节，发现突然进出巢的蜜蜂增多，仔细观察，进巢的蜜蜂腹部小而灵活，从巢内钻出的蜜蜂腹部膨胀，起飞时先急促地下垂后，再飞向空中，这种现象说明盗蜂自由进出被盗群。一般来说，只要蜂场之间不是靠得太近，盗蜂多来自本场。

在非流蜜期如果个别蜂场进出巢繁忙，巢门前无厮杀现象，且进巢的蜜蜂腹部大，出巢的蜜蜂腹部小，该群可能是作盗群。

准确判断作盗群。在巢门附近撒一些面粉等白色粉末，然后在全场蜂群的巢门前巡视。若发现蜂体上沾有白色粉末的蜜蜂进入蜂箱，即可断定该蜂群就是作盗群。

二、盗蜂预防

蜂场发生盗蜂会给养蜂生产带来很多麻烦，而且不容易制止。在蜂群的饲养管理过程中，避免盗蜂重在预防。

1．选择放蜂场地

盗蜂发生最根本的原因是外界蜜源不足。预防盗蜂首先应尽可能选择在蜜蜂活动的季节，蜜粉源丰富且花期连续的场地放蜂。

2．调整合并

最初被盗的蜂群多数为弱群、无王群、患病群、交尾群等，盗蜂发生后控制不力，就会发生更大规模的盗蜂。在流蜜期末和无蜜源等易发生盗蜂的季节前，对容易被盗群进行调整、合并等处理。易盗蜂的季节全场蜂群的群势应均衡，不宜强弱悬殊。

3．加强守卫能力

在易发生盗蜂的季节，应适当缩小巢门，紧脾、填补缝隙，使盗蜂不容易进入被盗群的巢内，即使勉强进入巢内也不容易上脾。为了阻止盗蜂从巢门进入巢内，可在巢门上安装防盗装置。防盗装置多为不是本群蜜蜂找不到进入蜂巢的巢门。为了防止西蜂盗中蜂，防盗装置只允许中蜂进入，但对中蜂也有阻碍作用。

4．避免盗蜂的出巢冲动

促使蜜蜂出巢采集的因素，都能够刺激盗蜂发生。在外界蜜源稀绝时，采集蜂的注意力会转移到其他蜂群的贮蜜上来，因而便产生了盗蜂。在非流蜜期减少蜜蜂出巢活动，有利于防止盗蜂。在蜂群管理中应注意留足饲料、避免阳光直射巢门、非育子期不奖励饲喂等，蜜、蜡、脾应严格封装，蜂场周围不可暴露糖、蜜、蜡、脾。尤其是饲喂蜂群时更应注意不能把糖液滴在箱外，万一不慎将糖液滴到箱外，也应及时用土掩埋或用水冲洗。

5．避免吸引盗蜂

蜂箱中散发出来的蜜蜡气味易吸引盗蜂。在易发生盗蜂的季节蜂箱应严密。破损的蜂箱及时修补，箱盖和副盖必须盖严。饲养中蜂时为了防止盗蜂，需在箱体外围的上部加钉一圈保护条，盖上箱盖后，保护条与箱盖严密配合。

盗蜂严重的季节白天不宜开箱，尽量选择在清晨或傍晚时进行，以防巢内的蜂蜜、蜜脾气味吸引盗蜂。如果需要在蜜蜂活动的时间开箱，可在开箱时罩防盗布检查蜂群。

6．中蜂、西蜂不宜同场饲养

中蜂、西蜂同场饲养，尤其中蜂、西蜂蜂场距离过近往往容易互盗。中蜂嗅觉灵敏，经常骚扰西蜂，而中蜂无法抵抗西蜂的侵袭，中蜂被盗后常引起逃群。在流蜜期，如果放蜂密度过大，或外界泌蜜量不多，中蜂采集积极，出勤早，在西蜂出勤之前，就将蜜源植物上的花蜜采光，等西蜂大量出勤后，外界已无蜜可采，易发生大规模西蜂盗中蜂的现象。在选择场地时注意中蜂和西蜂不宜长期共处同一场地，尤其是在蜜源不足的情况下。

三、盗蜂的制止

发生盗蜂后应及时处理，以防发生更大规模的盗蜂。所采取的止盗方法，应根据盗蜂发生的程度来确定。

1．刚发生少量盗蜂

一旦出现少量盗蜂，应立即缩小被盗群和作盗群的巢门。被盗群用乱草虚掩巢门，可以迷惑盗蜂，使盗蜂找不到巢门。或者在巢门附近涂柴油、煤油等驱赶剂驱赶盗蜂。

2．单盗的止盗方法

单盗就是一群作盗群的盗蜂，只去一个被盗群搬取蜂蜜的现象。在盗蜂发生的初期，可采取上述的方法处理。如果盗蜂比较严重，上述方法无效，可采取白天临时取出作盗群的蜂王，晚上再把蜂王放回原群，造成作盗蜂群失王不安，减弱其盗性。

3．一群盗多群的止盗方法

当发生一群蜜蜂盗多群时，制止盗蜂的措施主要是打击作盗群的采集积极性。除了可以暂时取出作盗群蜂王之外，还可以采取更严厉的措施。将作盗群移位，原位放一空蜂箱，箱内放少许驱避剂，使归巢的盗蜂感到巢内突然恶化，使其失去盗性。

4．多群盗一群的止盗方法

多群盗一群的止盗措施，重点在被盗群。第一种止盗方法是被盗群暂时移位幽闭，原位放置加上继箱的空蜂箱，并把沙盖盖好，可不盖箱盖，巢门反装脱蜂器，使蜜蜂只能进不能出。盗蜂都集中在光亮的沙盖下面，傍晚放走盗蜂，这种方法2～3d就可能止盗，然后再将原群搬回。

第二种止盗方法是在被盗群反装脱蜂器后，傍晚将此群迁至5km以外的地方，饲养月余后再搬回。

第三种止盗方法是打击盗蜂，将被盗群移位，原群放一个有几张空脾的蜂箱，使盗蜂感觉此箱蜜已盗空，失去再盗此群的兴趣。如果此空箱内放一把艾草或浸有石炭酸的碎布片，对盗蜂产生忌避作用，止盗效果更好。采用这种方法注意加强被盗群附近蜂群的管理，以免盗群转而进攻其他蜂群。

5．多群互盗的止盗方法

蜂场发生盗蜂处理不及时，已开始出现多群互盗，甚至全场普遍盗蜂，可将全场蜂群全部迁到直线距离5km以外的地方。这是止盗最有效的方法，但是迁场要受到很多条件的限制，增加养蜂成本。

此外，还可将全场蜂场的位置做详细的记载，在新蜂闹巢后，场上除了留2～3个弱群外，其余搬入暗室。蜂箱的巢门打开，室内门窗遮蔽，只留少许的缝隙以放走盗蜂。盗蜂飞出后投入场上弱群中。傍晚把收集全场盗蜂的蜂群迁往5km以外的地方。如此连续进行几次便可止盗，然后将蜂群从室内搬出，按原来的箱位排好蜂群。

第九节　巢温调节

在蜂巢内有蜂子的情况下，正常蜂群将努力维持巢温35℃左右，以保证蜂子的正常发育。气温偏低时，工蜂常消耗大量的贮蜜产热，维持巢内育子区恒温。气温偏高时，蜜蜂大量采水和扇风消耗能量，缩短寿命。饲养过程中采取巢温调节技术措施，对减轻蜂群负担、保证蜂子正常发育非常重要。

一、蜂群保温

蜂群保温必须适度，保温过度比保温不足危害更大。蜂群保温的原则是力保适度，宁冷勿热。在低温季节，适当的群势和蜂脾比是蜂群保温的前提。

1．箱内保温

在密集群势和缩小蜂路的同时，把巢脾放在蜂箱的中部，其中一侧用闸板封隔，另一侧用隔板隔开，闸板和隔板外侧均用保温物填充。保温物可用稻草或谷草捆扎成长度能放于箱内为度，直径约80mm。为了避免隔板向内倾斜，可在蜂箱的前后内壁钉上两枚小钉，挡住隔板下方。框梁上盖覆布，在覆布上再加盖3～4层报纸，把蜜蜂压在框间蜂路中。盖上铁纱副盖后再加保温垫，保温垫可用棉布、毛毯、草帘等材料制作。巢内外的温差常使蜂箱内潮湿，不利于保温。在气温较低的季节，应在晴暖天气翻晒箱内外保温物。

随着环境温度的升高，需要适当减轻保温。先将巢框上梁的覆布撤出，然后逐渐撤出隔板外保温物，再撤出闸板外保温物，最后撤出闸板，将蜂群调整到靠一侧箱壁。

2．箱外保温

蜂箱的缝隙和气窗用报纸糊严。放蜂场地清除积雪后，选用无毒的塑料薄膜铺在地上，垫一层10～15cm厚的干草，各蜂箱紧靠，"一"字形排列在干草上，蜂箱间的缝隙也用干草填满。蜂箱上覆盖草帘，最后用整块的塑料薄膜盖在蜂箱上。箱后的薄膜用土压牢，两侧需要包住边上蜂箱的侧面。到傍晚把塑料薄膜向前拉伸，覆盖住整个蜂箱。蜂箱前的塑料薄膜是否完全盖严，可根据蜂群的群势和夜间的气温灵活掌握。夜间气温5℃以下时，可完全盖严不留气孔。薄膜内层易形成小水滴，应注意及时晾晒箱内外保温物。单箱排列的蜂箱外包装，可在蜂箱四周用干草编成的草帘捆扎严实，蜂箱前面应留出巢门。箱底也应垫上干草，箱顶用石块将草帘压住。

3．调节巢门

春季昼夜温差大，及时调节巢门在保温上有重要作用。上午巢门应逐渐开大，下午3时以后逐渐缩小。巢门调节以保持工蜂出入不拥挤，不扇风为度。

二、蜂群降温

1．遮阴防晒

炎热夏季，应适度给蜂群遮阴（图3-30），可将蜂群放在阔叶树下、遮阴棚架的阴凉处，或在蜂群上方遮盖干草、遮阴网、石棉瓦。

图3-30　蜂群遮阴（周万仓　摄）

2．扩大巢门和脾间距

适度扩大巢门有利于巢内排热排湿，同时放宽脾间蜂路距离，以利于巢内空气流通。

3．喂水

天气炎热干燥时，大量的工蜂外出采水。为了减轻蜜蜂采水的劳动消耗，在蜂场设置饮水设施，以利于蜜蜂采水。

第十节　蜂群偏集的预防和处理

蜂群偏集是指部分蜜蜂因认错蜂巢而相对集中进入某一蜂群的现象。由于受环境和人为因素的影响，蜂群出现外勤工蜂偏集的现象时有发生。偏集的结果导致部分蜂群过强，一部分蜂群削弱。全场蜂群的群势相差悬殊会带来很多问题，如偏弱蜂群保温不足，哺育力和饲喂能力下降，易引发盗蜂，偏入强群促使分蜂热等。在蜂群的饲养管理中，应防止蜜蜂偏集。

一、蜂群偏集的原因和特点

蜂群偏集的主要原因是外勤工蜂迷巢，如场地改变、蜂群排列拥挤、更换蜂箱等。蜂群偏集的特点是，向上风向、地势高处、蜂群飞翔活动中心、蜜源、光亮处、产卵力强的蜂王所在蜂群等方向偏集（图3-31）。

1．风向偏集

蜜蜂有顶风挺进，偏入上风蜂巢的特性。这一偏集现象无论是在新场地还是在原场地，风力超过3级，偏集就可能发生。上风头的弱群在一定时间后，群势会超过下风头的蜂群。

图3-31　偏集的蜂群（王彪　摄）

2．地势偏集

蜜蜂有向上的特性，放蜂场地高低不一致时，迷巢的蜜蜂常向排放在地势高的蜂箱偏集。

3．飞翔集中区偏集

蜜蜂是社会性昆虫，有强烈的恋巢性。迷巢蜂找不到自己的蜂巢后，就在飞翔比较集中的地方飞舞，经过一段时间，仍找不到原巢，便随着较多的蜜蜂一起涌入其他蜂群，造成偏集。

4．场地偏集

如果蜂群放置的环境不同，有的巢门前开阔，蜜蜂飞行路线畅通；有的巢门前有树林、房屋、墙壁等障碍物，蜜蜂往往向巢门前开阔、飞行路线畅通的蜂箱偏集。因此，要保证巢门前开阔、蜜蜂飞行路线畅通。

5．阳光偏集

蜂群刚进入新场地，打开巢门后蜜蜂容易向太阳方向的蜂群偏集，即上午易向东偏集，下午则向西偏集。

6．换箱偏集

蜜蜂通过认巢飞行后，对本群蜂箱的颜色、形状和气味有较强的辨别能力。当突然更换蜂箱，使部分工蜂迷巢，就会偏集到邻近的蜂群。更换蜂箱应注意蜂箱外观的相似性。

7．蜂王与偏集的关系

蜂王产卵力强、蜂王物质多能够吸引蜜蜂偏集，这种现象在双群同箱和无王群中最明显。双群同箱饲养用闸板把一个蜂箱隔堵成两个封闭的小区，每区分别饲养一群蜜蜂。如果这两群的蜂王产卵力不一样，较差蜂王的蜂群中工蜂就会偏集到蜂王较好的蜂群。无王群的外勤工蜂也常常投入到有王群中。

二、蜜蜂偏集的预防

预防蜜蜂偏集，要针对蜜蜂产生偏集的原因来采取措施。在蜂群的饲养管理中，应注意选择地势平坦、比较开阔、无障碍物的场地摆放蜂群。在蜂群排列时还应注意风向，最好能使巢门背风，蜂箱的排列与风向垂直，并且蜂箱的箱距和排距尽可能加大，尽量避免将蜂箱顺着风向紧密地排成一列。还可考虑将群势较弱的蜂群排列在上风头位置，强群放在下风头。蜂场设置防风屏障，以减轻因风向引起的蜜蜂偏集。

为了加强蜜蜂的认巢能力，可在蜂箱前涂以黄、蓝、红和能反射紫外光的白色（蜜蜂的视觉为青色）标记，上述颜色蜜蜂能明显分辨，并把涂以上不同颜色的蜂箱间隔排列。蜜蜂认巢除了对本蜂箱的特征进行识别外，还要参照相邻蜂箱的特征。因此，还应注意不同颜色标记的蜂箱排列的顺序不宜相同。

三、蜜蜂偏集的处理

① 早春蜂群搬出越冬室，蜜蜂在排泄飞翔后发生偏集，可以直接把偏集多的蜂群的蜜蜂调还给偏少的蜂群。调整时，可将带蜂的巢脾提出放入偏少蜂群隔板的外侧，使脾上的蜜蜂自行进入隔板内。

② 在外界蜜源条件比较好的季节，可以把偏集多的蜂群与偏少的蜂群互换箱位，使强群外勤蜂进入弱群。

③ 暂时关闭偏多蜂群的巢门，或在偏多蜂群的巢门前设置障碍物，如在巢门前临时挡一块隔板等。

④ 双群同箱饲养的蜂群，在群势较弱时，正对闸板的位置开一个巢门，让两群蜜蜂共同出入。如果蜂群出现偏集，可用闸板调节两侧巢门的大小。双群同箱的蜂群强盛后，将两侧的巢门分开，保持一定距离，中间用砖头或木块隔开，以防两群工蜂在巢门口聚集，蜂王通过密集的工蜂从巢门进入另一侧蜂巢。若这时蜂群出现偏集，可缩小偏多蜂群巢门，同时打开偏少蜂群的巢门进行调整。

第十一节　工蜂产卵的预防和处理

工蜂是生殖系统发育不完全的雌性蜂，在正常蜂群中工蜂的卵巢受到蜂王物质抑制，一般情况下工蜂不产卵。失王后蜂群内蜂王物质消失，工蜂卵巢开始发育，一定时间后就会产下未受精卵。这些未受精卵在工蜂房中发育成个体较小的雄蜂，这对养蜂生产有害无益。如果对工蜂产卵的蜂群不及时进行处理，此群必定灭亡。中蜂失王后比西蜂更容易出现工蜂产卵，一般只经过3～5d就能发现工蜂产卵。工蜂产卵初期常常也是一房一卵，有的甚至还在台基中产卵，随后呈现一房多卵。工蜂产的卵（图3-32）比较分散、零乱，产卵工蜂因腹部较小，多将卵产到巢房壁上。

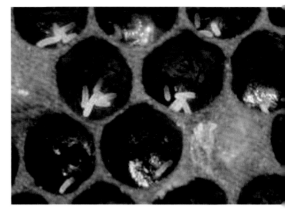

图3-32　工蜂产的卵

工蜂产卵的蜂群采蜜能力明显下降，性情较凶暴。出现工蜂产卵的蜂群，在诱入蜂王或合并蜂群处理上有一定难度。失王越久处理难度越大，故失王应及早发现、及时处理。防止工蜂产卵，关键在于防止失王。

一、工蜂产卵的预防

工蜂产卵的唯一原因是失王，预防工蜂产卵需要在蜜蜂饲养管理中预防失王，并对失王蜂群及时发现、及时处理。失王的原因主要是养蜂操作不当和蜂群管理失误。

1. 养蜂操作不当

在开箱、取蜜等操作过程中巢脾碰撞箱壁和相邻巢脾，碰伤蜂王。巢脾提得过高，蜂王从脾上落下摔伤。巢脾提出后离开蜂箱上空，蜂王落到箱外。

2. 蜂群管理失误

剪翅蜂王的蜂群发生分蜂，蜂王出巢后落入地面而丢失，分蜂团没有蜂王后散团返回原巢，养蜂人没有蜂箱分蜂，蜂群调整中误将蜂王随脾调出，诱入蜂王失败，且未被发现。

二、工蜂产卵的处理

工蜂产卵的处理方法，可视失王时间长短和工蜂产卵的程度，采取诱王、诱台、蜂群合并等措施。

1. 诱王或诱台

失王后，越早诱王或诱台，越容易被接受。对于工蜂产卵不久的蜂群，应及时诱入一个成熟王台或产卵王。工蜂产卵比较严重的蜂群直接诱王或诱台往往失败，在诱王或诱台前，先将工蜂产卵脾全部撤出，从正常蜂群中抽调卵虫脾，加重工蜂产卵群的哺育负担。一天后再诱入产卵王或成熟王台。

2．蜂群合并

中蜂产卵初期，如果没有产卵蜂王或成熟王台，可按常规方法直接合并或间接合并。工蜂产卵较严重时，可在上午将工蜂产卵群移位0.5～1.0m，原位放置一个有王弱群，使工蜂产卵群的外勤蜂返回原巢位，投入弱群中。留在原蜂箱的工蜂，多为卵巢发育的产卵工蜂，晚上将产卵群中的巢脾脱蜂提出，让留在原箱中的工蜂饥饿一夜，促使其卵巢退化，次日仍由它们自行返回原巢位，然后加脾调整。工蜂产卵超过20d以上，由工蜂产卵发育的雄蜂大量出房，工蜂产卵群应分散合并到其他正常群。

3．工蜂产卵巢脾的处理

在卵虫脾上灌满蜂蜜、高浓度糖液或用浸泡冷水等方法使脾中的卵虫死亡，然后放到正常群中清理。对于工蜂产卵的封盖子脾，可将其封盖割开后，用摇蜜机将巢房中的虫蛹摇出，然后放入强群中清理。

第十二节 蜂群近距离迁移

蜜蜂具有很强的识别本群蜂箱位置的能力，如果将蜂箱移到它们飞翔范围内的任何一个新地点，在一段时间内，外勤工蜂仍会飞回原来的位置。因此，当对蜂群作近距离迁移时，需要采取有效方法，使蜜蜂迁移后能很快地识别新巢位，而不再飞返原址。

一、蜂群逐渐迁移法

如果少量蜂群需要进行10～20m范围的迁移，可以采取逐渐迁移的方法。向前、后移位时，每次可将蜂群移动1m；向上下左右移位，每次不超过0.5m。移动蜂群最好在早、晚进行。每移动一次，都应等到外勤蜂对移动后的位置适应之后，再进行下一次移动。

二、蜂群直接迁移法

迁移的原址和新址之间有障碍物，或有其他蜂群，或者距离比较远，不便采取逐渐迁移，可于清晨蜜蜂未出巢之前，用青草堵塞或虚掩巢门，然后将蜂群直接迁移到预定的新址，并打开后纱窗。蜜蜂在巢内急于出巢便啃咬堵塞在巢门的青草，啃咬的过程可增强它们对巢位变动的感觉，重新认巢飞翔。同时，在原址放1～2个弱群，收留飞回原址的蜜蜂，待晚上搬入通风的暗室，关闭2～3d，再用该法迁移。也可在原址放置一个内放空脾的蜂箱，收容返回的蜜蜂后，合并到邻群。

三、蜂群间接迁移法

所谓的间接迁移法，就是把蜂群暂时迁移到距离原址和新址都超过5km的地方，过渡饲养月余，然后直接迁移到新址。这种方法进行蜂群的近距离迁移最可靠，但增加养蜂成本和麻烦。

四、蜂群临时迁移法

为了防洪、止盗、防农药中毒，需要将蜂群暂时迁移。在迁移时，各箱的位置应详细准确地绘图编号，做好标志，蜂群搬回原场后严格按原箱位置排放，以免排列错乱而引起蜜蜂斗杀。

第十三节　蜂群转地管理

转地放蜂是为了充分利用蜜源资源和发挥蜂群的生产潜能，更大地提高养蜂生产效益。为了适时地把蜂群转移到某个将要开花的蜜源场地去采集，最重要的是保证蜂群运输安全。

一、运输期间蜂群生物学习性

在运输蜂群时，从第一次震动时起，蜜蜂（尤其是那些老蜂）就力图飞出蜂箱。如若巢门紧闭，它们因出不去而产生强烈的激怒情绪，引起全群骚动，致使饲料大量消耗，纱窗堵塞，蜂巢里的温度升高。这时，如果能使部分蜜蜂离开巢脾，聚集在箱内没有巢脾的空地方，或者打开巢门放走部分老蜂，那么蜂群就可能逐渐安静下来，使巢内的状况得以改善。假若蜂箱内没有留出一定的空间，蜜蜂在温度升高时不能疏散，又放不走部分老蜂，那么它们的激怒情绪就不会终止，反而越闹越厉害，最后导致巢脾融化坠毁，全群覆灭。在炎热的夏天或较高温度时运蜂，有时出现所谓"热虚脱"（即蜜蜂周身湿透变黑）的现象，就是在这种情况下发生的。

蜜蜂"热虚脱"在蜂群内发生得很快，前后只有一两个小时。

据试验，蜜蜂发生"热虚脱"，固然与蜂箱的通风设备有关，但主要取决于饲料情况。如果蜂群内以封盖蜜脾为饲料，那么在通风条件不太好的情况下，一般也不至于发生"热虚脱"。相反，如果蜂巢内主要是新采集的正在酿制的花蜜，那么蜂群处在不良的通风条件下，便会很快地发生"热虚脱"。被激怒的蜜蜂由于新陈代谢的增强而大量消耗含水分很多的饲料，它们的体内迅速地积累起过剩的水分，这些水分通过呼吸系统排出之后，使空气不流通的蜂箱逐渐地为水蒸气所饱和。在这种环境中，蜜蜂再排出体内的水分就很困难了，结果就造成"热虚脱"而死亡。

因此，在热天转运蜂群，首先要尽可能地用成熟的蜂蜜作饲料，如果箱内主要是未封盖的不成熟蜜蜂，那就应该加强蜂箱的通风设备或采用开巢门运蜂。运输期间气温越高，通风设备就越要加强。

二、转地前的准备

1. 调整蜂群

关闭巢门运蜂，转地途中，闷死的首先是强群。因此，转地前特别要注意调整强群的群势。转运前的傍晚将强群中多余的工蜂，连蜂带脾补助较弱群；也可在蜜蜂飞行活跃时，将强群搬走，在它的位置上换上较弱的群，让强群的采集蜂飞进弱群中。

采用郎氏标准箱的，有7～8框蜂的蜂群，可采取临时加继箱的方法，在继箱内放3～4张半蜜脾。这样，气温高时，蜜蜂自然进入继箱；气温下降时，又回到巢箱内保护子脾。

2. 调整子脾

转地饲养的蜂群，要保持一定的生产能力，一般应该有4脾以上的封盖子脾。但是，封盖子脾在蜂群中能散发热量，过多的成熟封盖子脾，还会在转运途中陆续出房，致使群势增大。因此，转运前要适当调整子脾。每群蜂留封盖子脾的数量与群势有关，原则是强群要少留，弱群可适当多留。

3. 调整蜜粉脾

蜜粉转运途中，饲料不足会造成蜂王停卵、幼虫发育不良、拖子等现象，严重时甚至整群饿死。巢内贮蜜不足，更加剧蜜蜂出巢采集冲动，易丢失蜜蜂或影响运输安全（关巢门运蜂）。蜂群在转运途中应贮蜜适当，应根据蜂群群势和转运途中所需时间确定贮蜜量。在调整蜜脾的同时还应注意粉脾的调整，特别是子脾较多的双王群更易缺粉。

4．巢脾的排列

蜂箱中各类巢脾的排列，应有利于蜂群的生活、维持群势和转运安全。例如，春季气温还不稳定，子脾应放在中间，高温季节群势强，可将封盖子脾和卵虫脾交错排列，使巢内温度平衡；也可为了加强巢内散热和通风，将继箱中的巢脾分左右两侧排列，使继箱中间留出空位，便于蜂箱前后的气窗通风。标准箱，最好在巢箱内放一张两角有蜜的空脾，供蜂王产卵，继箱上放两张封盖子脾，让它在转运途中陆续出房，使进场后的蜂群有充足的哺育蜂。

5．无王群处理

转运蜂群一般不允许无王群存在，如果转地前发现蜂群失王，应该及时诱入蜂王或将无王群合并，以利转运期间蜂群安定，也可以避免中途放蜂时，无王群的工蜂飞到其他蜂群中造成偏集。

6．卡蜂和装钉蜂箱

转地前，要先做好卡蜂和蜂箱装钉工作，将巢脾与蜂箱、继箱与巢箱固定起来，使蜂群在转运途中不致因颠簸摇晃而受到损失。卡蜂和蜂箱装钉工作一般在转运前1～2h进行。用卡条等固定巢脾和连接巢箱、继箱的方法很多，可因地制宜选用。日前大多用海绵卡条或塑料卡条固定巢脾（图3-33～图3-36），用捆绑带连接巢箱和继箱（图3-37）。

中蜂运蜂前，巢门要在傍晚关闭。如有必要时，在蜜蜂还没有全部飞回之前，可先把强群的巢门关上，搬离原位，让部分采集蜂进入弱群。在关巢门的时候，若有很多蜜蜂聚集在巢门口不进去，可喷水或用烟驱入。

图3-33　巢箱用海绵条固定巢脾（罗应国　摄）

图3-34　巢箱海绵条固定巢脾后加隔王板（罗应国　摄）

图3-35　海绵条固定继箱巢脾（罗应国　摄）

图3-36 继箱海绵条固定巢脾后加纱盖和覆布（罗应国 摄）

图3-37 捆绑带固定巢箱和继箱（罗应国 摄）

7. 其他准备

转地蜂场转运前除需要做好上述蜂群方面的调整准备外，还要做好养蜂生产物资的准备。应准备蜂箱、巢脾、巢框、产浆框、脱粉器、隔王板、摇蜜机、蜜桶、绳索以及蜂箱装钉工具、饲料糖等。同时还要做好生活用品及转地放蜂证件等准备工作。

三、蜂群的装运和途中管理

1. 起运时间

起运时间主要是根据蜜源花期和气候情况来决定。例如，当放蜂地点的蜜源已是后期，而计划前往地点的蜜源刚开花，这时一般应放弃后期赶前期。又如，放蜂地点的蜜源虽在盛期，但天天阴雨，根据天气预报短期内不会转晴，而计划前往的蜜源即将开花，这时利用阴雨期间提早转运。

起运蜂群最好在晚间进行，因为白天起运蜂群往往骚动得很厉害，而晚上运蜂比较安静。

2. 汽车装运蜂群

装运前，必须对装运工具做认真的检查，凡是装过农药而又没有经过彻底洗刷消毒的，都不能运蜂。

一辆汽车装运蜂群的数量应根据汽车的吨位和车型而定。蜂箱装车的高度，距离地面不能超过4m，一般车厢中蜂箱横放，纵向排四列，每两列蜂箱背靠背紧挨着排放，中间留出20cm的通道。中间两列巢门朝向通道，靠车厢壁的两列蜂箱巢门朝向车厢壁。强群可放在通风较好的位置。蜂箱等物件全部装上车后，必须用粗绳将蜂箱逐排逐列横绑竖捆。最后还需用较细的绳索围绑成网状。蜂箱捆绑一定要牢固，否则会影响蜜蜂运输安全。

汽车拖斗震动很大，最好不用汽车拖斗装运蜜蜂。目前蜂农基本都采用汽车开巢门运蜂的方式，为了减少丢失采集蜂的损失，汽车运蜂一般在傍晚启运，天亮前到达目的地。如果运蜂距离远，天亮前不能到达目的地，蜂群启运行驶一段路程后，采用晚间休息，白天行驶，晚间到达目的地。白天运蜂中途尽量不停车，若运输途中停车，也应停放在通风阴凉处，并尽量缩短停车时间。蜂群运到后要立即组织卸车，并迅速将蜂群排放安置好。汽车装车时间最好选择傍晚蜂群回巢后装蜂，如时间来不及，也可适当提前装车，但蜂群装好后，必须等傍晚回巢蜂上车后才能启运，这样汽车行驶时，因行车产生的凉风，爬在蜂箱上的蜜蜂，即可进入蜂箱，以避免丢失、损失蜜蜂。同时由于汽车开动后，因连续震动和行车产生的凉风，会使蜜蜂安静下来。开巢门运蜂，巢内应有大量卵虫脾，以加强蜜蜂恋巢性，减少采集蜂损失。

中蜂由于怕震动，转地运蜂易离脾，开巢门运蜂易引起飞逃现象，所以不宜长途转地运蜂。短途小转地运蜂，应关闭巢门运蜂。一般装蜂、运蜂、卸车时间都应在夜间进行，装蜂前关闭巢门，打开通风纱窗。由于蜂群启运后，无法随时开启关闭纱窗，也不可能对每个蜂群都洒水降温，高温季节，蜂群转运前，应在蜂箱中添加水脾，并且在巢门关闭后立即打开蜂箱的前后纱窗，加强蜂箱内的通风。装车不留通道，汽车开动后，因连续震动和行车产生的凉风，会使蜜蜂暂时安静。但装在底层和中间等通风不良位置的蜂群还是有闷死的危险，所以强群应装在通风较好的靠边处，弱群装在中间。

短途运蜂时，也可用拖拉机、小型农用车等工具。其装蜂方法与汽车大致相同，但不宜码得过高。

四、刚转运场地后蜂群管理

在蜜蜂运输过程中，汽车等交通工具行驶时的连续较稳的震动，能使蜜蜂处于较安静状态。停车后，由于卸车时较强烈的震动和光线刺激等原因，蜜蜂反而更容易骚动。因此，迅速安顿蜂群是蜜蜂运到场地后的首要工作。

运蜂车到达放蜂场地后，将蜂群从车上卸下，迅速排列好。中蜂认巢能力较差，一般采用关闭巢门运蜂，蜂群卸下后，应先后分批间隔开巢门。高温季节，如采用关闭巢门运蜂，在蜂群即将卸下后，要密切注意强群蜜蜂的动态，发现有受闷预兆时，应立即撬开巢门进行施救。汽车停靠地点应稳固，避免在卸车过程中，一解开绳索车体就晃动以致蜂箱跌落。

蜂群卸下开巢门后，蜜蜂出勤正常，就可以开箱拆除装钉，然后进行全面检查。检查的主要内容包括蜂王、子脾、群势以及饲料等。在检查时随之进行必要的调整和处理，如清除死蜂、合并无王群、调整子脾、补助饲喂、组织采蜜群、抽出多余巢脾等。至此，一次运蜂工作才算完成。

第十四节 防止中蜂飞逃

中蜂对自然环境的适应性极为敏感，一旦原巢的环境不适应生存时就会发生迁徙，另寻适当巢穴营巢，这种习性称为"飞逃"。这是中蜂抗逆性强的表现，它有利于中蜂种族的生存繁衍，但这种习性常常给养蜂生产造成损失。针对中蜂飞逃的原因，为中蜂创造较好的生存条件，采取预防中蜂飞逃的饲养管理措施，是养好中蜂的重要环节。

一、飞逃原因

1．分蜂性未解除

这种飞逃发生于自然分蜂收捕群，第一次分蜂飞出的是老蜂王，分蜂前数天，侦查蜂已将要去的地方找好，只等待王台的进一步成熟和适当的天气，这两样条件具备便发生分蜂。蜂群被收捕安置后没有经过第二次起飞，数天内还存在着分蜂暂时结团意念，如没有子脾作恋巢诱引，蜂群一般都要另投新居，可能出现飞逃。

2．巢内缺蜜

当巢内缺蜜，外界蜜源枯竭，长期无蜜可采，蜂群的生存受到严重威胁，易发生飞逃。

3．病虫害侵袭

中蜂由于幼虫病（囊状幼虫病或欧洲幼虫腐臭病）严重，或受到巢虫严重侵扰，或胡蜂袭击、蚂蚁干扰等，对蜂群的生存构成威胁时，便会弃巢飞逃。

4．异味刺激

中蜂若使用有浓重木材或油漆气味的蜂箱（新箱），巢脾和巢框等被汽油、农药、消毒剂等污染，具有异味均会引起飞逃。

5．震动惊扰

中蜂喜安静、怕惊扰。过箱、转地、防治病害、过度频繁地开箱检查及其他原因引起的震动惊扰，蜂群不堪忍受时易发生飞逃。

6．严重被盗

如果蜂群经常发生饲料糖被其他蜂群偷盗而得不到制止，尤其是严重被盗，导致蜂群缺蜜或严重干扰蜂群生活时易飞逃。

7．摆放不合理

如果蜂群长期摆放在风口或烟熏处，且又受到太阳曝晒、雨淋或摆放在阴冷潮湿的地方，或经常振动、响声嘈杂和有敌害干扰的地方，蜂群长期在不良的环境中生活易发生飞逃。

8．外界环境变幅过大

当外界环境气候变幅过大，如蜜源枯绝、连阴雨天气、持续的高温天气造成的烈日曝晒、寒流侵袭等，会造成蜂群无法适应发生飞逃。

二、飞逃前的征兆

当看到以往出勤积极的蜂群出勤锐减，并且停止在巢门口扇风守卫，不进花粉或进粉很少。在天气闷热时有少量工蜂在巢门口上部的箱板处密集聚结，蜂群骚动不安。

若打开蜂箱查看，会发现蜂王腹部缩小，产卵锐减或停产，有的蜂群内卵虫蛹全无，有一些工蜂（包括采集蜂）吸饱蜜汁后，停留在巢脾上部一动不动。如果蜂王健康，即使巢内有存蜜，蜂群也照样会出现飞逃。

三、飞逃发生的时间

中蜂飞逃具有季节性和联动性。飞逃多发生在分蜂季节、炎热的酷暑、天敌猖獗的夏季以及缺蜜的秋季。

一般当群内已经没有幼虫及很少蛹时，在上午发生飞逃。

其中小群、交尾群会首先飞逃。只要蜂场有一群中蜂飞逃，不可避免地会诱引其他有飞逃情绪的蜂群连动式接二连三地发生飞逃。

四、飞逃发生的情景

飞逃时全群倾巢而出，直飞空中。多数蜂群不在蜂场停留，直飞远处的新址。

有的蜂群，也在蜂场周围的树杈上稍作停留，但停留时间很短。蜂群飞逃之后，巢脾上几乎没有蜂蜜，也没有幼虫和残留的幼蜂。

五、集体飞逃

当蜂场中有一群蜂发生飞逃时，常引起其他蜂群一起飞逃，各群的工蜂集合在一起，在蜂场附近的树杈上结成大型蜂团，所有飞逃蜂群的蜂王都聚集在大蜂团中（图3-38、图3-39）。

图3-38　集体飞逃形成的散乱蜂团　　　　　图3-39　集体飞逃集合在一起的蜂团
（黎九州　提供）　　　　　　　　　　　（黎九州　提供）

由于各群的气味不同，在这种大蜂团中发生围王现象，结果多数蜂王被围而死亡，工蜂之间也互相厮杀，造成蜂场的严重损失。

六、飞逃的防止及处理

1．防止飞逃的方法

① 平常要饲养强群，合并弱小群，保持蜂群内有充足的饲料，缺蜜时应及时调蜜脾补充或饲喂补充。

② 当蜂群内出现异常断子时或第一次分蜂群，应及时调入幼虫脾。

③ 平常保持群内蜂脾相称，使蜜蜂密集，严防盗蜂。

④ 注意防治蜜蜂病虫害。

⑤ 采用无异味的木材制作蜂箱，新蜂箱采用淘米水洗刷后使用。

⑥ 蜂群排放场所应僻静、向阳遮阳，蚂蚁、老鼠等无法侵扰。

⑦ 尽量减少人为惊扰蜂群。

⑧ 蜂王剪翅或巢门安装隔王栅片。

2．飞逃的处理

① 飞逃刚发生，但蜂王未出巢时，立即关闭巢门，待晚上检查和处理（调入卵

虫脾和蜜粉脾）。

②当蜂王已离巢时，按收捕分蜂团的方法收捕和过箱。

③捕获的飞逃群应另箱异位安置，并在7d内尽量不打扰蜂群。

④当出现集体飞逃形成"乱蜂团"时，初期关闭参与飞逃的蜂群，向关在巢内的逃群和巢外蜂团喷水，促其安定。准备若干蜂箱，蜂箱中放入蜜脾和幼虫脾。

将蜂团中的蜜蜂放入若干个蜂箱中，并在蜂箱中喷洒香水等来混合群味，以阻止蜜蜂继续斗杀。在收捕蜂团的过程中，在蜂团下方的地面寻找蜂王或围王的小蜂团，解救被围蜂王。用扣王笼将蜂王扣在群内蜜脾上，待蜂王被接受后再释放。收捕的飞逃蜂群最好应移到2～3km以外处安置。

⑤飞逃发生后，因蜂王失落，投入场内其他蜂群而引起格斗的现象，称为"冲蜂"。冲蜂会使双方大量死亡。当出现这种情况时，应立即关闭被冲击蜂群的巢门，暂移到附近，同时在原地放1个有几个巢脾的巢箱。待蜂群收进后，再诱入蜂王，搬往他处，然后把被冲击群放回原位。

第四章 蜂群四季管理

蜂群的生活依据群势的强弱而有一定的规律，随着季节和自然条件的变化而表现出阶段性。蜂群四季管理就是根据各地区不同季节的外界气候、蜜源条件、蜂群状况及蜂场经营目的等，明确四季各阶段的目标任务，采取相应的管理措施，使前一阶段为后一阶段奠定基础，从而达到增殖蜂群、保存实力和获得优质高产的目的。

第一节 秋季越冬准备阶段蜂群管理

常言道：一年之计在于春。可对养蜂来说，如果头年秋季没有培育好足够数量健壮的适龄越冬蜂和贮备好优质充足的越冬饲料，蜜蜂就不能安全越冬，蜜蜂越冬死亡了就谈不上第二年的春季管理和夏季养蜂生产，所以"养蜂一年之计在于秋"。我国北方的六盘山区冬季漫长寒冷，蜂群需要在巢内度过5个多月漫长的越冬时间。蜂群越冬是否安全顺利，将直接影响第二年春季蜂群的恢复发展和蜂群生产阶段的生产。如果秋季蜂群管理不到位，到了冬季，任何措施也难以改变已形成的局面，秋季蜂群繁殖的数量和质量既是越冬的基础，更是下一年春季繁殖的基石，秋季管理是越冬的关键。

一、秋季养蜂条件和特点

秋季养蜂条件的变化趋势与春季相反，前期气温较高，有主要蜜源植物开花泌蜜，如荞麦、密花香薷（图4-1、图4-2）等，可进行蜂蜜生产；随着深秋"白露""霜降"的来临和越来越临近冬季，养蜂条件也越来越差，气温逐渐变冷，昼夜温差增大，蜜粉源越来越少，直至枯竭，蜂王产卵和蜜蜂群势下降，盗蜂、蜜蜂病虫害也比较严重。

图4-1 蜜蜂采集荞麦花（王彪 摄）　　　　图4-2 蜜蜂采集密花香薷（王彪 摄）

二、秋季越冬准备阶段蜂群管理目标和任务

秋季越冬准备阶段的蜂群管理目标是培育大量健壮的适龄越冬蜂，贮备充足优质越冬饲料，为蜂群安全越冬创造必要的条件。

越冬准备阶段的管理任务主要有两点，即培育大量健壮的适龄越冬蜂和贮足越冬饲料。适龄越冬蜂是秋季培育的，此阶段前期可根据需要更换新王，促进蜂王产卵和工蜂育子、加强巢内保温，培育大量的适龄越冬蜂。后期应采取适时断子和减少蜂群活动等措施保持蜂群实力。西方蜜蜂在适龄越冬蜂的培育前后均需要做好治螨工作。

三、秋季越冬准备阶段蜂群管理主要措施

1. 培育适龄越冬蜂

（1）**适龄越冬蜂的概念**　适龄越冬蜂是指工蜂羽化出房后没有参加过采集和哺育工作，而又进行过飞行排泄的健康蜜蜂。

适龄越冬蜂是蜂王在秋季越冬准备阶段最后20多天产下的卵所发育成的工蜂。这就说明适龄越冬蜂的培育既不能过早，也不能过迟。在极有限时间内培育足够的适龄越冬蜂，需要产卵力旺盛的蜂王，哺育力强的适当群势的蜂群和充足的蜜粉饲料。

（2）**培育适龄越冬蜂的方法**

时间划分：准备期、培育期（产卵和全部出房）、试飞排泄期。

宁夏六盘山区适龄越冬蜂培育的起止时间应为8月下旬至9月中下旬。培育越

冬蜂开始时间一般为蜂王停产前20多天，截止时间应保证最后一批工蜂羽化出房后能够安全出巢排泄。

①准备期　培育优质蜂王、淘汰老劣王、保证一定蜂数的群势、贮备优质充足的越冬饲料。

a.更换蜂王　大量集中地培育适龄越冬蜂，应在夏末秋初培育出一批优质的蜂王，以淘汰产卵力开始下降的老蜂王。即使有的老蜂王产卵力还可以，但是往往到了第二年的春季产卵力也会下降，在新蜂王充足的情况下，这样的老蜂王也应淘汰。更换蜂王之前，应对全场蜂群中的蜂王进行一次鉴定，以便分期更换。被淘汰的老蜂王可提出2脾左右蜜蜂另组小群，继续培育越冬蜂。带蜂提走老蜂王的原群诱入一个新蜂王。当越冬蜂的培育结束后，就可将老蜂王去除，把小群的蜜蜂合并到群势较弱的越冬蜂群中。

b.保证一定数量群势的蜂群　强群培育的适龄越冬蜂不仅体能强、采集力强，而且寿命长。中蜂群势至少达到4～5框足蜂。

c.贮备充足的培育饲料　培育适龄越冬蜂贮备期，不仅要为蜂群安全越冬贮备优质充足的越冬饲料，而且要为培育适龄越冬蜂准备充足的饲料。

②培育期　饲料充足、奖励饲喂、密集群势、扩大卵圈、适当保温。

培育适龄越冬蜂6～10d前适当控制蜂王产卵，让蜂王休息一段时间，然后为蜂王提供足够的产卵空间和科学的管理措施。

a.蜜粉源　在蜜粉源丰富的条件下，蜂群的产卵力和哺育力强。尤其在秋季，越冬蜂的培育要求在短时间内完成，就更需要良好的蜜粉源条件。培育越冬蜂，粉源比蜜源更重要。

b.保持蜜粉充足　蜜蜂个体发育的健康与饲料营养关系十分密切。在巢内粉蜜充足的条件下，蜂群培育的越冬蜂数量多、发育好、抗逆性强、寿命长。培育适龄越冬蜂期间，应有意识地适当造成蜜粉压子圈，使每个子脾面积只保持在60%左右，让越冬蜂在蜜粉过剩的环境下发育。

c.密集群势　秋季气温逐渐下降，蜂群也常因采集秋蜜而群势逐渐衰弱。为了保证蜂群的护脾能力，应逐步提出多余巢脾，使蜂脾相称。

d.扩大卵圈　虽然适当地造成蜜粉压脾有利于越冬蜂的发育，但是产卵圈受贮蜜压缩严重，影响蜂群发展，需及时把子脾上的封盖蜜切开，扩大卵圈（图4-3）。此阶段不宜加脾扩巢。

图4-3　扩大卵圈（王彪　摄）

e. 奖励饲喂　培育适龄越冬蜂应结合越冬饲料的贮备连续对蜂群奖励饲喂，以促进蜂王积极产卵。奖励饲喂应在夜间进行，严防盗蜂发生。

f. 加强保温　此阶段宁南山区昼夜温差大，早晚冷、中午热，为了保证蜂群巢内育子所需的正常温度，应及时做好蜂群的保温工作。

g. 适时促王停产断子　宁夏六盘山区秋季荞麦、野藿香、野菊花等最后一个蜜源结束后，气温开始下降，蜂王产卵减少，子圈逐渐缩小，此时应及时停卵断子。停卵断子的方法主要是限制蜂王产卵和降低巢温。西方蜜蜂常采用竹丝王笼将蜂王囚起来，工蜂可进出王笼，蜂王被困在蜂巢中部，被迫停止产卵，待外界气温下降到使蜂群基本停止活动时再放开。而中蜂囚王几天后，有的蜂群会出现工蜂产卵现象，因此要慎用。最好饲喂越冬饲料，促使蜜压子圈，同时扩大蜂路，夜间扩大巢门，以降低巢温，并逐步撤走覆布、草帘等保温物，促使蜂王停产。

③ 试飞排泄期　良好的天气促进蜂群试飞排泄。试飞排泄后，严防盗蜂，并降温、减少蜜蜂巢外活动（撤除保温，加大蜂路，夜晚开大巢门，蜂群迁至阴冷处，巢门向北摆放）。

a. 促进蜂群试飞排泄　幼蜂全部出房后选择良好的天气促进蜂群试飞排泄，只有试飞排泄后的蜜蜂越冬期间结团才稳定安全。

b. 减少蜜蜂巢外活动　蜂群试飞排泄后，要撤除包装，加大蜂路、加强通风，避免光射，减少空飞，保存实力。

2. 贮备越冬饲料

越冬期间蜜蜂不能出巢活动，整个越冬阶段蜜蜂消化所产生的粪便都贮存、积累在直肠中，直到第二年春天才能出巢排泄。如果越冬饲料质量差，蜂群越冬时蜜蜂产生的粪便多，便结团不安定，往往因提早出巢排泄而冻死巢外。

（1）选留优质蜜粉脾　在秋季荞麦等主要蜜源花期，应分批提出优质封盖蜜脾，作为越冬饲料妥善保存。留蜜脾的数量按越冬期长短和蜂群的群势来确定。宁夏六盘山区一般平均每框足蜂需留1张整蜜脾。在粉源丰富的地区，每群蜂最好能贮存1~2张花粉脾，以用于第二年早春蜂群的恢复和发展。

（2）补充越冬饲料　越冬蜂群巢内的饲料一定要充足。宁可到春季第一次检查调整蜂群时抽出多余的蜜脾，也不能使巢内贮蜜不足。蜂群越冬饲料的贮备，应尽量在流蜜期内完成。如果秋季最后一个流蜜期越冬饲料的贮备仍然不够，就应及时用优质的蜂蜜或白砂糖补充。补充越冬饲料应在蜂王停卵前完成，宁夏六盘山区一般应在9月上旬至10月上旬喂足，最迟不超过10月下旬。

3. 秋季蜂群越冬准备阶段需要注意的问题

（1）防止盗蜂　秋后蜜源渐少，是盗蜂严重的季节。盗蜂的出现直接影响适龄越冬蜂培育，因此要严防盗蜂的发生。

（2）**病害防治**　秋季是培育适龄越冬蜂的关键时期，如果蜂群出现病虫害将直接影响越冬蜂的培育，威胁蜂群安全越冬。因此在培育适龄越冬蜂前就要严防蜜蜂病虫害的发生。中蜂病虫害主要是中囊病、欧幼病、巢虫等。

（3）**适时断子**　可用框式隔王板、囚王笼控制蜂王产卵，或蜜压子、降温等方法。

（4）**防止飞逃**　及时合并弱小群、喂足饲料，严防盗蜂、避免干扰等方法防止蜂群飞逃。

（5）**巢脾保存**　秋季要保持蜂脾相称，或蜂略多于脾，抽出的多余巢脾要分类清理，用二硫化碳或硫黄熏蒸后严密保存，以防虫蛀、发霉。

（6）**减少活动**　秋后蜂王停产、幼蜂全部出房试飞后，要撤除包装，加大蜂路、加强通风，避免光射，想方设法阻止蜜蜂巢外活动，减少空飞，减少消耗，保存实力。

第二节　冬季越冬阶段蜂群管理

蜜蜂越冬与一般昆虫有所不同，一般昆虫的成虫是以休眠状态越冬的，而蜜蜂是以半休眠状态越冬的。在冬季，蜜蜂停止巢外活动和巢内产卵育虫工作，结成越冬蜂团，处于半休眠状态，以适应漫长寒冷的环境。

一、蜜蜂越冬生物学习性

秋末，当蜂群内的幼蜂全部出房以后，蜜蜂随着外界气温的变化而做出相应的反应，气温低时结团，气温高时疏散。最后随着气温的逐渐下降，蜜蜂就在蜂王周围的巢脾上形成一个越冬蜂团。弱群结团的时间比强群早。蜜蜂结团以后，依靠群体产生的热量维持生命活动所必需的温度。

越冬蜂团在蜂箱里形成的部位是由巢门的位置和外部的热源等条件决定的。巢门是新鲜空气的入口，越冬蜂团一般对着巢门的巢脾上形成，强群的蜂团较弱群更靠近巢门。室外越冬的蜂群，蜂团一般靠近蜂箱能受阳光照射的一面。双群同箱的蜜蜂在隔板两侧结团，彼此互为热源。蜂团外围的蜜蜂彼此紧紧地挤在一起，组成一个保护层（外壳），使蜂团的热量不致很快地散失。蜂团内部的蜜蜂能够在巢脾上活动，产生热量。蜂团外壳的厚度在不同的部位是不同的，两侧特别是对着巢门的一面较厚，上部和接近巢门的下部较薄，形成能使新鲜空气流入的通道。新鲜的冷空气进入蜂团以后，受热慢慢上升，穿入蜂团，从上部排出。蜂团外壳的厚度可以随着外界气温的高低而增减，当温度下降时，蜜蜂就缩小蜂团的直径，有许多蜜蜂还钻到巢房里，从而使外壳加厚，保持温暖。

越冬蜂团外壳表面的温度经常保持在5～10℃，蜂团内部的温度一般不低于12℃。当内部的温度下降到接近12℃时，蜜蜂就开始吃蜜并活动产生热量，使温度上升到22～28℃，然后随着热量的散失，温度又逐渐下降。在越冬期间对蜜蜂的任何干扰，如震动蜂箱、发生鼠害等，都会引起蜜蜂骚动不安，使蜂团的温度上升，蜂蜜的消耗量增加。蜂团随着饲料的消耗，首先向巢脾的上方有贮蜜的地方移动，当所在巢脾上的贮蜜吃完以后，就向邻近有蜜的巢脾上移动。在移动时，蜜蜂必须把蜂团外壳的温度升高，所以要增加耗蜜量。如果邻近巢脾上的存蜜不多，或者移动时形成两个蜂团，就有造成整个蜂群死亡的危险。因此，在布置越冬蜂巢时，应考虑到蜜蜂结团的习性和越冬蜂团移动的特点，以便于越冬蜂团的形成，保持蜜蜂体力，减少饲料消耗，避免越冬蜂团移动的损失。

二、蜂群安全越冬的首要条件

蜂群安全越冬的首要条件是，要有一定数量的适龄越冬蜂和贮备充足的优质饲料，这两项工作必须在秋季越冬前准备阶段完成。

三、蜂群越冬失败的主要原因

不熟悉蜂群越冬规律的人，往往认为越冬失败是由于温度低造成的，实际上越冬失败的主要原因除了没有足够的越冬饲料和适龄越冬蜂之外，多是保温过度导致蜂群伤热和巢内空气不流通、湿度过大、巢内贮蜜稀释发酵等原因造成。根据宁夏六盘山区多年蜂群越冬实践，其失败的主要原因有以下几种类型：一是群势太弱，适龄越冬蜂不足；二是越冬饲料不足或不良；三是包装过早或保温过度；四是包装太迟、包装不到位或不包装；五是关闭或堵塞巢门，导致蜂巢空气不流通；六是盲目从南方远距离引进蜂群。凡越冬安全的蜂群均强壮健康、饲料优良充足、结团稳定安静（图4-4）。

图4-4　群强蜜足结团稳定的越冬蜂群（王彪　摄）

四、蜂群越冬阶段的特点

在越冬期蜜蜂完全停止巢外活动，在巢内结团越冬。冬季有时气候回暖，常导致蜜蜂出巢活动，增加蜂群消耗，缩短越冬蜂寿命，甚至将早晚出巢活动蜜蜂冻僵巢外，使群势下降。有时冬季寒流频繁，出现−20℃以下的低温次数多，也常导致蜜蜂通过消耗饲料抵御严寒，缩短越冬蜂寿命，甚至蜂群结团巢脾上饲料消耗完，无法移动至有饲料的巢脾上，出现饿死蜂群现象。

五、蜂群越冬阶段的管理目标和任务

宁夏中蜂越冬时间长达5个多月，此阶段的蜂群管理目标是保持越冬蜂健康，减少蜜蜂死亡和生命消耗，为春季蜂群恢复和发展创造条件。

蜂群越冬阶段的主要管理任务：根据蜂群越冬生物学特性，主要是提供蜂群适当的低温和充足的优质饲料及黑暗安静的环境，避免干扰蜂群，尽量减少蜂群的活动和消耗。

六、蜂群越冬阶段的主要管理措施

1. 越冬蜂群的调整和布置

在蜂群越冬前应对蜂群进行全面检查，并逐步对蜂群进行调整，合理布置蜂巢。越冬蜂的强弱，不仅关系越冬安全，对第二年春季蜂群的恢复和发展也有很大的影响。越冬蜂群的群势调整，应在秋末适龄越冬蜂的培育过程中进行，预计越冬蜂群势达不到标准，应从强群中抽补部分的老熟封盖子脾以调整群势，或将弱群合并。越冬蜂巢的布置一般将全蜜脾放于巢箱的两侧，半蜜脾放在巢箱中间。多数蜂场的越冬蜂巢布置是脾略多于蜂。越冬蜂巢的脾间蜂路可放宽到15～20mm。应在秋末适龄越冬蜂的培育过程中逐步进行。调整群势5～6足框，最低不于2足框，多余的巢脾提出保存。

（1）双群同箱越冬　2～3框的弱群可采取双群同箱越冬方式以减少消耗。将巢箱用闸板隔开，两侧各放入一群弱群。在闸板两侧放半蜜脾，外侧放全蜜脾，使越冬蜂结团在闸板两侧。

（2）单群越冬　巢脾放在蜂箱的中间，两侧加隔板。中间放半蜜脾，两侧放全蜜脾，脾间蜂路可放宽到12～15mm，利于蜂群结团。

2. 室内越冬

蜂群室内越冬的效果主要取决于越冬室温度和湿度的控制。越冬室必须具有良好的保温隔热性能，在最寒冷的时候，能保持室温相对稳定，通风良好，便于调节室内温度和湿度，兼顾安全、环境安定、室内黑暗。

（1）蜂群入室　蜂群入室的前提条件是适龄越冬蜂已经排泄飞翔，气温下降并基本稳定，蜂群结成越冬蜂团。一般在11月中下旬当气温降至0℃以下并已稳定，背阴处的冰雪已不融化时，就可以将蜂群抬入越冬室。蜂群入室之前应先摆好蜂箱支架，高度为40～50cm，摆好蜂箱，距离墙壁20cm。蜂群搬动前，应将巢门暂时关闭，搬动蜂箱应小心，不能弄散蜂团。蜂群入室可分批进行，弱群先入室，强群后入室。室内蜂群分三层摆放，强群放在下面，弱群放在上面。入室当天，应把室温降低到0℃以下，所有蜂群均安定结团后再把室温控制在适当范围。入室初开大巢门，蜂群安定后巢门逐渐缩小。

（2）**越冬室温度的控制**　越冬室内温度应控制在－2～2℃，最高不能超过－5℃，最低不低于－5℃。测定室内温度，可在第一层和第三层蜂箱的高度各放一个温度计，在中层蜂群的高度放一个干湿温度计。室内温度可通过开关进、出气孔和室门来调节。入室初期要勤观察，室温高时，敞开室门和气孔，直至室温达到要求的水平为止。

（3）**越冬室湿度的控制**　越冬室内湿度应控制在75%～85%。过度潮湿将使未封盖的蜜脾吸水发酵，蜜蜂吸食后会患下痢病。过度干燥使巢脾中的贮蜜脱水结晶，结晶的蜂蜜蜜蜂不能取食。潮湿的越冬室，蜂群入室前，用草木灰、干锯末、干牛粪等吸水性强的材料平铺地面吸湿的干燥措施。过于干燥的越冬室可采用在墙壁悬挂浸湿的麻袋和向地面洒水等增湿措施。

（4）**室内越冬蜂群的检查**　在蜂群入室初期需经常入室观察，当越冬室温度稳定后可减少入室观察的次数，一般10d一次。越冬后期室温易上升，蜂群也容易发生问题，应每隔2～3d入室观察一次。出入越冬室，开关门和走动时，动作要轻。掏出箱底死蜂时，不要碰巢脾，不要在越冬室内吸烟，不得在越冬室旁边进行其他作业活动。进入越冬室内首先静立片刻，看室内是否有透光之处，注意倾听蜂群的声音。蜜蜂发出微微的"嗡嗡"声说明正常；声音过大，时有蜜蜂飞出，可能是室温过高或室内干燥；蜜蜂发出的声音不均匀，时高时低，有可能室温过低。用医用听诊器或橡皮管测听蜂箱中的声音，蜂声微弱均匀，用手指轻弹箱壁，能听到"唰"的一声，随后很快停止说明正常；轻弹箱壁后声音经久不息，出现混乱的"嗡嗡"声，可能失王、发生鼠害、通风不良，必要时可开箱检查处理；从听诊器或橡皮管听到的声音极微弱，可能蜂群严重削弱或遭受饥饿，需要立即急救；蜂团发出"呼呼"的声音，巢内过热，应扩大巢门或降低室温；蜂团发出微弱起伏的"唰唰"声，温度过低，应缩小巢门或提高室温；箱内蜂团不安静，时有"咔咔嚓嚓"等声音，可能是箱内有老鼠危害。听测蜂团还要根据蜂群的群势和结团的位置分析，强群声音较大，蜂团靠近蜂箱前部声音较大。在越冬的后期，应对蜂群进行一次粗略的检查，主要检查饲料情况，检查时不需要把蜂脾完全提起，只需用手将脾提起约1cm试一下重量即可知存蜜情况。如中间蜜脾基本吃完，可将边上蜜脾调往蜂团中间或者加入贮备蜜脾。

（5）**防止鼠害**　老鼠进入蜂箱多半在入室以前。在秋季预防鼠害可用铁钉将巢门钉成栅状，防止老鼠钻入。越冬期间发现有老鼠钻入蜂箱，要立即开箱捕捉。

（6）**保持越冬室安静黑暗**　冬季的蜂群需要在安静黑暗的环境中生活，震动和光亮都会干扰越冬蜂群，促使部分蜜蜂飞出箱外。多次骚动的蜂群食量剧增，对越冬工蜂的健康极为不利，在越冬蜂群管理中应保持黑暗和安静的环境，尽量避免干扰蜂群。

（7）**蜂群出室**　室内越冬的蜂群一般在外界气温8～10℃时出室。宁南山区一般在2月底3月上旬即可出室。蜂群出室也可分批进行，强群先出室，弱群后出室。蜂群出室后，按早春蜂群的增长阶段管理。

3. 室外越冬

蜂群室外越冬更接近蜜蜂自然的生活状态（图4-5）。在蜂群群势、饲料和越冬场所等都符合越冬要求的情况下，室外越冬的关键就在于对蜂群的包装保温。最容易发生的现象是保温过度，导致蜂群伤热。

图4-5　室外越冬蜂场（王彪　摄）

（1）**室外越冬蜂群的保温包装**　室外越冬的蜂群，一般只做箱外包装，不做箱内包装。箱内只在纱盖上加覆布或加五六层吸水性能良好的保温纸，并将覆布折起一角，以利通气，防止蜂群受闷。大盖和箱身一定要严，以防止老鼠钻入箱内。越冬期间，蜂群外包装的作用是保持箱内温度稳定，使蜂团不易受外界气温急剧升降的影响。蜜蜂是靠互相传递食物来维持生活的，只要有一部分蜜蜂靠近蜜房，离蜜房远的蜜蜂也不会挨饿。假如保温不良，当气温突然下降时，贴近蜜房的蜜蜂会由于蜂团紧缩而与蜜房脱离，这样连续冷几天，就要发生箱内存蜜很多，蜜蜂却被饿死的现象。所以，箱外包装要求严密，而且要厚（10～15cm）。包装物最好用保温性能良好的麦草、棉絮等，并要晒干、塞实。对蜂箱要进行六面包装，包装蜂箱的前壁时，要注意留出巢门。但要注意防止蜂群伤热，最好分期进行。蜂群冬季伤热的危害要比过冷严重得多，室外越冬保温包装的原则是宁迟勿早、宁冷勿热。蜂群保温包装一定要注意保持巢内通风。越冬场所要求背风、干燥、环境安静，要远离铁路、公路等人畜经常活动的地方，避免强烈震动和干扰。可采取砌挡风墙、搭越冬棚、挖地沟的措施，创建避风保温条件。中蜂保温包装宜晚不宜早，应在外界已开始结冰封冻、蜂群不再出巢活动时进行。保温包装后，如果蜂群出现热的现象，应及时去除外包装。宁夏六盘山区一般在11月下旬至12月上旬当外界气温下降到-8℃以下，便可对蜂群进行包装（图4-6）。

图4-6　中蜂越冬蜂箱包装（闫雪琴　摄）

（2）室外越冬蜂群的管理

① 调节巢门　调节巢门是越冬蜂群管理的重要环节。巢门高度应控制在6～7mm，防止老鼠钻入危害，巢门宽度留60～80mm，基本原则是箱内空间大者留小些，空间小者留大些；初包装时开大些，随着气温下降逐渐缩小，在最寒冷的季节还可在巢门外塞些松软透气的保温物。随着天气回暖，巢门应逐渐开大。要随时清除巢门口的树叶等杂物和蜂场上的积雪。

② 遮光　从包装之日起直到越冬结束都应给蜂箱巢门遮光，防止低温晴天蜜蜂飞出巢外冻死。即使低气温下蜜蜂不出巢，受光线刺激也会使蜂团相对松散，引起代谢增强，耗蜜增多。蜂箱巢门前可用草帘、箱盖、木板等物遮光。

③ 检查　越冬蜂群主要通过箱外观察来判断蜂群状况，如无特殊情况，不要开箱检查。到了越冬的中后期每隔15～20d，用铁丝钩掏一次死蜂，以保持巢门畅通。在掏死蜂时尽量避免惊扰蜂群，要做到轻稳。掏死蜂时发现巢门冻结，巢门附近蜂尸冻实，而箱内死蜂没有冻实，表明巢温正常；巢门没冻，表明箱内温度偏高；巢内死蜂冻实，表明巢温偏低。如果初次进行室外越冬没有经验，可在2月份检查一次，打开蜂箱上面的保温物，逐箱查看，如果蜂团在蜂箱的中部，蜂团小而紧，就说明越冬正常。

4．蜂群越冬期间易出现的问题及处理方法

（1）保温包装过早或保温过度　由于越冬保温包装过早或过度，引起蜂群不结团、散团、消耗饲料、空飞、下痢、缩短寿命，甚至蜂王产卵、蜜蜂飞出冻死箱外或堵塞巢门闷死等，对出现"热象"散团空飞的蜂群，要开大巢门，撤去上部保温物，等降温后再适当覆盖。

（2）冻死　对保温包装不到位或不包装的蜂群，突然寒流降温时易发生边脾蜜蜂与蜂团隔离，出现剥皮或冻死现象，应及时包装到位。

（3）下痢　蜂群出现下痢，巢门口有粪便，常有蜜蜂爬出，体色发暗，腹部膨大，严重时在巢脾、隔板、箱壁箱底都有下痢的粪便，蜂箱内外死蜂较多。越冬前期发生下痢，说明越冬饲料有问题，这时应将蜂群抓紧运到气温较高的地方排泄繁殖，使蜂群转危为安；若在越冬后期发生下痢，可采取换蜜脾、换蜂箱的措施减少损失。同时，要提前选择较好天气或利用具有温暖背风的小气候场地，促进蜂群室外排泄；若是部分蜂群下痢，可搬到塑料大棚内排泄，并采取换箱、换脾、补充饲料等措施。排便完毕即关闭巢门逐渐降温，蜂群安定后继续做好包装，送回原地。

（4）**失王**　蜂群越冬期间，有时也会发生失王现象。蜂群失王以后，晴暖天气的中午会有部分蜜蜂在巢门内外徘徊不安、抖翅。开箱检查，如果失王，可诱入贮备蜂王，也可与弱群合并。

（5）**口渴**　蜜蜂口渴的表现是散团，在巢门内外有一部分蜜蜂表现不安。用卫生纸或洁净的棉花蘸水放在巢门口试一下，如果蜜蜂吸水说明由于口渴引起。引起蜜蜂口渴的原因一般是越冬饲料不成熟或饲料结晶，所以，对于口渴的蜂群，要及时换上成熟的蜜脾。

蜜蜂口渴与失王蜂群的区别：失王蜂群是个别群，口渴是多数群；失王群的蜜蜂抖翅不采水，口渴群的蜜蜂采水不抖翅。

（6）**鼠害**　如果在箱外发现缺头、缺胸的碎蜂尸，说明老鼠在箱外，可用捕鼠器捕杀。如果发现巢门口内有碎蜂尸，说明老鼠已钻到蜂箱里面了。若是从巢门进去的，傍晚将巢门放大，用长铁丝钩掏箱底，使老鼠受惊逃出来，然后将巢门做妥善处理；若是咬破箱壁或箱底进去的，应及时修补好破洞，并将老鼠驱出蜂箱。

（7）**啄木鸟危害**　六盘山区啄木鸟较多，蜂群越冬期间，往往受啄木鸟侵扰（图4-7），影响蜂群结团和安静越冬，所以要做好啄木鸟的防范侵扰工作。

图4-7　被啄木鸟损坏的越冬蜂群蜂箱（马江科　摄）

（8）**缺蜜**　越冬期间补喂蜂群是迫不得已而为之。因此，要立足于越冬前的准备工作，为蜂群贮存足够的优质饲料，以避免冬季补喂的麻烦。在蜂群很少活动的情况下，如果有的蜂群不分天气好坏不断往外飞，很可能是巢内缺蜜引起。对这样的蜂群应及时搬到室内，夜晚在红灯下检查，如果缺蜜，最好用越冬前贮备的蜜脾补换给缺饲料的蜂群。如果贮备的蜜脾温度太低，应先放到25℃以上的温室内24h以后，待蜜脾温度升至室温再放入蜂群。换脾时要轻轻将多余的空脾提到靠近蜂团的外侧，让脾上蜜蜂自己离脾返回蜂团，再将蜜脾放入隔板里靠近蜂团的位置。如果贮备的蜜脾不足，可用成熟蜜加一份水加温制成糖液，冷却至35～40℃时进行人工灌脾，灌完糖液后要将巢脾放入容器上，待脾上不往下滴蜜时再放入蜂巢中。采用这种方法饲喂，必须把巢内的空脾搬到隔板外侧或者撤出蜂巢。

第三节　春季蜂群繁殖发展阶段管理

一、春季蜂群增长阶段的划分

春季是蜂群周年饲养管理的开端。此阶段是从蜂群越冬结束、蜂王产卵开始，直到蜂蜜生产阶段开始为止。宁夏六盘山区中蜂的春季繁殖阶段是指蜂群越冬后从2月底到3月初蜂王开始产卵，一直到5月份的油菜、刺槐或6月初的紫苜蓿等主要蜜源泌蜜期之前的繁殖阶段。蜂群春季繁殖是奠定全年蜂蜜高产的基础，是全年养蜂生产的关键环节，也是蜂群繁殖发展最困难的一个阶段。根据蜂群发展特点，春季繁殖可分为两个时期，即恢复期和发展期。恢复期是从蜂王开始产卵到蜂群完成新老交替的一段时期。这个时期蜂群经过漫长越冬期，随着蜂王开始产卵，工蜂哺育幼虫并开始衰老死亡，群势开始下降；在蜂王开始产卵后第21d就有新蜂出房，新蜂逐渐取代越冬蜂，但群势仍在下降；当新蜂出房的速率等于工蜂死亡的速率时，蜂群群势达到最低点，之后蜂群群势不断上升，当新蜂完全取代了越冬蜂，即完成新老交替，一般需要30～40d。发展期是新老交替完成到主要蜜源泌蜜之前的一段时期。这个时期蜂群发展速度不断加快，群势不断壮大，达到最大群势，直至主要蜜源开花泌蜜。

二、春季蜂群恢复增长阶段的特点

养蜂生产的每个阶段其主要因素是气候、蜜粉源以及蜂群本身。一方面，宁夏春季气温低、寒流多，虽然随着时间推移会逐渐转好，但是对开繁时间和繁殖速度的制约是非常大的。后期随着养蜂条件的好转，天气越来越适宜；蜜粉源越来越丰富，甚至有可能出现粉蜜压子脾现象；蜜蜂群势越来越强，易发生分蜂热。另一方面，早春蜜粉源条件差，尤其是花粉供应不足（图4-8）。春季开花泌蜜的植物少，

图4-8 蜜蜂采集榆树花粉（王彪 摄）

加上气候变化大，容易造成植物泌蜜和吐粉很少。蜂群状况主要表现在，贮存的饲料已基本消耗殆尽，群势较弱，保温能力差，蜂王的产卵力低，工蜂寿命短、哺育力低。

三、春季蜂群快速发展所需条件

蜂群快速发展必须具备产卵力强和控制分蜂能力强的优质蜂王、适当群势、饲料充足、巢温良好等条件。春季繁殖阶段主要从群势、饲料和巢温控制等改善繁殖条件。

四、春季影响蜂群繁殖发展的主要因素

（1）温度影响 主要表现在外界气温低，巢内保温不足或者保温过度。

（2）群势影响 主要表现在群势过弱，哺育力不足。

（3）饲料影响 主要表现在巢内缺少粉蜜，或者外界没有可利用的蜜粉。

（4）巢脾影响 主要表现在没有储存足够的巢脾，或者巢脾过于陈旧。

（5）病害影响 主要表现在中蜂囊状幼虫病以及由于气候、饲料等引起的白头蛹、下痢等。

五、春季蜂群繁殖发展阶段的目标和任务

春季蜂群饲养管理的目标是以最快的速度恢复和发展蜂群，使强群青壮年蜂出现的时间与当地主要蜜源花期泌蜜相吻合。其任务都是围绕蜂群的快速增殖展开的，克服不利的影响因素，创造蜂群快速增长的有利条件，加速蜂群群势的增长和蜂群数量的增加。恢复期的主要任务是延缓工蜂衰老，减小群势下降幅度，平稳、安全度过新老交替期；发展期的主要任务是加强管理，促进快速繁殖，同时结合控制分蜂热，做好主要蜜源适龄采集蜂的培育工作，打下蜂产品高产的基础。

六、春季蜂群饲养管理措施

1. 春季蜂群开繁准备阶段

（1）防止蜂群饥饿或饿死 蜂群越冬后期到春繁前，要特别注意防止因缺蜜引起蜜蜂饥饿或饿死现象的发生。越冬过后，许多蜂群巢内饲料已消耗所剩无几，或

者不稳定的气候及不正确的管理也会引起蜂群饲料不足，引起蜂群饥饿甚至饿死现象的发生。蜂群一旦缺饲料，可补充蜜脾或从其他群内调剂蜜脾补充给缺饲料的蜂群，也可采用灌脾的方法补充饲料。

（2）**防止蜂王提前产卵**　蜂群越冬后期到春繁前，如果不注意通风和适当降温，往往引起蜂王提前产卵。这时外界没有蜜粉源，蜂王提前产卵，不仅消耗巢内大量饲料，而且促使蜜蜂出巢寻找蜜粉源，导致蜜蜂大量消耗，缩短寿命，引起春衰。因此，越冬后期应注意蜂群通风，适当降温，控制蜂王提前产卵。

（3）**场址选择**　一是蜜粉源丰富，初期以粉源为主，中后期需粉蜜兼顾，必要时进行补助饲喂或者奖励饲喂。二是小气候适宜，地势干燥，避风向阳，必要时可在北面和西北方向设立挡风屏障。

（4）**促使蜂群排泄飞翔**　促使蜂群排泄的必要性是防消化不良引起下痢、保持蜂团稳定，延长越冬蜂寿命。排泄后蜂群活跃，蜂王产卵量提高。宁夏多为室外越冬，促使蜂群排泄的时间应选择2月底或3月初，选择外界气温在8℃以上、风力2级以下的晴朗天气，场地向阳、避风、无积雪，即可撤去蜂箱上的保温物，让阳光直射巢门和箱壁，提高巢温，促使蜂群飞翔排泄。

（5）**箱外观察越冬蜂出巢表现**　在越冬蜂排泄飞翔的同时，注意观察工蜂出巢表现。越冬正常的蜂群：蜜蜂体色鲜艳，腹部较小，飞翔有力敏捷，排出的粪便少，常像高粱米粒大小的一个点，或像线头一样的细条。蜂群越强飞出的蜂越多。越冬不正常的蜂群：蜜蜂体色暗淡，腹部膨大，行动迟缓，排出的粪便多，排便在巢门附近，有的蜜蜂甚至在巢门踏板和蜂箱外壁上排便，这表明蜂群因饲料或潮湿影响患下痢病。蜜蜂从巢门爬出后，在蜂箱上无秩序地乱爬，用耳朵贴近箱壁，可以听到箱内有混乱的声音，表明该群可能失王。绝大多数蜂群已停止活动，仍有少数蜂群的蜜蜂不断地飞出或爬出巢门，并有新的死蜂出现，且死蜂的吻伸出，则表明巢内严重缺蜜。

（6）**快速检查**　在箱外观察的基础上，重点查明蜂群的贮蜜、群势及蜂王等情况。早春快速检查，一般不必查看全部巢脾。打开箱盖和副盖，根据蜂团的大小、位置等就能大概判断群内的状况。如果蜂群保持自然结团状态，表明该群正常，可不再提脾查看。如果蜂团处于上框梁附近，则说明巢脾中部缺蜜，应将边脾蜜脾调到贴近蜂团的位置，或插入一张贮备的蜜脾。如蜂群散团，工蜂显得不安，在蜂箱里到处乱爬，则可能失王，应提脾仔细检查。

（7）**开繁前控制蜜蜂空飞**　一般情况下，蜂群飞翔排泄后，可紧脾密集蜂群，促使蜂王产卵，开始春繁。但如果由于饲料引起下痢或天气等原因提前促使排泄的蜂群，此时蜂群仍然处于越冬状态，在开繁前，对蜂群应采取加强通风、遮阴等方法，控制和减少蜜蜂空飞、延长工蜂寿命，是做好蜂群春繁的重要措施。

2.春季蜂群恢复阶段

（1）**确定开繁时间**　开繁时间不能过早，也不能太迟。开繁过早，外界气温低，没有蜜粉源，蜜蜂空飞，冻死箱外；开繁太迟，缩短了春繁时间，主要蜜源开花泌蜜时不容易养成强群，影响产量。开繁时间应把握在当地第一个蜜粉源植物开花前10d，整理蜂巢开始繁殖。一般此时最高气温在12℃以上。宁夏固原市一般在3月初惊蛰前后开始春繁。

（2）**全面检查**　开繁时，要对全场蜂群进行一次全面检查，应选择气温在14℃、晴朗无风的天气进行。主要任务是全面检查蜂群发展情况，及时了解群内结构，对全场蜂群摸底，做好检查记录表，对群势达不到春繁的蜂群要及时合并。

（3）**蜂具消毒**　开繁前，对蜂箱、巢脾等蜂具和蜂场要进行一次全面彻底的消毒。蜂箱可用火焰或者太阳暴晒消毒，越冬后必须将箱底清理干净。巢脾可用升华硫熏蒸或者酒精喷洒消毒。蜂场在清理完场内积雪和杂草等垃圾后，可用生石灰消毒处理。

（4）**开繁方法**　蜜蜂春季繁殖方法很多，总的来说都是以蜂多于脾的紧脾原则开始春季繁殖。根据开繁方式不同，可分为单区开繁法、单脾开繁法和冷暖分区开繁法。单区开繁法是以前和目前宁夏蜂农普遍采用的一种春繁方法，将越冬后的蜂群紧脾后放在一个区内饲养，蜂箱进行保温，开繁后即进行饲喂。这种方式如果遇到倒春寒和寒流，常常出现蜜蜂受冻，发生"春衰"。单脾开繁法是开繁时无论群势有多大，都控制蜂王在1张脾上产卵，根据蜂王产卵情况和幼虫的封盖状况逐渐加脾，隔板外加1张或2张蜜粉脾的一种春繁方法，有利于避免寒流对蜜蜂的危害，但需频繁饲喂和检查蜂群，增加劳动量，同时影响巢温的保持。冷暖分区开繁法是早春将蜂巢分成冷暖两个区，暖区供培育蜜蜂，冷区供贮存饲料及外勤蜂栖息，中间用隔板分开，是目前早春开繁较好的一种方法。即开繁时暖区巢脾数应为总巢脾数减1，冷区放1张蜜粉脾，冷暖区用隔板隔开，覆布直接盖于框梁上，巢门开在冷区。

（5）**巢脾准备**　春繁阶段使用的巢脾应选择上一年繁殖3～5代蜂的褐色巢脾，且脾面完整、平整，没有雄蜂房。不要使用没产过卵的老白脾，因为浅色巢脾比深色巢脾散热快，不利于巢温的稳定，容易缩小卵圈。

（6）**群势控制**　早春开繁的群势一般以4框以上为佳，2框的蜂群以组织双群同箱为好。1框左右的蜂群将其并入其他群内为好，因为1框蜂基本不能独立完成新老交替。

（7）**蜂群饲喂**　早春蜂群恢复期外界气温低、无蜜粉源，为了避免工蜂无效飞翔，一般不奖励饲喂，确有必要饲喂应补喂浓糖水。饲喂花粉（图4-9）的时间应该在开繁3d后，最好采用巢门喂水。在饲喂操作中，要保证蜜、粉、水的充足，同时要避免蜜、粉压脾和防止盗蜂。

（8）**蜂群保温**　早春蜂群保温的原则是保温适度，宁冷勿热。在低温季节，适当的群势和紧脾密集是蜂群保温的前提。不主张箱体的过度包装，箱内不放保温物，只在箱底垫干草或树叶等保温物即可，除箱外前壁不包装，其他应用草帘等物简单包装下。蜂箱以背靠抵挡北风的墙壁或房屋为好。箱内将覆布直接盖在框梁上，不留上蜂路。春季昼夜温差大，及时调节巢门在保温上有重要作用。上午巢门应逐渐放大，下午3时以后逐渐缩小。巢门调节以保持工蜂出入不拥挤、不扇风为度。

（9）**蜂群检查**　早春整理、布置好巢脾后，在蜂群新老交替完成之前，恢复期内不加脾、不调脾，以箱外观察为主。一般只检查花粉取食和贮蜜情况。

（10）**寒流应对**　六盘山区早春气温不正常，常出现倒春寒和寒流天气，往

图4-9　饲喂花粉（魏效忠　摄）

往造成蜂群春衰。应对寒流总的方法是密集蜂群、蜂多于脾，子圈不宜过大，不饲喂，不扩巢，寒流来时，适当保温，覆布折起一角，加大通风，使蜜蜂感觉到寒流来了，在巢内结团，减少外出，即做到"宁冷勿热"，防止大量蜜蜂出巢冻死。

3. 春季蜂群发展阶段

（1）**扩大蜂巢**　随着气温和蜜粉源条件不断转好，蜂群度过恢复期，进入快速增长期。此时要促王产卵，加快群势增长。

一是扩大产卵圈。扩大产卵圈是在不增加巢内空间的前提下，扩大蜂王产卵和蜂群育子的空间。初期扩巢可先用割蜜刀分期将子圈上面的蜜盖割开，并在割盖后的蜜房上喷少许温水，促蜂把子圈外围的贮蜜消耗，扩大蜂王产卵圈。割蜜盖还起到奖励饲喂的作用。蜜压子脾还可将子脾上的蜂蜜取出来扩大卵圈。蜂箱前部朝向阳光，巢温较高，弱群蜂王产卵常偏集在巢脾的前部（图4-10），可将子脾间隔地调头扩巢。蜂巢中脾间子房与蜜房相对，破坏了子圈完整，蜜房会将子房相对的蜜房中的贮蜜清空，提供蜂王产卵，以促进子圈扩大到整个巢脾，子脾调头时结合切

图4-10　弱群早春蜂王往往在蜂巢前部产卵

除蜜盖，并应在蜂脾相称或蜂多于脾的情况下进行，避免低温季节调头扩大产卵圈使蜂子受冻。还可将小子脾调到大子脾中间供蜂王产卵。

二是加脾扩巢。采取上述措施后，蜂子又已基本满脾，就可以加脾扩巢。蜂群加脾应同时具备三个条件：巢内所有巢脾的子圈已满，蜂王产卵受限；群势密集，加脾后仍能保证护脾能力；扩大卵圈后蜂群哺育力足够。初期空脾多加在子脾的外侧，加脾后如果寒流来袭，蜂团紧缩，冻伤蜂卵损失较小。气温稳定回升，蜜蜂群势较强，可将空脾直接插入蜂巢中间，有利于蜂王在此脾更快产卵。蜂群春季管理的蜂脾关系一般为先紧后松，早春蜂多于脾。随着外界气候的回暖，蜜源增多，群势壮大，蜂脾关系逐渐转向蜂脾相称，最后脾略多于蜂。具体加脾还应根据当地气候、蜜源以及蜂群等条件灵活掌握。巢内所有的巢脾子圈扩展到巢脾底部，封盖子开始出房，即可加脾。加脾时应选择蜂场中最好的巢脾先加入蜂群。蜂群发展到5框左右时，可淘汰旧脾，加础造脾。外界气温稳定，蜜粉源逐渐丰富，新蜂大量出房，则可加快加脾速度，但每个巢脾的蜂量至少保持在70%以上。加脾时应将过高的巢房适当地切割，保持巢房深度为10mm，以利蜂王产卵。

（2）积极饲喂 发展期饲喂主要是糖浆的奖励饲喂和花粉的补充饲喂。随着气温升高，辅助蜜粉源开花泌蜜吐粉，蜂群加2～3张脾时，结合繁殖主要蜜源适龄采集蜂开始奖励饲喂，促进蜂王产卵。此期应密切关注蜂群的采粉情况，进粉少时要饲喂花粉，粉压子时要扩巢或脱粉，做到蜜、粉不压子圈，工蜂不伤力，又能高速度、高质量地培育后代。

（3）强弱互补 宁夏早春气温低，弱群因保温和哺育能力不足，卵圈扩大有限，可将弱群的卵虫脾适当调整到强群，另加入空脾供蜂王产卵。从较强蜂群中调整正在羽化出房的封盖子脾给弱群，以加强弱群的群势。强弱互补可减轻弱群的哺育负担，迅速加强弱群的群势，又可充分利用强群的哺育力，抑制强群分蜂热。

（4）早育王、早分蜂 早春蜂王（图4-11）多为前一年春季蜂群增长阶段培育的，如不及时换王将可能影响蜂群的快速增长和维持强群。人工育王的时间至少需见到雄蜂出房。春季第一次育王因群势不强，可分批进行。春季蜂群增长阶段进行人工分蜂，应在保证采蜜群组织的前提下进行。根据蜜蜂群势和距离主要蜜源泌蜜的时间，采取相应的单群平分、混合分群、组织主副群、补强交尾群和弱群等方法，增加蜂群数量。

图4-11 人工培育的中蜂王台（安克龙 摄）

（5）控制分蜂热 春季蜂群增长阶段的中后期，群势迅速壮大并出现分蜂热。出现分蜂热的蜂群既影响蜂群的发展，又影响生产。因此，春季蜂群发展中后期应注意采取措施控制分蜂热。

（6）**培育主要蜜源适龄采集蜂** 蜂群进入发展期后，要根据历年花期及气候等因素预测当年主要蜜源植物开花泌蜜期，然后计算培育适龄蜂的时间。在此期间应强化管理措施，调控饲料、巢脾及蜂脾关系，使蜂群以最快的速度发展。每天进行奖励饲喂，保证糖饲料充足；根据粉源条件饲喂花粉，还应及时加脾扩巢。最佳调控效果：蜜粉充足不压子，蜂王产卵积极不闪子，工蜂工作勤奋不"怠工"。

4. 春季蜂群恢复发展阶段需要注意的问题

（1）**防止蜂群缺饲料** 春季繁殖期蜂群巢内如果严重缺饲料，蜂王就会停止产卵，这将直接影响蜂群的繁殖发展和生存。所以，此阶段为促进蜂群快速发展，一定要保持蜂群巢内饲料充足。

（2）**避免弱群繁殖** 早春气温低，弱群繁殖蜂群巢温和哺育力跟不上，而且弱群繁殖的蜜蜂不健康，没有较强的采集力，发展不成强群。春季弱群繁殖往往耽误一年，所以要避免弱群繁殖。

（3）**防止倒春寒冻伤子脾** 宁夏六盘山区早春气温低，春季出现倒春寒是必然的。蜂群在恢复发展阶段，如果不注意密集群势、卵圈太大、扩巢过速，往往出现寒流、倒春寒，许多蜂群会出现冻伤子脾拖子现象，甚至寒流过后发生囊状幼虫病。所以，早春一定要蜂多于脾，密集群势。

（4）**防止盗蜂** 早春蜜粉源植物缺乏，蜂群群势弱，如不注意，引起盗蜂，对蜂群的繁殖将是灾难性的。所以一定要严防盗蜂，早春蜂群恢复期一般不对蜂进行奖励饲喂。

（5）**蜜蜂病虫害防控** 春季蜂群繁殖发展阶段是奠定全年养蜂生产的关键环节，同时也是蜂群繁殖发展最困难的一个阶段。如果此阶段发生蜜蜂病虫害，将直接影响全年养蜂生产收益，因此要严防蜜蜂病虫害的发生。一旦出现蜜蜂病虫害，一定要及时做好防控工作。

（6）**避免违背蜜蜂生物学习性的操作** 早春蜂群管理是决定当年养蜂生产成败的关键时期，在蜂群管理上一定要顺应蜜蜂生物学习性，以箱外观察为主，在蜂群恢复期尽量少开箱检查，尤其要避免不必要的提脾检查。

第四节 夏季生产阶段蜂群管理

一、夏季生产阶段蜂群管理时间划分

在一年四季中，主要蜜源的流蜜期有限，宁夏主要蜜源流蜜期基本都集中在

5～8月。适时大量地培养与大流蜜期相吻合的适龄采集蜂，是夺取蜂蜜高产的前提。

二、夏季蜂群生产阶段主要特点

图4-12　蜜蜂采集洋槐（王彪　摄）

① 总体上气候适宜、蜜粉源丰富（图4-12）、蜜蜂群势强壮，是周年养蜂环境最好的阶段。但也常受到不良天气和其他不利因素的影响而使蜂蜜减产，如低温、阴雨、干旱、洪涝、大风、冰雹、病虫害以及农药中毒等。

② 蜂蜜生产初期、盛期蜜蜂群势达到最高峰，蜂场普遍存在不同程度的分蜂热。天气闷热和泌蜜量不大时，常发生自然分蜂。

③ 蜂蜜生产阶段的中后期因采进的蜂蜜挤占了育子巢房影响蜂王产卵，甚至人为限制，巢内蜂子锐减。高强度的采集使工蜂老化，寿命缩短，群势大幅度下降。

④ 在流蜜期较长或几个主要蜜源花期连续或蜜源场地缺少花粉的情况下，群势下降的问题更突出。

⑤ 流蜜后期蜜蜂采集积极性和主要蜜源泌蜜减少或枯竭的矛盾，导致盗蜂严重，尤其在人为不当采收蜂蜜的情况下，更加剧了盗蜂的程度。

三、夏季生产阶段蜂群饲养管理目标和任务

夏季生产阶段的蜂群管理目标：力求始终保持蜂群旺盛的采集能力和积极的工作状态，以获得蜂蜜等蜂产品的高产、稳产。

夏季生产阶段蜂群管理主要任务：一是组织和维持强群，防止分蜂热；二是中后期保持群势，为蜂群恢复和发展或下一个蜜源打下蜂群基础。

四、夏季生产阶段蜂群饲养管理的主要措施

1. 培育适龄采集蜂

蜂蜜是由外勤蜂采集的花蜜酿造而成的，外勤蜂的数量就决定了蜂蜜的产量。工蜂在蜂群中，所担负的职责一般来说都是按日龄分工的，适龄采集蜂（图4-13）多是羽化出房后15～20日龄以后的壮年工蜂，如果蜂群中幼青年蜂的比例过大，即

使蜜蜂群势很强，也可能因采集蜂不足而不能获得蜂蜜高产。如果蜂群中适龄采集蜂的高峰出现在主要蜜源花期结束，不但蜂蜜不能高产，而且还消耗巢内贮蜜。

图4-13　适龄采集蜂示意图

培育适龄采集蜂的方法：适龄采集蜂是指特定日龄段的工蜂，特点是采蜜能力强。培育适龄采集蜂应从主要蜜源花期开始前45d到蜜源花期结束前40d促王产卵。在此期间应强化管理措施，调控饲料、巢脾及蜂脾关系，使蜂群以最快的速度发展。每天进行奖励饲喂，保证糖饲料充足；根据粉源条件饲喂花粉，还应及时加脾扩巢。

2. 组织采蜜群

蜂蜜高产的三要素是蜜源丰富、天气良好和蜂群强盛。在能控制分蜂的前提下，有大量适龄采集蜂的强群是蜂蜜高产的基础。我国饲养的西蜂多采用继箱取蜜，群势达到12～15框为强群。虽然总的蜂量相同，但每群8框足蜂的意蜂2群，在主要蜜源花期的总采蜜量，远不如16框足蜂的意蜂1群。强群调节巢内温度和湿度能力强，有利于蜂蜜浓缩和酿造，因此所生产的蜂蜜成熟快、质量好。群势强弱悬殊的蜂群，在流蜜量不大的蜂蜜生产阶段，很可能出现强群可以适当取蜜，而弱群却需补助饲喂的情况。因此，在主要蜜源花期之前必须培育和组织强大的采蜜群。在流蜜期中还应采取维持强群的措施，以增强蜂蜜生产阶段中后期蜂群的采集后劲。

中蜂的采蜜群也是在能控制分蜂的前提下，培育和组织的群势越强，产蜜量越高。但是中蜂分蜂性强，不易维持强群，群势过大容易产生分蜂热。因此，中蜂群势过强，蜂蜜产量不一定高。一般来说，宁夏六盘山区饲养的中蜂采蜜群应在6足框以上。在养蜂生产中，由于种种原因很难做到在主要蜜源花期到来之前，全场的蜂群全部都能培养成强大的采蜜群。应根据蜂群、蜜源等特点，采取不同的措施，组织成强大的采蜜群，迎接蜂蜜生产阶段的到来。

采蜜群的组织可用以下方法：

（1）加继箱组织采蜜群　在大流蜜期开始前30d，将蜂数达8～9足框、子脾数达7～8框的意蜂单箱群添加第一继箱。从单箱内提出2～3个带蜂的封盖子脾和1～2框蜜蜂加入继箱。从巢箱提脾到继箱前，应先在巢箱中找到蜂王，以避免将蜂王误提入继箱。巢箱内加入2张空脾或巢础框供蜂王产卵。巢箱与继箱之间加隔王栅，将蜂王限制在巢箱产卵。继箱上的子脾应集中在两蜜脾之间，外夹隔板，天气较冷还需进行箱内保温。提上继箱的子脾应在第7~9d彻底检查一次，毁除改造王台。其后，应视群势发展情况陆续将封盖子脾调整到继箱，巢箱加入空脾或巢础框。如果蜂王产卵力强、蜜粉源条件好、管理措施得当，这样的蜂群到主要流蜜期开始就可以成为强大的采蜜群。泌蜜开始后不再向继箱提封盖子脾，应根据情况加空脾或巢础框进行贮蜜。

（2）**调整蜂群组织采蜜群**　在蜂群增长阶段中后期，通过群势发展的预测分析，估计到蜂蜜生产阶段蜜蜂群势达不到采蜜生产群的要求，可根据距离主要蜜源花期的时间来采取调入卵虫脾、封盖子脾等措施。

① 调入卵虫脾组织采蜜群　主要蜜源花期前30d左右，可以从副群中抽出卵虫脾补充主群，这些卵虫脾经过12d发育就开始陆续羽化出房，这些新蜂到蜂蜜生产阶段便可逐渐成为适龄采集蜂。补充卵虫脾的数量要与该群的哺育力和保温能力相适应，必要时可分批加入卵虫脾。

② 调入封盖子脾组织采蜜群　距离蜂蜜生产阶段20d左右，可以把副群或特强群中的封盖子脾补给近满箱的中等蜂群。补充的封盖子脾11d内可全部出房，蜂蜜生产阶段开始后将逐渐成为适龄采集蜂。由于封盖子脾不需饲喂，只要保温能力足够，封盖子脾可一次补足。

③ 补充出房子脾组织采蜜群　距离蜂蜜生产阶段10d左右，采蜜群的群势仍然不足，可补充正在出房的老熟封盖子脾，3~4d内此封盖子脾部分羽化成幼蜂，这些蜜蜂虽然在流蜜初期只能加强内勤蜂酿造蜂蜜的力量，但可成为蜂蜜生产阶段中后期的采集主力。

④ 补充采集蜂组织采蜜群　养蜂生产阶段未达到采蜜群势的蜂群，或在流蜜中后期群势下降的采蜜群，在气温稳定的情况下可以用外勤蜂加强采蜜主群的群势。流蜜前以新王或优良蜂王的强群为主群，另配一个相对较弱群势的副群放置在主群的旁边。到流蜜后期把副群移开，使蜂群的外勤采集蜂投入主群，然后主群适当加脾以加强主群的采集力。移开的副群因外勤蜂多次都投向主群，不会出现蜜压子脾的现象，蜂王可以充分产卵，又因哺育蜂并没有削弱，所以不会影响蜂群的发展。这样可以为下一个蜜源或蜂群的越冬创造良好的条件。

（3）**合并蜂群组织采蜜群**　距离蜂蜜生产阶段15~20d，可将两个中等群势的蜂群合并，组织成强盛的采蜜群。合并时应以蜂王质量好的一群作为采蜜群，将另一群的蜂王淘汰，所有蜜蜂和子脾均调整到主群；也可以将蜂王连带1~2框卵虫脾和粉蜜脾带蜂提出，另组副群，其余的蜂和脾并入采蜜群。

3．采蜜群的管理

主要蜜源花期蜂群的管理，还应根据不同蜜源植物的泌蜜特点以及花期的气候和蜂群的状况采取具体措施。大流蜜期蜂群一般的管理原则是维持强群、控制分蜂热、保持群势旺盛的采集积极性、减轻巢内负担、加强采集力量、创造蜂群良好的采酿蜜环境，努力提高蜂蜜的质量和产量。此外，还应兼顾流蜜后期的下一个蜂群管理。

（1）**处理采蜜与繁殖的矛盾**　在蜂蜜生产阶段后期或蜜源花期结束时往往后继无蜂，直接影响下一个阶段蜂群的恢复发展、生产或越冬。如果蜂蜜生产阶段采取加强蜂群发展的措施，又会使蜂群中蜂子培育负担过重，影响蜂蜜生产。在蜂蜜生产阶段，蜂群的发展和蜂蜜生产是一对矛盾。解决这一矛盾可采取主副群的组织和管理，即组织群势强的主群生产蜂蜜与群势较弱的副群恢复和发展蜂群。在蜂蜜生产阶段，一般用强群、新王群、单王群取蜜，用弱群、老王群、双王群恢复和发展蜂群。

（2）**适当限制蜂王产卵**　蜂王所产下的卵约需40d才能发育为适龄采集蜂，在一般的主要蜜源花期中培育的卵虫，对该蜜源的采集作用很小，而且还要消耗饲料，加重蜂群负担，影响蜂蜜产量。应根据主要蜜源花期的长短和前后、主要蜜源花期的间隔时间来适当地控制蜂王产卵。在短促而丰富的蜜源花期，距下一个主要蜜源花期还有一段时间，就可以用框式隔离栅和平面隔离栅将蜂王限制在巢箱中仅2～3张脾的小区内产卵，也可以用蜂王产卵控制器限制蜂王。如果主要蜜源花期长，或距下一个主要蜜源花期时间很近，在进行蜂蜜生产的同时，还应为蜂王产卵提供条件，兼顾蜂群增长，或由副群中抽出封盖子脾，加强主群的后继力量。长途转地的蜂群连续采蜜则需要边采蜜边育子，以持续保持采蜜群的群势。

（3）**断子取蜜**　流蜜量大的蜜源花期，可在蜂蜜生产阶段开始前10d，去除采蜜群蜂王，或带蜂提出1～2脾卵虫粉蜜和蜂王另组小群，给去除蜂王的蜂群诱入一个成熟王台。西蜂也可以在蜂蜜生产阶段开始前20d采取囚王断子的方法，将蜂王关进囚王笼中放在蜂群，在流蜜后期释放蜂王。这样处理可在流蜜期减轻巢内的哺育负担，使蜂群集中采蜜；而流蜜后期蜂王交尾成功，蜂群便有一个产卵力旺盛的新蜂王，有利于蜂群流蜜后期群势的恢复。断子期不宜过长，一般为20～25d。断子后，蜂王更新产卵前至子脾未封盖前，西蜂应抓住巢内无封盖子时机及时治螨。

（4）**提出卵虫脾**　采蜜主群的卵虫脾过多，可将一部分的卵虫脾抽出放到副群中培育，还可根据情况从副群中抽出老熟封盖子脾补充给采蜜主群，以此增加蜂蜜的产量。

（5）**调整蜂路**　流蜜期时采蜜群的育子区仍保持8～10mm。贮蜜区为了加强巢内通风，促使蜂蜜浓缩和使蜜脾巢房加高，多贮蜂蜜，便于切割蜜盖，巢脾之间的蜂路应逐渐放宽到15mm，即每个郎氏蜂箱的继箱内只放8个巢脾。

（6）**及时扩巢**　流蜜期及时扩巢是蜂蜜生产的重要措施，尤其在泌蜜丰富的蜜源花期。流蜜期间蜂巢内空巢脾能刺激工蜂的采蜜积极性。及时扩巢，增加巢内空脾，保证工蜂有足够贮蜜的位置是十分必要的。蜂蜜生产阶段采蜜群应及时加足贮蜜空脾。若空脾贮备不足，也可适当加入巢础框。但是在蜂蜜生产阶段造脾，会明显影响蜂蜜的产量。扩大蜂巢应根据蜜源泌蜜量和蜂群的采蜜能力来增加继箱。采蜜群每天进蜜2kg，应6～7d加一个标准继箱；每天进蜜5kg，2～3d加一个继箱。中蜂最好使用浅继箱贮蜜，浅继箱的高度大约是标准继箱的1/2～2/3。浅继箱贮蜜的特点是贮蜜集中、蜂蜜成熟快、封盖快，尤其在流蜜后期避免蜜源突然中断时贮蜜分散。浅继箱贮蜜有利于机械化取蜜，割蜜盖相对容易；由于浅继箱体积小，贮蜜后重量轻，可以减轻养蜂人的劳动强度。新添加的贮蜜空脾继箱通常加在育子巢箱的上面，也就是继箱的最下层，以减少采蜜蜂在箱内爬行距离。当第一继箱已贮蜜80%时，可在巢箱上加第二空脾继箱；当第二继箱的蜂蜜又贮至80%时，第一继箱就可以脱蜂取蜜了。取出蜂蜜后可再把此继箱加在巢箱上。也可在最下层贮蜜继箱蜂蜜贮至80%时，继箱添加空脾继箱，待蜂蜜生产阶段结束再集中取蜜。

（7）加强通风和遮阴　花蜜采集归巢后，工蜂在酿造蜂蜜的过程中需要使花蜜中的水分蒸发。为了加速蜂蜜浓缩成熟，应加强蜂箱内的通风。蜂蜜生产阶段将巢门开放到最大限度，揭去纱盖上的覆布，放大蜂路等，同时蜂箱放置的位置也应选择在阴凉通风处。在夏秋季节的蜂蜜生产阶段应加强蜂群遮阴，阳光暴晒下的蜂群中午箱盖下的温度常超过蜂巢的正常温度范围，迫使许多蜜蜂大量采水，在巢门口或箱壁上扇风，降低了采蜜出勤率，甚至蜂群采水降温比采蜜所花费的时间更多。

（8）取蜜原则　提倡一个蜜源流蜜期只采收一次成熟蜜。流蜜初期尽早取蜜能够刺激蜂群采蜜的积极性，也有利于抑制分蜂热，第一次取出的蜂蜜不宜混入商品蜜中，需另置以备饲喂蜂群。流蜜盛期应及时取出贮蜜区的成熟蜜，但是应适当保留育子区的贮蜜，以防天气突然变化，出现蜂群"拖子"现象。流蜜后期要稳取，不能所有蜜脾都取尽，以防流蜜期突然结束，造成巢内饲料不足和引发盗蜂。在越冬前的蜂蜜生产阶段还应贮备足够的优质封盖蜜脾，以作为蜂群的越冬饲料。

（9）控制分蜂热和防止盗蜂　蜂蜜生产阶段初、盛期应控制分蜂热，应每隔5～7d检查一次育子区，毁除王台；中后期还需把育子区中被蜂蜜占满的巢脾提到贮蜜区，在育子区另加空脾供蜂王产卵；蜂蜜生产阶段后期流蜜量减少，而蜂群的采集冲动仍很强烈，使蜂群的盗性增强。在流蜜后期应留足饲料、填塞箱缝、缩小巢门、调整蜂群、合并无王群；此外减少开箱，慎重取蜜。

（10）蜜源花期前防控病虫害　蜜源期不能使用各类药物治病治螨，应杜绝蜂蜜中抗生素及治螨药物的污染；蜂蜜生产阶段前在蜂群中使用药物，在摇取商品蜂蜜前必须清空巢内贮蜜，以防残留的药物混入商品蜂蜜中。

4．分离蜜的生产方法

优质成熟的蜂蜜不允许任何加工，只需过滤包装便可直接食用。蜂蜜之所以受到人们的喜爱，就在于天然性。因此在蜂蜜的生产和贮运过程中，必须保持其纯洁性和天然性。蜂蜜产品有两种，即分离蜜和巢蜜。分离蜜是从成熟蜜脾中分离出来的液态蜂蜜或原始养蜂用压榨蜜脾等方法取出的蜂蜜。

（1）采收准备

① 采收时间的确定　优质蜂蜜必须成熟，只有蜜脾全部封盖后才可采收。采收蜂蜜应避开蜜蜂采集高峰期和尽量减少采收新进的花蜜。一般在上午蜂群开始大量活动前结束。

② 采收工具的准备　应准备好分蜜机、割蜜刀、滤蜜器、蜂刷、蜜桶、提桶、喷烟器、空继箱等工具。蜂蜜是不经消毒直接食用的天然食品，采收前要清理好所有工具和取蜜现场环境。

③ 取蜜作业分工　一般3人配合效率最高，1人负责抽脾脱蜂，1人切割蜜盖，这2人还要来回传递巢脾和将空脾归还原箱，另外1人专门摇蜜。

（2）采收步骤

① 脱蜂操作　手工抖蜂，用手握紧蜜脾框耳，对准蜂箱内空处，依靠手腕的力气突然迅速上下抖动4～5下，使蜜蜂猝不及防脱离巢脾落入蜂箱。余蜂可用蜂刷轻轻扫除。手工抖蜂操作，巢脾要始终保持垂直状态，巢脾不可提得太高，巢脾在提起和抖动时不能碰撞蜂箱前后壁和两侧巢脾，以防挤压蜜蜂使蜂性凶暴。尤其育子区更应倍加小心，以防挤伤蜂王。初学者可将蜂王提靠到边上，再抖其他脾。机械脱蜂操作，用吹风机产生的高速气流将蜜蜂从蜜脾上快速吹落。一般用于规模化继箱饲养，工效比手工快几十倍，脱光一个贮蜜继箱中的蜜蜂，一般只需6～8s，发达国家专业蜂场几乎均用此法。

② 切割蜜盖　将巢脾垂直竖起，割蜜刀齐着巢脾上框梁由下向上拉锯式徐徐切割。不得损坏巢房，切割下来的蜜盖用干净的容器盛装，等蜂蜜采收结束再进行蜜蜡分离处理。

③ 分离蜂蜜　切割蜜盖后，将蜜脾放入分蜜机中的固定框笼中（图4-14）。两个蜜脾重量尽量相同，巢脾上梁方向相反，以利平衡。用手摇转分蜜机，先慢后快，用力均匀。先将蜜脾一侧贮蜜摇取一半，翻转巢脾，取出另一侧巢房中的贮蜜，最后再把原来一侧剩余的贮蜜取出。割下的蜜盖或原始饲养的蜜脾（预热、捣碎），可放置在不锈钢铁纱或尼龙纱网上静置，下面用容器盛接滤出滴下的蜂蜜，也可用压蜜机取蜜。

④ 取蜜后处理　取出的蜂蜜需经双层尼龙纱滤蜜器过滤，除去蜂尸、蜂蜡等杂物，将蜂蜜集中在大口容器中澄清。1～2d后蜜中细小的蜡屑和泡沫等比蜜轻的杂质浮到表面，沙粒等较重的异物沉落到底部。取出漂浮的蜡屑、泡沫和底下的杂物，将纯净的蜂蜜装桶封存。清洗干净取蜜工具。蜂蜜

图4-14　分离蜂蜜（梁斌　摄）

采收和贮运过程应避免与金属过多接触，以防污染。桶装以80%为宜。装桶后必须封闭，以防吸湿。容器上标注蜂蜜花种、浓度、重量、产地及取蜜时间。应选择阴凉、干燥、通风、清洁的场所存放，严禁将蜂蜜与有异味或有毒的物品一起存放。

5．夏季蜂群生产阶段需要注意的问题

（1）**避免饲养弱群，防止分蜂热**　养蜂一年秋、冬和春三季都是为夏季生产阶段夺取蜂蜜等蜂产品优质高产服务的。如果夏季蜂蜜生产阶段还饲养弱群，就失去了养蜂的目的意义，但也不能组织得太强，超过了蜂王维持强群的能力限度，大流蜜期到来出现分蜂热，往往适得其反。

（2）**防控蜜蜂病虫害和农药中毒**　健康强壮的蜂群是蜂蜜高产的前提和基础。夏季气温高，非常适宜蜜蜂采集活动和蜜粉源植物吐粉泌蜜，但是也非常适宜蜜蜂病原微生物繁殖和蜜粉源植物病虫害的发生，所以，此阶段内一定要严格防控蜜蜂病虫害和农药中毒的发生。

（3）**注意做好蜂群通风遮阴降温工作**　蜂蜜生产阶段气温高，应将巢门开放到最大限度，揭去纱盖上的覆布，放大蜂路等。同时蜂箱放置的位置也应选择在阴凉通风处，在夏秋季节的蜂蜜生产阶段要加强蜂群遮阴。

（4）**蜜源后期防止盗蜂**　蜂蜜生产阶段后期流蜜量减少，而蜂群的采集冲动仍很强烈，使蜂群的盗性增强。在流蜜后期应留足饲料、填塞箱缝、缩小巢门、调整蜂群、合并无王群，尽量减少开箱检查。

（5）**防止飞逃**　中蜂易飞逃，蜜源后期要保持巢内粉蜜充足，及时处理无子蜂群、弱群、患病严重的蜂群。

（6）**防止自然灾害**　夏季蜂群生产阶段暴雨、冰雹等多发，要随时防止山洪、泥石流、滑坡等自然灾害的发生。

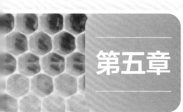

第五章　中蜂人工育王技术

第一节　蜜蜂人工育王概念及原理

一、人工育王概念

人工育王就是根据蜜蜂生物学习性，进行人为有计划干预蜂群培育蜂王的方法。人工育王包括移虫育王、移卵育王、免移虫育王以及培养人工自然蜂王和裁脾育王等方法。

二、人工育王原理

1. 自然状态下蜂群产生蜂王的途径

（1）**蜂群强盛，处于分蜂热状态（自然王台）** 巢内哺育蜂过剩，蜂王物质在群内减少，蜂群酝酿分蜂，在巢脾的下部或两侧修造分蜂王台，促使蜂王在台内产受精卵进行培育分蜂蜂王。特点是数量多，在分蜂期出现，王台分布在巢脾的下部（图5-1）。

（2）**蜂群偶然意外失王（急造王台）** 蜂群偶然意外失王以后，蜂群失去蜂王物质，工蜂便会改造3日龄以下雌性小幼虫或将受精卵的工蜂房改造成急造王

图5-1　自然王台（王彪　摄）

图5-2　急造王台　　　　　　　　　　　　　　图5-3　自然交替王台

台。特点是王台数量多，没有具体区域（图5-2）。

（3）**蜂群中蜂王老弱病残（自然交替王台）**　蜂群中蜂王老弱病残后，蜂王物质减少，蜂群中产生更替意念，工蜂在巢脾下部或两侧修造自然交替王台，促使蜂王在台内产受精卵培育蜂王。特点是王台数量少，一群中只有2～3个，有一定的区域（图5-3）。

2．原理

根据蜜蜂生物学习性，蜂王正常产两种卵，一种是未受精卵，发育成雄蜂；另一种是受精卵，产在工蜂房中发育成工蜂，产在王台中发育成蜂王。从遗传角度看，工蜂和蜂王都是蜂王产的受精卵发育而成的，在遗传上是一样的；从发育空间上看，工蜂房内的卵和幼虫发育成工蜂，王台内的卵和幼虫发育成蜂王；从蜜蜂幼虫所吃的食物看，工蜂房和王台内的卵孵化成幼虫3日内都吃蜂王浆，3日后蜂王幼虫继续吃王浆，工蜂吃蜂粮。在自然中，当蜂群意外失王以后，蜜蜂便会把3日龄以下小幼虫的工蜂巢房改造成王台，培育蜂王。

既然蜜蜂失王以后，能把工蜂房内3日龄以下小幼虫的工蜂巢房改造成王台，培育成蜂王，那么养蜂者就可以把工蜂房内3日龄以下的小幼虫移到人工制造的王台，培育蜂王。但是值得注意的是，3日龄内王台内和工蜂巢房内饲喂小幼虫的待遇也不一样，即王台内的蜂王浆数量远高于工蜂房内的蜂王浆数量，所以为了保证人工育王的质量，移虫时要移1日龄内的小幼虫。

3．为什么要人工育王？

既然在自然状态下，蜂群有3种途径可以产生蜂王，为什么还要进行人工育王？这是因为自然分蜂虽然是蜂群在自然状态下扩大蜂群种族的唯一方法，但是自然分蜂中的分蜂王台一是容易促成自然分蜂，在饲养中难管理，二是造成后代分蜂性强，难以维持强群，三是蜂王羽化出房的时间无法控制；蜂群偶然意外失王，蜜蜂便会将3日龄以下的工蜂小幼虫巢房改造成王台培育蜂王，改造王台虽然是蜂群失王后解决蜂王的一种办法，但是改造王台的数量不易控制，蜂王的质量和品质难以保证；当蜂王老弱病残以后，蜂群虽然会产生自然交替王台培育新蜂王替换老蜂王，但是数量较少，不能满足育王换王需要。

由此说明，依靠蜂群自然培育蜂王，会受到时间、数量和质量等方面的限制，而人工育王可根据蜂场需要进行有计划的培育，不仅可满足蜂场规模数量和蜂群管理时间上的要求，而且在蜂种质量上可进行母本和父本的选择，培育出高质量高品质的蜂王（抗病、易饲养和维持强群等）。

4．人工育王时间

从生产角度看，一年之中，首批育王的时间在保证蜂王质量的前提下，越早越好。首批育王最好能与主要辅助蜜粉源或第一个主要流蜜期相吻合，以提高蜂王质量，加速蜜蜂群势增长和人工分群；在第一个流蜜期的后期，用新王把大部分越冬老王更换掉，以保证蜂群的持续发展。

最后一次育王时间应选择在当地秋季的最后一个大流蜜期前期。有些地区主要蜜源流蜜期结束得早，秋季又有较丰富的辅助蜜粉源，也可在秋季培育蜂王，让新蜂王群培育越冬蜂。秋季培育的蜂王无论对蜂群的安全越冬还是对翌年春季蜂群的快速增长，尤其对第一个主要蜜源的蜂蜜生产，都具有重要意义。

5．人工育王条件

① 气温稳定（20℃以上），没有连续低温或寒流天气，处女王交尾时以晴暖无风天气为最佳。

② 蜂场周边有丰富的蜜粉源开花吐粉泌蜜，工蜂采集积极，巢内饲料充足，蜂场没有盗蜂。

③ 蜂群处于增殖期，群势强大，预计新蜂王出房时能够从原群提出幼蜂组织交尾群或新分群。

④ 种用父群中已经培育出成熟的雄蜂蛹，保证处女王交尾时有大批健壮性成熟的雄蜂参与交尾。

⑤ 具有生产性能优良的种用父群和母群。

⑥ 具有熟练的人工育王技术。

6．中蜂育王原则

① 种用群没有明显的不良性状，无病害，群强，分蜂性弱。

② 保护遗传多样性，保证种用群的数量。一般蜂场种用群为20%～30%。

③ 杜绝从外地引种。

7．人工育王计划

① 三型蜂发育历期（参见表1-1）

② 人工育王的主要环节　人工育王计划是人工育王过程中的主要依据，其主要环节包括父群的选择和组织、培育雄蜂、母群选择和哺育群组织、移虫、组织交尾群、分配王台、蜂王出台、蜂王交尾、蜂王产卵、蜂王提用。

在符合育王条件的情况下，人工育王的具体步骤应该从计划提用蜂王的时间向前推算。其中以蜂王提用时间、蜂王出台时间、移虫时间为最关键的环节，由提用蜂王时间推算出蜂王出台时间，再估计移虫时间。其他育王环节的确定都以此三点为基本时间点。

③ 各环节所需时间（表5-1）

表5-1　各环节所需时间

育王环节	所需时间	育王环节	所需时间
选择和组织父群	培育雄蜂前1～3d	组织交尾群	蜂王出台前1～2d
培育雄蜂	复移前16～31d	分配王台	蜂王出台前1d
选择和组织母群	复移前8～10d	蜂王出台	复移后12d
培育小幼虫	复移前4～5d	蜂王交尾	出台后8～9d
移虫（初移）	复移前1d	蜂王产卵	交尾后2～3d
移虫（复移）	见雄蜂出房前12d	蜂王提用	产卵后2～3d

计算案例：养蜂生产中有看见雄蜂出房才可着手培育蜂王的说法，也就是在培育蜂王前20d就应该培育雄蜂。

处女王、雄蜂从卵到羽化出房的发育历期（Xd）

处女王：16d，移虫育王时13d；雄蜂：23d

处女王、雄蜂羽化后至性成熟所需时间（Yd）

处女王性成熟：出房后3d；雄蜂性成熟：出房后10d

积累雄蜂的时间（Td）

积累雄蜂的时间：7d

培育处女王至性成熟需时间

$$（S王）= X王 + Y王 = 13 + 3 = 16（d）$$

培育雄蜂至性成熟需时间

$$（S雄）= X雄 + Y雄 = 23 + 10 + 7 = 40（d）$$

移虫前开始培育雄蜂的时间 = S雄 − S王 = 40 − 16 = 24（d）

可见，见到雄蜂出房（23d）再开始着手移虫育王是有一定科学依据的。

8. 人工育王记录

人工育王是蜜蜂饲养管理工作中一项比较重要的工作，为了不断地积累育王经验，总结教训，应该将人工育王过程中的相关事项进行详细记录，并制作成表格（表5-2），以便整理记录和存档备查。

表5-2　人工育王记录表

父系			母系		育王群			移虫						交尾群					完成时间
品种	群号	育雄日期	品种	群号	品种	组织时间	群号	移虫方式	日期	时刻	移虫数	接受数	封盖日期	组织日期	分配台数	出台数	交尾数	新王数	

第二节　种用群的选择和组织

蜂王是蜂群的核心。蜂王质量的好坏直接影响着蜂群群势的强弱，影响着蜂产品产量的高低，以及影响着蜂产品质量的优劣。也就是说，蜂王的质量直接影响蜜蜂的群势、采集力、抗逆性及养蜂生产效益诸要素。所以，为了确保蜂王质量，重视蜂种选择和做好培育蜂王的各个环节至关重要。

一、父群选择和雄蜂培育

1．父群选择

父群选择至少应通过1周年以上的观察和比较，全面衡量蜂群各方面的性状，包括采集力强、高产；分蜂性弱，群势强；抗病力强；迁飞性弱、性情温顺、护脾能力强等。重点侧重采集力和生产性能。

2．父群的组织和管理

培育雄蜂的父群需要强盛的群势，群内有一定数量的子脾和充足的蜜粉脾，巢内调整为蜂脾相称或蜂稍多于脾。

父群的管理要点是保证饲料充足、低温季节适度保温和奖励饲养；靠近雄蜂脾的蜂路适当放宽距离。为保证雄蜂出房后健康发育，父群应保持群势强盛和蜜粉充足。

3．种用雄蜂的培育

人工育王移虫前20d在父群培育雄蜂，同时割除场内非父群雄蜂封盖子。培育雄蜂最后用新修造的种用雄蜂脾。可用特制的雄蜂巢础修造雄蜂脾，也可将工蜂巢础装在巢框的上部，雄蜂巢础装在下部，修造成组合巢脾。为保证在计划时间内有足够数量的性成熟雄蜂，培育雄蜂时可用框式隔王栅或蜂王产卵器把蜂王控制在雄蜂脾上。雄蜂数量多，才能形成空中的交尾优势，保证蜂王顺利交尾。

二、母群选择和管理

1. 母群选择

母群选择应通过1周年以上的观察和比较，全面衡量其生物学特性和生产能力。在没有明显不良性质的前提下，侧重于抗病力和产卵力强、分蜂性弱、能维持强群及最突出的生产性能。优质蜂王除此在外观形态上表现为体宽腹大。培育蜂王的大小与卵的大小有直接联系，大卵培育的蜂王也大。

2. 获取大卵的方法

在移虫前8~10d，将母群的蜂王用框式隔王栅或蜂王产卵控制器限制在巢箱的中部，此区域内基本没有可供蜂王产卵的空巢房，迫使蜂王减少产卵。在移虫前4d，在此区插入1张中间只有200~300个空巢房的棕色新封盖子脾或幼虫脾，供蜂王产卵。

3. 母群管理

母群应有充分的蜜粉饲料、较多的哺育蜂和良好的保温条件，哺育力强，使小幼虫在丰富的食料中发育。小幼虫底部蜂王浆较多，移虫时能减少幼虫受伤，有利于提高移虫的接受率。母群巢内应保持蜂脾相称或蜂略多于脾。

4. 引进母本

长期近交繁殖会导致蜂群生产力退化，所以饲养中蜂应在不远距离引种的前提下，经常与其他蜂场进行蜂种（蜂王）交换，要鼓励蜂场周边从同一生态环境（生境相同，海拔高差300m内）100km的范围内引入优良蜂群作为母群。

引进母本作为种用群的方法有引进蜂群、引进蜂王、引进卵脾。

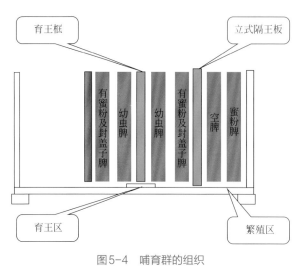

图5-4　哺育群的组织

三、哺育群组织和管理

哺育群应群势强盛（在6框足蜂），蜜粉充足，蜂脾相称或蜂多于脾。哺育群的组织最好在移虫前10d完成，老熟封盖子脾应达到2~3框，育王时这些封盖子已发育成适龄哺育蜂。在组织哺育群时毁除群内所有的自然王台，用框式隔王栅将蜂群分隔成无王的育王区和有王的育子区。为保证哺育力充足，在放入育王框后，将数量过多的卵和小幼虫脾调整到其他群（图5-4）。

人工育王的方法

人工育王主要包括强群中取王台、培养人工自然蜂王、裁脾育王、移虫育王、免移虫育王等方法。

一、强群中取王台

少量蜂王的补充可选用自然分蜂王台，但是必须在具备优良性状的健康强群中获取，切忌用分蜂性强、弱群中的王台。在蜂群检查中，记录强群分蜂王台封盖的时间及王台所在的蜂箱和巢脾，在封盖后第6～7d取出放入交尾群。

二、培育人工自然蜂王

1. 创造人工自然培育蜂王的条件

选择种性好的青壮年蜂王强群作父群，选择产卵力强的中老年蜂王强群作母群。其次，在远离蜂场的偏僻地方将父、母群定地饲养，并用调脾补强等方法造成分蜂情绪，为人工培育自然蜂王作准备。

2. 培育健壮的种用雄蜂

蜜蜂的种性是由父母本共同决定的。雄蜂的数量和质量又直接关系到处女王交尾的成功率和受精效果，进而影响子代蜂群的优劣。因此，母群蜂王在王台内产卵前25d，必须开始培育健壮雄蜂的工作。

一是提前10d将父群分区饲养。用隔王板将父群分成两区，蜂王带蜜粉脾和大虫脾各1张（尽量选无空房的）组成有王小区，其余蜂组成无王大区（中蜂易形成半失王状态，但因是青壮年蜂王，虽有分蜂情绪，在短时间内不会育王分蜂）。

二是在隔王10d后抽出隔王板，让蜂王还原，同时将事先准备好的雄蜂脾或切下的部分脾插入蜜粉充足的父群中，让蜂王在房中产下未受精的大卵，保证母群在处女王出房20d前，有健壮雄蜂出房且性成熟待用，并按1只处女王50只雄蜂配备。其间，尽量杀死母群和其他蜂群中的雄蜂。待计划中的雄蜂蛹封盖后，立即解除其分蜂热。

3. 培育健壮的自然处女王

母群是提供大卵和哺育蜂王幼虫的强壮蜂群，因此在产雄蜂卵后5d左右，用隔王板将母群分成两区，蜂王带蜜粉脾和刚封盖子脾各1张（脾内无空房）组成有王区（关王区），其余组成无王的大区。

蜂王休息10d后抽出隔王板放回大区。此时分蜂热更浓，工蜂造王台已等不及，有的已开始动作。蜂王将在王台内产上大卵，培育成自然的处女王。记录自然王台封盖的日期，在自然王台封盖6～7d割下介绍到交尾群中。

三、裁脾育王

如果移虫有困难（移虫育王法易碰伤虫体），可以采用切割未封盖子脾的方法培育蜂王。

1．准备裁脾育王子脾

当蜂群发展强壮时，将选择好的种用母群用隔王栅将蜂王隔到蜜脾和封盖子脾内休息一周，然后提供空脾奖励饲喂，让蜂王产卵获取初孵化幼虫的子脾。

2．裁脾

从母群提出2～3框带蜂封盖子脾连同蜂王放入一新蜂箱，补加1～2框蜜脾，放在原群一旁。

母群成为一无王的育王群，从中提出准备好的蜂王已产卵4日、有大量卵和初孵化幼虫的子脾，从巢脾中央部位切下1块200mm×35mm的长方形巢脾，使切口上缘巢房中的卵和幼虫露出来，或者割去下框梁上1寸（1寸≈3.33cm）左右的巢脾，露出巢房中的卵和小幼虫，也可弧线裁脾，露出巢房中的卵和幼虫，让蜜蜂在上边切口处筑造王台。

裁脾要用快刀切下巢脾的下缘或中间，使卵或小幼虫处于削口的边缘上，切脾时刀要倾斜，使切面与脾面成45°，让卵或幼虫刚好暴露在斜切面上。

3．检查留台

第三天检查，选留10～20个幼虫发育良好、地位适宜的王台。把修造和饲喂情况不好的王台、提早封盖的急造王台以及多余的王台全部割除。记录留下的王台里幼虫的日龄，以便掌握蜂王出房的日期，组织交尾群。

无王育王群在取出封盖王台后，再与原群合并。

四、自然交替王台的利用

选择老残蜂王的优良蜂群作种群。在它们修造交替王台时，加以选留。自然交替蜂王可使种群的优良性状更加稳定地遗传下去。发生这种自然交替现象时，蜂群一般只造几个王台，育成的蜂王质量比较好。把带有交替王台的巢脾提出，放入哺育群内的无王区内，蜂王限制在繁殖区内。可以陆续从这种老残王群提出自然交替王台培育蜂王。

五、移虫育王

1. 移虫育王所需设备

（1）**育王框** 育王框与巢框大小相同，但其厚度大概是巢框上梁的1/2多一点，宽度也是巢框上梁宽度的1/2多一点。框内等距离横向安装3～5条台基条，用来固定蜡碗。每根台基条上等距离粘10～15个蜡碗。

（2）**移虫针** 生产上经常使用的是弹簧移虫针（图5-5）。具体使用方法见移虫操作。

图5-5 移虫针

（3）**台基棒** 台基棒长度约为10cm，台基棒蘸蜡端必须十分圆滑，该端10～12mm处的直径约8～9mm，一般用质地相对好的木头制作而成（图5-6）。

（4）**熔蜡壶** 主要用来熔化蜂蜡，做台基用。可用不锈钢盆或不锈钢碗代替。

（5）**台基** 纯蜂蜡熔化后用台基棒蘸制而成，蜡碗的深度约为10mm，碗口的直径约为8～9mm，碗底的直径为7mm左右（图5-7）。在制作时，碗口应该薄一些，越往碗底越厚。此外，也可以用人工塑料台基，具体制作方法见后。

图5-6 台基棒

图5-7 台基

（6）**盛水盆** 主要用来浸泡台基棒，防止蜂蜡粘黏台基棒，台基不好取下和损坏台基。

2．人工移虫育王的操作步骤

（1）**小幼虫的准备** 移虫前10d将母群内的蜂王用框式隔王栅或产卵控制器限制在巢箱的中部，限制蜂王产卵（获取大卵）。移虫前4d，将育王一侧或者蜂王产卵控制器中的子脾取出，加入一张已经产卵2～3次的空巢脾，育王时移用12～24h的小幼虫。

（2）**育王群（哺育群）的组织** 移虫前1～2d应该组织好哺育群（群势在6框以上）。在育王时应该用隔王栅将哺育群分为有王区和无王区两部分，将育王框放到无王区培育蜂王。育王框应该放在小幼虫脾之间。

（3）**育王工具的准备（台基的修造）** 移虫前，首先应将育王用到的工具准备好，主要有育王框、台基、移虫针，其中台基和育王框可以自制，移虫针可以购买（市场价1～2元）。主要介绍蜂蜡台基的制作以及将台基粘到育王框上的操作。

人工台基可分为蜂蜡台基和塑料台基，在移虫前均需要蜂群清理、修整。

① 蘸制蜂蜡台基 先把台基棒放在冷水中浸泡30min以上，将赘脾等新蜡放入熔蜡壶内加热熔化后置于75℃的热水中。把台基棒直立浸入蜡液10mm深处，立即取出稍等片刻再浸入，反复2～3次，一次比一次浅，使台基从上到下逐渐增厚，最

图5-8 育王框

后在冷水中浸一下，用手指轻旋脱下。每次取下都要蘸水再制作。

② 台基粘装和修整 育王框与巢框大小相同，框架内有2～4条育王条，将人工台基用熔蜡均匀地粘在育王框的台基条上（图5-8）。也可将巢脾下方2/3的巢脾割下，安装2条育王框。台基下垫小竹片等或蘸熔蜡加厚，以免割台时损坏。中蜂育王框上一般选留15～20个王台。

粘装好台基的育王框或育王脾放入哺育群中清理修台，蜂蜡台基在蜂群中2～3h，修整加工成台口略微收口时，即可取出准备移虫；塑料台基需要在蜂群中修整24h。蜂蜡台基放入蜂群中时间太长，蜂群会把台基啃光。

（4）**移虫** 移虫应在气温20～30℃，相对湿度70%～85%的室内进行。如果在室外移虫，应选择晴暖无风的天气，且避免阳光直接照射。从母群中提出事先准备好的供移虫的小幼虫脾，从哺育群中提出修整好的育王框。挑选12～18h、有光泽、底部乳浆充足的小幼虫，用移虫舌伸入台基底部中间。移虫时，移虫舌沿巢房壁插入房底，使舌端插在幼虫和巢房底之间，待移虫舌舌尖越过虫体后再沿房壁原路退回，即可托起小幼虫。将其送入台基中部，然后压下推杆，移虫舌从反方向推出。

在移虫过程中，应保持小幼虫浮在王浆表面上的自然状态（图5-9）。

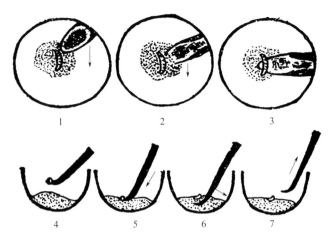

图5-9　移虫的方法

（5）**移虫后的管理**　从移虫的前2～3d开始，对育王群每天傍晚连续奖励饲喂，直到王台全部封盖。外界粉源不足时要补充蛋白质饲料。育王框两侧的蜂路应缩小成单蜂路。

移虫后第2天提出育王框检查幼虫是否接受，切忌震动育王框。已被接受的幼虫其王台加高，王台中的蜂王浆增多，幼虫浮在王浆上；未接受的王台被咬坏，王台中没有幼虫。第6天检查王台封盖情况，淘汰小的、歪斜的和未封盖的王台。第8天查看可用王台数量，计划组织交尾群的数量。

六、免移虫育王

免移虫育王及产浆技术是国家蜂产业技术体系岗位科学家、江西农业大学曾志将教授团队的科研成果。之所以研究免移虫育王，一是人工移虫或移卵都会不同程度地造成蜜蜂幼虫或卵受伤（有人研究移卵育王，证明蜂王质量优于移虫育王）；二是无论移虫还是移卵，对视力要求高。

1. 免移虫育王设备

（1）**塑料空心巢础与单个托虫器**（图5-10～图5-12）

（2）**塑料空心王台与单个托虫器**　单个托虫器用来承接卵和幼虫，空心巢础、王台与单个托虫器相匹配（图5-13、图5-14）。

（3）**育王框与王台条**（图5-15）

① 隔王板、多功能活动夹式王笼。

② 王台保护罩（关王罩）。

图5-10　塑料空心巢础正面

图5-11　塑料空心巢础背面

图5-12　单个托虫器（王彪　摄）

图5-13　塑料空心王台

图5-14　空心王台与单个托虫
器组合（王彪　摄）

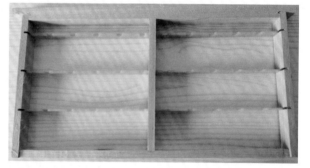

图5-15　育王框与王台条（王彪　摄）

③ 免移虫清台器　主要用来清理王台中的蜂蜡。

2. 免移虫育王的方法步骤

（1）免移虫空心塑料巢础、塑料台基预处理

① 塑料巢础、台基浸泡处理　由于中蜂嗅觉灵敏，对塑料巢础的气味不易接受，因而在造脾前将塑料巢础、王台及托虫器等放置事先熬好的老巢脾水中浸泡一周或至少24h，以掩盖塑料味。

② 塑料巢础、台基刷蜡预处理　将处理后的空心巢础正面用排笔匀刷一层蜂蜡即可造脾。同时将处理后的托虫器安置于塑料巢房中，刷以薄蜡，整体镶嵌于巢框中。

（2）组织蜂群造脾　选择组织强群造脾，蜂群中留一张封盖子脾，多余巢脾抖掉蜜蜂后提走。将处理好的免移虫塑料巢础放在子脾外侧，每晚喂足糖水，使蜂王没地方产卵，而有足够的糖水，蜜蜂造脾积极，速度加快。也可将塑料巢框置于组织好的意蜂蜂群中，夜间给予奖励饲喂，让意蜂修造1d。次日将意蜂修造过的塑料巢脾放入中蜂蜂群中造脾，夜间再进行奖励饲喂，这样可以大大提高中蜂对塑料巢脾的接受率及造脾效率（图5-16）。

（3）组织控制蜂王产卵　取出已造好塑料巢脾上的贮蜜，使用与塑料巢脾、巢框相匹配的隔王栅，将蜂王控制在塑料巢脾上。饲喂花粉，并每晚奖励饲喂，以刺激蜂王产卵于塑料巢脾中（图5-17）。保持蜂群蜂多于脾，以确保卵的孵化温湿度适宜。

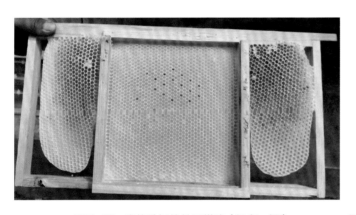

图5-16　蜜蜂造好的单面巢脾（杨皋　摄）

图5-17　控制蜂王在已造好的单面巢脾上产卵（马有忠　摄）

（4）清理育王框（清理台基）　将已浸泡掩盖塑料味道、涂过薄蜡的塑料台基放入蜂群中清理几个小时，以备安装托虫器。

（5）安装托虫器　取下蜂王已产下卵或孵化成1～2日龄小幼虫（中蜂最好孵化成1～2日龄小幼虫）的托虫器，安装在育王框的台基中，加入到无王群中育王（图5-18、图5-19）。

（6）套王台保护罩　蜂王出房前2～3d，取出育王框，用蜂刷轻轻刷去王台上的蜜蜂，罩住王台，以免蜂王出台后咬掉其他王台（图5-20）。

图5-18　取下已孵化1～2日龄小幼虫的托虫器（王彪　摄）

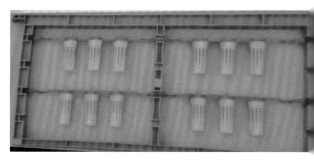

图5-19 安装托虫器已被蜂群接受的
育王框（王彪 摄）

图5-20 套王台保护罩的王台（王彪 摄）

3．免移虫中蜂育王需要注意的事项

① 若幼虫取出时粘连在巢房壁上或巢房中储存蜜粉，可用竹篾或小树枝将其取出，避免影响巢脾使用效率。

② 塑料巢脾及王台在使用前如放入意蜂蜂群进行预处理，将大大提高中蜂对塑料设备的接受率。

③ 育王期结束后需将托虫器取出，盖上后盖放入蜂群中清理0.5h左右后取出，放入冰箱中妥善保管，避免发霉或产生巢虫。

④ 塑料巢脾使用初期最好采用新王产卵，可以提高产卵效率和卵孵化率。

⑤ 育王选择在流蜜期进行，可提高成功率。

第四节 交尾群的组织和管理

一、交尾箱的类型和准备

1．双区交尾箱

郎氏标准箱用闸板平分为2区，分别开设巢门，一个巢门在正面，另一个在后面或侧面。每区2足框蜂，放2框封盖子脾和1框蜜粉脾。如交尾失败，在蜜粉利用上不够经济。

2．三区交尾箱

郎氏标准箱用2块闸板平分为3区，在前后左右4个方向分别开设巢门。每区群势约1～2足框蜂，放2张封盖子带蜜粉脾。

3．四区交尾箱

郎氏标准箱用3块闸板平分为4区，在前后左右4个方向分别开设巢门。每区群势约1～1.5足框蜂，放2张封盖子带蜜粉脾。巢门多向，日照不一。

4．原群用闸板分隔交尾区

正常蜂群用闸板分隔1～2脾作为交尾区，由侧门出入交尾。有错投杀死原群蜂王的风险。

5．利用正常蜂群交尾

正常蜂群提走原来老蜂王，或者利用失王的蜂群，诱入成熟王台作为交尾群。此类型交尾群多采用配套蜂群管理措施，以达到换王或蜜粉高产的目的。

二、交尾群的组织

交尾群是为处女王交尾临时组织的群势较小的蜂群，一般2～3框。群势较强的交尾群，应在诱入王台的前一天午后进行，保持18～24h的无王期。微型交尾群可在组织交尾群的同时诱入王台。

组织交尾群应先查找到蜂王，避免将蜂王提入交尾群，同时毁弃巢脾上的王台。另外是回蜂问题，在组织时尽可能多提入幼蜂。一般组织时提入一框粉蜜脾和1～2张带有幼蜂的封盖成熟子脾，并保证交尾群中群势在1框以上。

1．原场组织

在工蜂出勤较多的时间段组织。从各个强群中提取封盖子脾、蜜粉脾并附着工蜂，分配到各个交尾群中。如果蜂数不够，可从强群中提出小幼虫脾或正在出房的封盖子脾，轻轻抖动数下使老蜂飞走后，将剩余的幼蜂抖入交尾群。如果王台出房前发现蜜蜂飞返过多，可再补入幼蜂。蜂王出台后不宜再补蜂，以免发生围王，可减少交尾群巢脾，使其蜂脾相称。

2．外场组织

从各个强群中抽出所需的成熟封盖子脾、蜜粉脾和蜜蜂，混合组成10框的无王群，当晚将蜂群随同成熟王台一起运往交尾场。交尾场与原场直线距离至少5km以上，避免交尾场外勤蜂返回原场。交尾箱事先排列好，蜂群运到后先喷水使蜜蜂安静，拆下装订物。每个交尾箱中分别带蜂放入封盖子脾和蜜粉脾各一脾，诱入王台组成交尾群。

三、成熟王台提取和诱入

成熟王台必须在蜂王出台前1～2d诱入交尾群，过早诱台易使王蛹受伤，过迟第一只蜂王出台将破坏所有王台。

去除育王框上的蜜蜂不能用抖蜂法，只能用蜂刷。在原场分配，提取王台不必刷去蜜蜂，直接用小刀将王台割下诱入交尾群。诱入中王台始终保持自然的垂直方向。诱入王台时要注意交尾群必须无王或无王台，同时应将王台放置在靠近子脾和蜜蜂较多的地方。

四、交尾群排列

蜂王交配失败的主要原因是蜂王婚飞后返巢投入其他蜂群。为了减少错投，交尾群的排列应尽可能分散，提高各交尾群间区别度。周围空间应开阔，与相邻交尾群相距2～3m，尽可能使巢门朝不同的方向。可根据地形地势单箱分散排列，也可单箱整齐排列，相距3m，列距5m。也可将箱壁漆成黄、青、蓝、白等颜色。

五、检查蜂群及蜂王情况

① 诱台前1d，检查蜂群有无王台或蜂王及蜂、子、蜜、粉等情况是否正常。

② 诱台后1～2d，检查诱入王台的接受情况，是否遭破坏，出台的处女王质量是否合格，并及时取出王台壳，以防钻入自囚。

③ 出台后5～10d，检查处女王交尾、产卵或损失等情况，检查应避开处女王婚飞的时间，一般宜在傍晚5时左右进行。

④ 出台后12～13d，检查新蜂王产卵情况。如气候、蜜源、雄蜂等条件均正常，但蜂王尚未产卵或产卵不正常，均应剔除。

新蜂王产卵后3～5d，或交尾群中巢脾已全部产满卵，应立即提用。

六、交尾群的管理

交尾群的管理应保证处女王出台前后的正常发育和顺利交尾产卵。新蜂王产卵后，应在巢门口固定隔王栅片，以阻止其他蜂王错投，并防止逃群。因交尾群群势小，应严防盗蜂。交尾群必须保证蜜粉充足，如果外界蜜源欠缺，应在傍晚饲喂。气温较低的季节需采取适当保温措施。高温季节避免阳光直射，加强通风遮阴。

育王工作完成后，交尾群应采取合并和补强的方法处理。

第六章 蜜蜂健康养殖与主要病敌害防控

第一节 蜜蜂健康养殖

蜜蜂健康养殖是蜜蜂饲养过程中防控病敌害，确保蜂产品优质高产的关键。蜜蜂健康养殖就是不违反蜜蜂生物学习性的科学养殖方法，其内容包括蜜蜂科学饲养的全过程，但需要特别关注合适的饲养环境、合理的饲养管理、合理的防控用药三个重要环节。

一、合适的饲养环境

1．大环境

① 蜂场周边3km范围内蜜粉源丰富。至少有2～3个主要蜜源，繁殖季节有接连不断的辅助蜜粉源。

② 蜂场附近水源洁净、交通便利、蜂群密度适当（0.5km不超过100群）。

③ 蜂场附近不要有化工厂、水泥厂、白灰厂、不洁的水源、大水面、糖厂、畜牧养殖场等。

④ 蜂场周边不要有经常使用杀虫剂、除草剂等农药的农作物。

2．中环境

① 蜂场一般要选择在背风向阳、冬暖夏凉、通风干燥、开阔的地方。

② 蜂场选择避免与相邻蜂场蜜蜂飞行路线重叠，本场蜂群排放不宜过于拥挤。

③ 场址不能选择在低洼、潮湿、谷口等地方。避免山洪、泥石流、塌方等危险的地方，还要避免高压线、高音喇叭、彩旗、路灯、诱虫灯等。

3．小环境

① 蜂箱严密无缝隙，用材质量好，适合蜜蜂调控箱内温度（子脾中心温度34～35℃）与湿度（70%～80%）。高温季节避免阳光曝晒，早春晚秋温暖向阳。蜂箱通风设施良好，使用支架，离地面最好30～50cm，尽可能修筑统一美观实用的放置蜂箱的平台或支架。

② 排列蜂箱时，蜂群增长期和流蜜期蜂箱巢门尽可能朝东或朝南，但不可轻易朝西。越冬期间，为了控制出勤，有时可将巢门朝北排放。

③ 蜂箱摆放应左右平衡，避免巢脾倾斜。且蜂箱前部应略低于后部，避免雨水进入蜂箱。

二、合理的饲养管理

蜂群合理的饲养管理，如调温、调湿、饲喂、调整群势、育王、换王、合并等，其管理原则是什么？是否适合蜜蜂的生长发育要求？如果违反了科学合理的饲养管理原则，蜜蜂抵抗力下降，易得传染病。非传染性病害发生就是不合理的饲养管理措施引起的，如高温、低温对蜂群的伤害、蜜蜂中毒、蜜蜂遗传病等。着重注意以下环节。

1．优王培育、适时换王

（1）种用群选择　包括母群父群要选择抗病、群强、分蜂性弱的蜂群。

（2）保证种用群数量　母群按蜂群数的20%选择，无病害；为保护蜜蜂遗传多样性，全场蜂群均可为父群，但要割除病群雄蜂封盖子。

（3）杜绝远距离引种　不从不同生态环境间远距离引种，包括引进种蜂王和蜂群。

（4）哺育群的组织与管理　将蜂巢用隔王板分隔成育子区和育王区。育王区中间，在育王框两侧放卵虫脾。巢内粉蜜充足，哺育蜂多，小幼虫适当减少。控制一次培育蜂王的数量，以不超过40个王台为宜。调节巢温，避免巢温过高或过低。奖励饲喂，促进蜂王培育。

（5）交尾群的组织　在蜂王出台前2d，抽取带粉蜜的封盖子脾一张、卵虫脾一张，带蜂组织成交尾群。在交尾群中在幼虫脾抖入1足框幼虫脾上的内勤蜜蜂。交尾群放置在离蜂场50m的地方。交尾群组织后半天，诱入王台。蜂王交配成功后，可将蜂王提出，诱入生产群。交尾群调整后再诱入王台，再进行培养蜂王交尾。也可以将交尾群补强成为正常生产群。

（6）适时换王　一是在蜂群分蜂阶段前中期换王；二是主要蜜源生产期断子换王；三是夏末秋初为做好培育适龄越冬蜂更换老劣王。

2．确保蜜蜂良好发育

育子期蜂群保持中等群势以上，不饲养弱群；巢内始终保持粉蜜充足；始终保持蜂脾相称或蜂略多于脾；始终保持巢脾优良。

（1）饲料充足　蜂群内饲料以蜜蜂采集的粉蜜为主，不过度取蜜脱粉。饲料不足时，及时饲喂蔗糖和蜂花粉。作为蜜蜂饲料，蜂花粉最好是本场生产的蜂花粉，以防购买的蜂花粉携带病原。一是箱内贮粉贮蜜充足。子脾上边和2个上角有封盖贮蜜，蜂子和贮蜜间有充足的贮粉。粉蜜饲料不足应及时饲喂。二是蜂王产卵量与蜂群哺育力相适应。小幼虫巢房底部王浆量少，说明蜂群哺育力不足，不宜再促王产卵，应适当采取减少空巢房的量限王产卵措施。

（2）保持巢温适当　以蜂群调整巢温为主，辅助人工保温。一是保持蜂群适当群势。调整或合并弱群，保持群势中等以上。不同地区的中华蜜蜂中等群势标准有所不同，基本要求是能够维持巢温稳定正常。如果早春群势普遍低于2足框，需要双群同箱饲养。在蜂箱中间放一块闸板，闸板两侧各放脾一张。同时进行适当的箱内外保温。当蜂群度过恢复期，群势增长到2足框以后，再加础造脾。二是蜂略多于脾或蜂脾相称。

（3）巢脾良好　保持巢内巢脾优良，中蜂巢内不宜有旧脾。巢脾使用期限不超过1年，也就是每年都需要更换巢脾。在蜜粉源相对丰富的蜂群增长阶段，抓住时机集中快速造脾，在严重分蜂热发生前完成所有巢脾的更新。造新脾的要点：一是上础的巢础框平整，埋线到位，巢础没有破损和翘曲；二是在造脾蜂群的管理上要及时淘汰旧脾，保持蜂多于脾，巢内贮蜜充足，适当奖励饲喂。

3．减轻蜜蜂负担

总的要求一是控制蜂子（主要是卵、小幼虫、大幼虫）与群势的比例；二是减少在大流蜜期蜂群过劳；三是避免摇子脾上贮蜜对蜂子的伤害。

① 根据蜜蜂幼虫的发育状态控制蜂王产卵数量。谨慎采取促王产卵措施。判断依据是小幼虫底部的王浆量和大幼虫体色有无光泽。

② 不采非成熟蜂蜜，每个采蜜季节只在花期结束后采一次蜂蜜。在流蜜期可采取造脾或加脾的措施，供蜂群贮蜜。

③ 蜂巢育子区和贮蜜区分开饲养，不取子脾上的贮蜜。

4．强群取蜜，争取高产

实践证明，强群是夺取高产的基础。强群适龄采集蜂多。强群取蜜一是培育，二是组织，三是维持。试验证明：强群培育的蜜蜂体大，吻长，蜜囊容积大，采集能力强。采集力比弱群培育的蜜蜂高一倍以上（强群培育的蜜蜂每次能采集38.7mg花蜜，而弱群培育的蜜蜂每次只能采集13mg花蜜）；强群培育的蜜蜂平均寿命为30～40d，而弱群培育的蜜蜂平均寿命为26.6d。

三、合理的防控用药

以增强蜂群抗病能力为主，重视蜜蜂病敌害的防控，非用不可的药物治疗，要对症用药、合理用药，并要有一定的休药期。

1．蜂群健康

保持蜜蜂营养充足，保持蜂巢适宜巢温，留足蜂群的粉蜜饲料，不滥用蜂药。

2．预防措施

图6-1 设有消毒间的密闭蜂场（王彪 摄）

蜂场封闭管理，用围栏等隔离人畜（图6-1）；一般不允许外来人员进入蜂场和开箱；如需要，外来人员进入蜂场应穿戴消毒后的工作服；如外来人员需要开箱，除穿戴消毒后的工作服外，还需用肥皂等清洗双手；在进出放蜂场地的必经之处，设立石灰消毒池等。

3．销毁病群

示范蜂场发现个别蜂群患传染病，应立即将脾和蜂烧灭。将患病蜂群的蜂箱仔细洗刷、晾晒、喷灯火焰灭菌后，备用。

4．蜂场环境卫生

蜂场清洁卫生，注重场区绿化。蜂箱整洁，蜂群排放有序。不允许破旧衣物等做保温物。蜂场及周边没有粪坑、家畜家禽饲养场、垃圾堆放和污染的水源。

5．合理的对症用药

蜜蜂疾病必须根据病原类型，科学选用药物，对症施药，才能收到满意的效果，否则盲目乱用药，不但治不好病，还造成对蜂产品的污染。

第二节　加强饲养管理防控中蜂病敌害

通过加强蜂群饲养管理防控中蜂病敌害是国家蜂产业技术体系中蜂岗位科学家周冰峰教授及团队提出的科技成果之一。重点从中华蜜蜂饲养必须避免外来基因影响、区域性中华蜜蜂抗病蜂种选育、中华蜜蜂病敌害防疫措施三个方面进行详细的阐述。

病敌害是影响中蜂生产发展的重要问题，也是饲养者迫切需要解决的问题。中蜂主要的病害是中蜂囊状幼虫病，主要敌害是大蜡螟和胡蜂。养蜂生产者过多地依赖药物防治中华蜜蜂病敌害，但对以病毒为病原的中蜂囊状幼虫病往往效果不好，且易使蜂产品药残超标。

中蜂的病敌害应以预防为主，治疗为辅，重视防疫。加强饲养管理、选育抗病蜂种和建立病害防疫措施是重点。蜜蜂病敌害防控的管理技术措施应围绕着保证蜂子良好发育进行，增强蜂群对病敌害的抵抗能力。其关键点在于为蜂子发育提供充足的营养条件和良好的发育温湿度。抗病蜂种的选育，除了专业的蜜蜂育种场系统严谨的科学抗病选育外，生产蜂场可在换王时选择抗病虫的种用群和割除病群雄蜂封盖子等措施进行抗病蜂王的培育。中华蜜蜂蜂场防疫应在卫生消毒和隔离病原方面采取措施。

一、中蜂饲养必须避免外来基因影响

与西方蜜蜂不同，中蜂是我国本土的蜂种，中蜂在遗传上具有明显的地域特征。中蜂在长期变异和选择的进化过程中，遗传基因和性状均适应当地的生态环境。不同区域的中蜂基因迁入后，不可避免地改变当地中蜂的遗传结构。本地中蜂对某些外来基因的不适应而面临重新选择。在重新选择和淘汰的过程中，不适应的基因造成蜂群抗逆力下降，患病蜂群增多。由于很多养蜂人缺乏蜜蜂种群遗传学的知识，出于引进外地蜂种改良本地中蜂性状的愿望，盲目引进外来良种，甚至购买外地中蜂蜂群等。吉林省的长白山区、山东的沂蒙山区、陕北的榆林地区、海南省等地及宁夏固原均曾因引进外来中蜂，导致中蜂囊状幼虫病暴发。避免外来基因影响必须引起中蜂饲养者和中蜂主产区业内人士的充分重视。

1．禁从外地引进中蜂蜂王

从距离较远的不同生态区引进中蜂种王，将改变本地中蜂的遗传结构，存在极大的远交衰退的风险。远交衰退是种群遗传学的一个概念，是指发生遗传分化的种群间，杂交在后代中产生适合度下降的后果。专业蜜蜂育种场可在严谨的科学研究的基础上评估引种育种的风险后，谨慎开展远缘杂交选育新蜂种。生产蜂场严禁从外地引进中蜂种王和从外地购进中蜂蜂群。从外地引进中蜂影响的不仅是本蜂场，而是整个区域，这一点要引起当地养蜂主管部门和养蜂社会团体的重视。外来蜂群产生的雄蜂与本地处女王交配，使不适应的外来基因影响本地所有的中蜂。

2．不提倡中蜂长途转地饲养

中蜂不宜长途转地饲养，应提倡定地饲养。转地饲养过程中，中蜂有离脾的习性，易造成蜂子发育不良，群势发展受到影响。更重要的是在分蜂季节改变了当地和本场中蜂种群的遗传结构。本场新蜂王与放蜂地雄蜂交配后，将外地基因带回本地。中蜂转地蜂场在外地不培育新蜂王，可以减少将外来中蜂基因带回本地的风险。

3．禁止不同生态区的中蜂进入

蜂王交配是在蜜源丰富的季节，不同生态区的中蜂来本地放蜂，外来中蜂的雄蜂影响了本地中蜂的基因库，导致本地中蜂遗传结构改变，使蜂群抗逆力下降。当地的政府及相关职能部门和养蜂组织，在本地中蜂饲养的集中区域，设立中蜂保护区，禁止外来蜜蜂进入，保护中蜂的本地遗传资源和中蜂生产，防止因外来中蜂引起中蜂囊状幼虫病暴发。

二、区域性中蜂抗病蜂种选育

疾病导致物种灭绝的现象极为罕见，在生命的进化中抗病的遗传基因会逐渐增多，不抗病的个体在选择中淘汰。中蜂也能够通过遗传基因的改变使中蜂种群对疾病产生抗性。但这一选择过程较为漫长，会对中蜂饲养造成严重困扰。人工抗病选育可以加快中蜂抗病选择进程。选育抗病蜂种是蜂病防控的最根本最有效的措施，这种措施需要科学的方法和当地中蜂饲养者共同参与。

在患病蜂场选择不患病或患病轻的蜂群作为种用群，注意在周边蜂场收集抗病力强的蜂群作为种用群。种用群需30群以上，以避免近交退化。培育出来的抗病蜂种应在蜂场周边10km范围内免费推广，以求提高本区域蜜蜂整体抗病能力。

在培育雄蜂的季节，每隔12d定期割开患病蜂群中的雄蜂封盖子，保证患病蜂群没有雄蜂羽化出房。

在选育抗病蜂种的过程中，需要对种用群的抗病性、生产性能等综合考察。将抗病性不足、分蜂性强、群势发展慢、产蜜量低、盗性强的蜂群从种用群中淘汰。

三、中蜂病敌害防疫措施

防疫对避免严重的流行病敌害发生具有重要的作用，但大部分蜂场忽略防疫工作。在蜜蜂病害防控方面重药物轻管理，导致病敌害失控和蜂产品药残超标。中蜂蜂场防疫应在卫生消毒和隔离病原两个方面采取技术措施。

1．卫生清洁

中蜂蜂场多在偏远的地方，相当多的中蜂蜂场环境卫生状况很差。从防疫角度，要求蜂场周边环境无污染，蜂场卫生整洁，蜂箱内外干净，养蜂人操作服清洁、保持个人卫生。

2．防止外场病敌害传染

蜂场封闭隔离是蜜蜂防疫的主要措施，不允许人畜随意进入放蜂场所。用篱笆、树墙等方法将蜂场封闭，在进入放蜂场地的入口处设消毒池。与其他蜂场保持3km以上的距离，避免场间盗蜂和错投偏集。

慎从其他蜂场购买蜂、脾、粉蜜饲料，在外场购买的蜂群应在与本场相距3km以外的地方观察2个月，无病害再放入蜂场。减少外来人员包括养蜂同行进入蜂场，在蜂病流行期间，其他蜂场养蜂人来场交流尽可能不接触蜂群，在必要接触蜂群的情况下，来场人员必须严格消毒。

3．防止本场蜂群间病敌害传染和侵袭

在日常的蜂群管理中，需注意避免本场蜂群间的相互感染。患病蜂群的脾和蜂不可调整到正常蜂群。患病蜂群使用过的蜂箱和巢框等需要放入密闭的房间内用硫黄、高锰酸钾等熏蒸处理。在患病蜂群饲养管理操作中使用的起刮刀、蜂刷等管理工具专用，在使用后也需消毒处理。金属蜂具可用火焰燃烧表面的方法，也可用沸水煮以消毒。

从病群淘汰的巢脾须立即化蜡或烧毁处理，避免该脾成为蜂病新的传染源。

4．消灭或隔离病原

蜂场在发生病敌害的初期，尤其是只有1～2群患病，最好将病群的蜂和脾烧毁，消灭蜂病的传染源。患病弱群很难恢复群势，保留无益。病群蜂箱应彻底清洗消毒，并日晒干燥。如果不愿承担烧毁蜂群的损失，可将蜂群隔离到10km以外的地方观察和治疗。

第三节　蜜蜂病敌害的种类及特点

蜜蜂病敌害是影响养蜂生产发展的严重障碍，它可以造成蜜蜂体质衰弱和死亡，削弱蜂群群势，降低蜂产品的产量，甚至导致整个蜂群死亡和蜂场破产。此外，一些传染性疾病如美洲幼虫腐臭病、欧洲幼虫腐臭病、孢子虫病、白垩病等还会污染蜂蜜，同时治疗用药导致蜂产品药物残留，影响蜂产品质量和对外销售。另一方面，由于蜂群受到疾病的危害和敌害的侵袭，也直接影响蜂群为农作物、经济作物授粉增产的效果，从而降低农产品、水果、蔬菜和其他经济作物的产量和质量。为了保证蜂群的健康，提高蜂产品的产量和质量，增强蜜蜂对农作物、果树、蔬菜等经济作物授粉增产的效果，必须加强蜜蜂病敌害的防控，贯彻以预防为主、防治结合、综合防控的方针。

一、蜜蜂病敌害概念及种类

1. 蜜蜂病敌害概念

蜜蜂在整个生活过程中，一刻也离不开周围环境，否则就不能生存和发展。在正常的情况下，蜜蜂的各个器官是互相协调的，分别执行各自的生理机能，同时对病原微生物和不良的非生物因素均有一定的抵抗力，这些正常生理机能是蜜蜂健康发展和生存的必要保证。但是，如果外界条件发生剧烈变化，当有害因素超出了蜜蜂机体的适应范围或有较大数量的病原微生物侵入蜜蜂机体，破坏了正常生理机能时，蜜蜂就出现异常状态，发生疾病。所谓蜜蜂疾病，就是蜜蜂由寄生物或毒性物质引起的反应。

蜜蜂的敌害，是指以蜜蜂躯体为捕食对象的其他动物。一些掠食蜂群内蜜粉，严重骚扰蜜蜂正常生活及毁坏蜂箱、巢脾的动物也属于敌害。

2. 蜜蜂疾病种类

蜜蜂疾病按病原可分为生物性因子引起的传染性疾病和非生物因子引起的非传染性疾病两大类。传染性疾病又可分为细菌、真菌和病毒引起的侵染性疾病；寄生螨、寄生性昆虫、原生动物和寄生性线虫引起的侵袭性疾病。由各种不良环境因子及有毒有害物质引起的疾病称非传染性疾病，包括遗传、生理障碍、营养障碍、代谢异常、中毒等。患病蜜蜂按虫态可分为蜂卵病、幼虫病、蜂蛹病和成年蜂病。

（1）蜜蜂传染性疾病 蜜蜂传染性疾病包括侵染性疾病和侵袭性疾病。

① 侵染性疾病 细菌病、病毒病、螺原体病、真菌病。

细菌病：美洲幼虫腐臭病、欧洲幼虫腐臭病、副伤寒、败血症。

病毒病：囊状幼虫病、蜂蛹病、麻痹病、埃及蜜蜂病毒病、云翅病毒病、以色列蜜蜂病毒病、其他蜜蜂病毒病。

螺原体病：蜜蜂螺原体病。

真菌病：白垩病、黄曲霉病、蜂王卵巢变黑病。

② 侵袭性疾病 由寄生螨、寄生性昆虫和线虫、原生动物病等引起。

寄生螨：雅氏瓦螨（大蜂螨）、亮热力螨（小蜂螨）、武氏蜂盾螨（气管螨）。

寄生性昆虫和线虫：蜂麻蝇、驼背蝇、圆头蝇、蜂虱、线虫。

原生动物病：蜜蜂孢子虫病、蜜蜂阿米巴病。

（2）蜜蜂非传染性疾病 主要由遗传因子、不良气候、不良饲料、自然毒物、化学毒物等因素引起。

① 遗传因子 卵干枯病、僵死幼虫。

② 不良气候 卷翅病、冻伤幼虫。

③ 营养不良或不良饲料 佝偻病、下痢病。

④ 自然毒物　枣花病、茶花中毒、油茶花中毒、甘露蜜中毒、花粉中毒、花蜜中毒。

⑤ 化学毒物　农药中毒、工业污染等其他化学毒物中毒。

（3）按蜜蜂虫态可分为蜂卵病、幼虫病、蜂蛹病、成年蜜蜂病

① 蜂卵病　卵干枯病。

② 幼虫病　囊状幼虫病、美洲幼虫腐臭病、欧洲幼虫腐臭病、白垩病、黄曲霉病、冻伤幼虫、幼虫中毒。

③ 蜂蛹病　蜜蜂蛹病。

④ 成年蜜蜂病　麻痹病、埃及蜜蜂病毒病、云翅病毒病、其他蜜蜂病毒病、副伤寒、败血症、螺原体病、蜂王卵巢变黑病、蜜蜂微孢子虫病、蜜蜂阿米巴病、寄生螨病、寄生性昆虫和线虫病、各种非传染性疾病。

3.蜜蜂敌害种类

蜜蜂的敌害主要有昆虫类、两栖类、鸟类、兽类及其他生物，其危害程度比病害要小。

（1）昆虫类　蜡螟（巢虫）、胡蜂、蚂蚁、食虫虻、天蛾、蜻蜓、螳螂、蜂箱小甲虫。

（2）两栖类　蟾蜍、青蛙。

（3）鸟类　蜂虎、蜂鹰、伯劳。

（4）蜘蛛类　蜘蛛。

（5）兽类　老鼠、黄喉貂、黄鼠狼、黑熊、刺猬等。

二、蜜蜂病敌害发生流行条件及特点

1.蜜蜂疾病发生与流行条件

导致蜜蜂个体间相互感染和蜂群发病流行，在一个地区、一个时期可少量出现，而在另一个时期可大发生成为高度流行。影响疾病流行的因素主要有病原微生物、蜜蜂及蜂群对疾病的抵抗力和环境条件。三者谁是主导因素是可变的；当有大量病原微生物和易感的蜜蜂或蜂群存在时，疾病的流行主要取决于适宜的环境条件；当有适宜的环境条件和适宜的蜜蜂或蜂群时，入侵微生物的数量和毒力则起主导作用，但如有足够的入侵微生物和适宜的环境条件，蜜蜂的抗病力、生理状态和密度就成为疾病流行的主要因素。

（1）病原微生物　病原微生物的致病力、感染力、数量、生存能力等特性均可影响蜜蜂疾病的流行。病原微生物由蜜蜂体内排出到侵入新的个体，其感染途径是多种多样的，一般均需较长时间。感染能否成立，主要取决于病原微生物的致病力和活性，即病原微生物在蜜蜂尸体中存活的时间，在排泄的粪便中、在被污染的巢脾上、在蜂蜜及花粉中存活力的强弱。蜜蜂疾病的感染源，主要来自于患病个体的排泄物和病蜂尸体。试验证明，一只患囊状幼虫病的幼虫体内含有大量病毒粒子，它可使3000个以上的健康幼虫患病。因此，病原微生物的数量和感染力是造成疾病流行的首要条件。在蜂群防治工作中，必须采取各种措施，控制病原微生物的传播与蔓延，保持蜂场的清洁卫生，及时清理蜂箱底及蜂场上的蜜蜂尸体，集中深埋或烧毁，对蜂箱和巢脾等蜂具进行消毒，杀灭病原，这些措施是蜂病防治的关键。

（2）蜜蜂对疾病的抵抗力　蜜蜂不像脊椎动物那样具有完全的免疫系统。但蜜蜂有防卫机构，身体由防卫病原微生物侵入的外部构造和内部机构所组成，后者又分为自然免疫和获得性免疫。

蜜蜂体表由较硬的表皮所覆盖，成为坚固的防御屏障，能防止病毒、细菌和原生动物侵入。但真菌、螨类和寄生性昆虫却能越过障碍而侵入。同时，当表皮受到伤害时，病原微生物也有侵入的可能。如受蜂螨危害严重的蜂群，由于蜜蜂体表受到伤害，而导致感染急性麻痹病病毒已被试验所证明。围食膜具有保护中肠细胞免遭食物通过时造成伤害和防止病原微生物侵入的作用，如果围食膜遭到破坏，常常会引起蜜蜂孢子虫的侵入。

蜜蜂的体液相当于脊椎动物的血液，由血淋巴和血球组成，血球具有吞噬、体液凝固、组织营养供给三个机能。血球通过吞噬作用将病原微生物摄进细胞质内而消化。寄生物比血球大时，代替吞噬作用的是多数血球将寄生物包围起来，无机物以及异种昆虫的组织等也会受到血球的包围。

蜜蜂虽然有识别体内异物的能力，但不能区分异物的细微差别，不具备脊椎动物那样高效的免疫机能和免疫记忆，加之寿命短、个体小，所以发病后难免死亡。

蜜蜂不同品种在抗病性方面有差异，如中蜂和意蜂对囊状幼虫病的抵抗力有很大不同。意蜂囊状幼虫病很早就在意蜂上发现，但并未造成流行和较大危害，可是中蜂囊状幼虫病在中蜂上发现虽然较晚，1972年便在全国大流行，宁夏是1976年大流行，给养蜂生产造成严重损失。相反，蜂螨在中蜂上发现较早，可至今一直未造成危害，而在西方蜜蜂上虽然发现较晚，但很快传播蔓延到全国各地。据观察，卡尼鄂拉蜂对美洲幼虫腐臭病的抵抗力较强，意蜂则易感染，所以说蜜蜂个体对疾病的易感性是造成疾病流行的条件之一。

如此可见，在蜂病防治工作中，加强抗病育种是十分重要的。抗螨育种更是当前许多国家进行科学研究的重要课题。因此，有目的、有计划地选育抗病力较强的蜂种或蜂群，从中培育蜂王或通过引种（中蜂不提倡引种）和杂交的方式，选择和培育抗病力强的蜂群作为育王群，也可在某一种疾病大流行时期，从中选择不感染病的蜂群作育王群，这样经过几代或多代系统选育，其后代对这种疾病的抵抗力也会增强。

（3）环境条件　在蜂病防治工作中，必须加强饲养管理，创造适宜蜜蜂生活和发育的良好条件，如培育蜂儿的最适温度为34～35℃，相对湿度为75%～90%，在早春和晚秋季节昼夜温差大的情况下，为了保证蜂群内培育蜂儿的最适温度，必须做好蜂群的保温工作，在夏季天气炎热时又要注意给蜂群遮阴。此外，蜜蜂在生活过程中还需要一定的水分和无机盐类，在缺乏水源的地方，有的蜜蜂常到附近的厕所里去采尿酸和粪便，很易感染疾病，所以要求蜂场设置巢门或蜂场公共喂水器，在水中加入少许食盐就可满足蜜蜂对无机盐的需要。常年保持蜂群内有充足的饲料，是蜂群健康发展的必要保证，尤其是越冬蜂群必须保证有足够的优质越冬饲料。

在蜜蜂细菌病、真菌病和原生动物病中，蜜蜂的营养状况对疾病的发展起到一定作用，如蜜蜂白垩病的发生、发展和传播与花粉中含有真菌蜜蜂球囊菌关系密切，如蜂群饲喂了含有蜜蜂球囊菌的花粉就会感病。欧洲幼虫腐臭病的流行或停止常与工蜂对感病或死亡幼虫的清理状况有关。美洲幼虫腐臭病病菌及幼虫芽孢杆菌在蜂王浆中存活不超过6h，其原因是pH不适宜，当幼虫不喂王浆时易发病。雨水对蜜蜂孢子虫和阿米巴影响较大，往往在雨季过后发生孢子虫病，其原因主要是雨水直接影响了花蜜和花粉的质量，使之对蜜蜂不适宜，影响蜜蜂的消化机能，当蜜蜂体内有孢子虫存在时，可诱发疾病的发生。

2．蜜蜂疾病特点

（1）**蜜蜂疾病以蜂群为发病的基本单位**　蜜蜂是以群体生活的社会性昆虫，三型蜂中任何个体都离不开蜂群群体而单独生存。因此，蜜蜂疾病是对整个蜂群而言的，是以蜂群为发病的基本单位。

（2）**蜜蜂疾病发病的季节相对明显**　大多数病原微生物都有其最适宜的温湿度范围，因此许多疾病的发生都有一定的季节性。如中蜂囊状幼虫病多发生在早春、晚秋气温较低的情况下，美洲幼虫腐臭病则多发生在气温较高的季节，而真菌病多发生在高温高湿阴雨连绵的季节，这是因为温湿度不仅影响病原微生物的发育和繁殖，而且也影响蜜蜂和蜂群群体本身的健康和对疾病的抵抗力。

（3）**症状明显但典型性差，临床诊断困难**　蜜蜂个体小，结构简单，患病后症状明显，如无论是生物因子还是非生物因子引起蜜蜂成年蜂患病，由于蜜蜂机体虚弱或由于病原体损害蜜蜂神经系统，均可以看到大量病蜂在巢箱底部或巢箱外部爬行。到底是何种病害引起的爬行，很难诊断。

（4）**常见综合感染，数病并发**　许多蜜蜂疾病往往常见综合感染，数病并发。如中蜂欧洲幼虫腐臭病与囊状幼虫病综合感染，蜜蜂微孢子虫病与下痢病、副伤寒综合感染。

（5）**一旦感染，很容易传染，且病原一般在蜂群中长期存在**　蜜蜂是营群体生活的昆虫，一旦有少数蜜蜂染病，很容易传染给其他蜜蜂或蜂群，同时蜜蜂许多传染病一旦感染，病原一般在蜂群中长期存在。如囊状幼虫病、美洲幼虫腐臭病等疾病一旦感染，即使治愈后，病原一般都会在蜂群中长期存在。

（6）由于机体结构简单、免疫力低下，患病个体无法治愈　蜜蜂是完全变态的昆虫，它的发育经过卵、幼虫、蛹、成虫4个阶段，各个阶段的持续期都很短，加之个体小、机体结构简单、免疫功能不健全，无论哪个阶段患病，再好的药物，再好的治疗方法，都不会挽救患病蜜蜂的生命，所以患病个体无法治愈，只会死亡。

3．蜜蜂敌害特点

对蜜蜂个体的捕杀是敌害最突出的特点，往往表现对蜂群的一次性伤害，但危害程度却十分严重。如1只熊1夜能毁坏数十群蜜蜂，造成子、蜜脾毁坏，蜂箱破裂；2只雄金环胡蜂，2～3d可咬杀4000余只外勤蜂；蜂场周围的蜂虎，可造成婚飞的处女王损失；蟾蜍一口气可吞食百余只外勤蜂；黄喉貂1夜可以使十余群蜜蜂遭受灭顶之灾。

三、蜜蜂的免疫防御系统及其功能

蜜蜂能够在变幻无常的环境里，在蜂箱狭小的生活空间里，一代代生长、繁殖下去，说明其在长期进化的过程中，形成了对周围环境良好的适应能力和对各种侵袭的抵御能力，从而保证了其种系的延续和发展。

1．与外界相通器官的防御能力

（1）表皮　蜜蜂的表皮是几丁质的外壳，覆盖全部躯体。它精细的结构控制着体内水分的蒸发，构成防御水分、化学物质、病原体以及农药等侵袭的屏障，对机体起重要保护作用。除了物理性的屏障作用外，表皮上还存在一些化学物质，能够杀伤病原微生物。只有机械磨损、螨寄生等造成表皮损害，才会使病原微生物进入蜜蜂体内。

（2）中肠　蜜蜂消化道的前肠和后肠都有几丁质的内膜，对食入的病原微生物、毒物等都有机械的屏障作用。中肠缺乏几丁质内膜，主要通过围食膜、中肠壁的完整性和中肠内的环境等抵御病原微生物的侵袭。

① 围食膜　中肠内表面有一层厚厚的连续性的胶状膜，覆盖在上皮细胞表面。它的主要功能是使中肠不受损伤，从而避免了病原微生物和毒物等从受伤的肠壁进入血腔。

② 中肠壁　完整的肠壁可以防止病原微生物和毒物等进入血腔。随着肠细胞周期性的脱落，寄生虫就被带出体外。

③ 中肠内的环境对病原体有限制作用　蜜蜂每日摄入的蜂蜜、花粉中都含有一定量的抗菌物质。如成熟蜂蜜中的葡萄糖氧化酶分解葡萄糖产生的过氧化氢，具有很好的抗菌活性。正常情况下中肠壁的消化细胞可分泌脂肪酸、蛋白酶、转化酶

等。蜜蜂肠道中还有一些抗菌物质可分泌到肠腔内，对于随食物进入中肠的病原微生物起到了抑制和杀灭作用。

④ 气管系统　气管是机体内部直接与外界相通的器官。功能正常、结构完整的气管系统，可以有效地防止环境中的病原微生物进入体内。气管内比较干燥的环境可以防止芽孢杆菌在气管内生存，也可以控制真菌在气管内生长繁殖。

2．血淋巴的防御功能

病原微生物一旦穿过表皮、气管壁或中肠壁的防御屏障，就进入血腔。血淋巴的免疫应答反应主要表现在以下两方面。

（1）血浆　当病原微生物进入血腔后，血浆本身对病原微生物产生的毒素有稀释作用。存在于血浆中的酶类等能够有效地杀灭病原微生物。此外，血浆中存在一些凝血物质，能够促进伤口愈合，对病原微生物的扩散具有隔离作用。

（2）血细胞　血细胞一个很重要的功能就是包围和吞食微生物。另外，当病原微生物进入蜜蜂体内后，血淋巴产生一些蛋白质，进一步杀灭病原微生物。

总之，蜜蜂的防御系统可以完成对机体的保护作用。如果外界的不良因素超过蜜蜂的抵抗能力，蜜蜂就会表现出各种疾病。如果蜜蜂的抵抗力能够抵抗不良因素的侵害，蜜蜂就可保持健康。

第四节　蜜蜂病敌害防控

根据蜜蜂病敌害特点，在蜜蜂病敌害防控上应以增强蜜蜂抗病能力和预防为主，一旦蜂群患病，要及早预防治疗，并采用综合防控措施。

一、增强蜜蜂抗病力

饲养强群、保证蜂群良好发育，减轻蜜蜂负担，保持巢温，确保蜂群饲料充足，让蜜蜂"吃得饱，吃得好，穿得暖"，增强蜜蜂抵抗病敌害的能力，减少病敌害的发生。

二、蜂场卫生

经常清扫蜂场场地上的蜂尸和脏物并集中烧毁或深埋，以减少传染源。更换陈旧的巢脾，淘汰患病严重的病脾，不用不知底细的蜂蜜和蜂花粉作饲料，不购买来历不明的蜂箱和蜂具。蜂场周围环境清洁、空气清新，无化工厂、肥料厂及其他带有烟尘污染的工厂或锅炉房等。在蜂场设置清洁的饮水器，并在水中加入0.05%的食盐以满足蜜蜂对水和无机盐的需要。经常清理场地上及周围的杂草，填平污水坑。蜂场场地可用石灰水消毒。

三、蜂场消毒

蜂场消毒包括蜂箱、巢脾、蜂具以及蜂场场地消毒，每年春季蜂群陈列以后和蜂群进入越冬期前，都要进行一次彻底消毒。通常有机械消毒、物理消毒和化学消毒三种方法。

1. 机械消毒

用清扫、铲刮、洗涤等方法清除病原体，根据消毒对象而采用不同的方法。如蜂箱蜂具可以用起刮刀刮铲上面的污物，巢脾可用清水浸泡并用摇蜜机将脏水摇出，对于越冬室或蜂场上的蜂尸及其他脏物清扫后烧毁或深埋。

2. 物理消毒

用日光、烘烤、灼烧、煮沸、蒸汽及紫外线杀灭病原体。

（1）**日光与烘烤** 日光可使微生物体内蛋白质凝固，对一些微生物有一定的杀伤作用，如蜂场采用日光曝晒蜂箱内保温物、蜂箱、蜂具等，不仅可以提高巢温，而且对病原微生物有一定的杀灭作用。烘烤干燥能使微生物体内水分蒸发，同样起到表面消毒作用。

（2）**灼烧** 蜂场常用喷灯来消毒被病原物污染的蜂箱、巢框及其他木制、竹制蜂具。事先将其表面的脏物铲除干净，用喷灯仔细灼烧至焦黄为止。

（3）**煮沸** 常用来消毒巢框、隔板、覆布及工作服等。

（4）**蒸汽消毒** 常用高压消毒器，在121℃（1kg/cm²）下消毒30min，杀灭细菌的营养体和芽孢。蜂场一般用来消毒金属用具、覆布及工作服等。

（5）**紫外线消毒** 紫外线具有很强的杀菌力，可杀死细菌的营养体和芽孢，可用于消毒被副伤寒病菌和欧洲幼虫腐臭病菌污染的蜂具和巢脾。

3. 化学消毒

（1）**高锰酸钾** 一种强氧化剂，杀菌力很强，对病毒也有灭活作用。蜂场常用来消毒被病毒和细菌污染的蜂箱及巢脾，消毒浓度为1000～1200倍。

（2）**甲醛** 一种易溶于水的无色液体，常用4%的甲醛溶液（又称福尔马林溶液）或蒸气来消毒被孢子虫病、病毒病和细菌病污染的蜂箱和巢脾。

（3）**二硫化碳** 一种无色或具微黄色的液体，易燃且具有刺激气味。蜂场常用于消毒巢脾，先将预消毒的巢脾放入已消毒好的巢箱和继箱内，每个箱体放10张巢脾，5～6个箱体为一组，最上面的箱体放8张巢脾，空当放容器，每个箱体用药量1.5～3mL，密闭熏蒸24h以上。可用于杀灭蜡螟的卵、幼虫（巢虫）、蛹和成虫

（螟蛾）。

（4）硫黄　黄色粉末，燃烧时产生二氧化硫气体可杀死蜂螨、螟蛾、幼虫（巢虫）和真菌。用硫黄熏蒸巢虫应每隔7d一次，因为硫黄不能杀死蜡螟的卵和蛹。每个继箱放8张巢脾，5个箱体为一组，最下面放一个空巢箱，其内放一瓷容器，糊好缝隙。使用时，将燃烧的木炭放入容器内，立即将硫黄撒在炭火上，密闭熏蒸24h以上，每个箱体用药量3～5g。

（5）冰乙酸　冰乙酸蒸气对孢子虫、阿米巴及蜡螟的幼虫和卵具有很强的杀灭力。用以消毒蜂箱、巢脾和蜂具的用量是每个继箱用含量为98%的冰乙酸10～20mL，密闭熏蒸24h。

（6）次氯酸钠　对细菌有杀灭作用，蜂场常用0.5%～1%的浓度消毒被细菌污染的蜂箱和巢脾，也可用1%的浓度喷洒消毒越冬室。

（7）过氧乙酸　0.1%～0.2%的溶液对真菌、细菌和病毒均有较强的杀灭力，蜂场常用来消毒被真菌（白垩病、黄曲霉病）、病毒（囊状幼虫病、麻痹病）和细菌（美洲幼虫腐臭病、欧洲幼虫腐臭病）污染的蜂箱和巢脾。

（8）新洁尔灭　无色液体，呈碱性，具有很强的消毒和去污作用。蜂场常用0.1%浓度消毒被美洲幼虫腐臭病和欧洲幼虫腐臭病污染的蜂箱和巢脾。

（9）石灰乳　用生石灰制成，先将生石灰用少量水化开，然后配制成10%～20%的石灰乳。可用于消毒蜂场场地、越冬室和粉刷墙壁。

（10）烧碱　应用2%的溶液洗刷被美洲幼虫腐臭病和囊状幼虫病污染的蜂箱和巢框，消毒后以清水洗净。

四、选育抗病蜂王

不同的品种或同一品种各蜂群间在抗病性方面存在差异。如中蜂对大蜂螨和小蜂螨有很强的抵抗力，研究表明，中蜂抗螨主要是行为抗螨即清除能力，在西方蜂种之间对蜂螨的抗性也有差别。目前国内外的科学家都在蜜蜂抗螨性和抗螨机制等方面进行研究，同时在抗病选种方面也取得了一定的进展。作为养蜂员，在人工育王时，要选择抗病性强、能维持强群、分蜂性弱、生产性能好的蜂群作为种用群（包括父群和母群），进行人工育王，更换发病群中的蜂王。

五、蜂药使用原则

利用药物来消灭病原体或抑制其感染力，是一种广泛施行的专业方法，特别在其他防控方法不能奏效时，就要求助于药物的防控。从目前来看，药物防治仍然是许多蜜蜂病害的重要防治方法。但是一定要把握好蜂群用药的基本原则，同时要防止蜂药污染蜂产品。

1. 蜂群用药基本原则

（1）**严格对症用药** 细菌病和螺原体病选用抗生素或有抗菌作用的中草药，病毒病选用利巴韦林和酞丁安制剂或有抗病毒作用的中草药，真菌病选用制霉菌素或有抑制真菌生长作用的中草药，孢子虫病选用柠檬酸或其他酸性药物。乱用药不但不治病，加重经济负担，同时还造成蜂产品的污染。

（2）**用量适当，疗程充足** 抗菌药物的剂量不宜太大或太小，剂量太小起不到治疗作用，还会形成耐药性；剂量太大不仅造成浪费，还可引起严重反应。一般来说，开始剂量宜稍大，以便给病原菌以决定性打击，以后可根据病情适当减少药量。对急性细菌性传染病剂量应增大。抗菌药物的疗程应充足，一般细菌性传染病应连续用药3～5d，直至症状消失后再用1～2d，以求彻底治愈，切忌停药过早，导致疾病复发。给药途径也应适当选择，成蜂细菌性传染病多采用饲喂的方式，这样方便且节省时间，可以在较短的时间内，使所有的病群都接触到药物；幼虫细菌性疾病最好采用喂蜂与喷脾相结合的方法，这样可以使药物分布得更均匀，幼虫可以尽可能早地接触到药物。

（3）**注意观察蜂群反应，及时修改治疗方案** 在用药过程中，应注意观察蜂群反应，如症状好转，应坚持继续用药；如果疗效不佳，应考虑下列几种可能性，及时修改治疗方案。一是药物选择不当，不能抑制病原微生物，此时应改换其他有效药物；二是剂量不足或给药途径不当，此时要增加剂量或改变给药途径；三是诊断上有错误。

（4）**强调综合防治** 为了更好地取得治疗效果，在使用抗菌药物的同时，必须结合改善饲养管理条件，增强蜂群本身的抵抗力，注意消毒，控制病原体进一步扩散等措施。

2. 防止蜂药污染蜂产品

① 在主要采蜜期的前1个月内，不要使用抗生素等药物以及治螨的药物，以防止蜂药在蜂蜜中残留。

② 无论在蜜源缺乏期使用药物，还是在早春奖励饲喂蜂群时使用药物，到大流蜜初期都要彻底清除巢内存蜜，这样既起到了治疗作用，又防止了蜂药残留超标。摇出含蜂药的蜂蜜另行保管，不可与商品蜜混合。摇出的蜂蜜若要使用，必须煮沸消毒以后，再喂蜂群。

③ 如大流蜜期已过或即将结束，含抗生素的存蜜可以暂留巢内使用，但这些巢脾要做好记号，以示区分。

④ 杀螨"螨扑"要按使用说明使用，在巢房中挂3周要取出，不可长期留在蜂箱中。生产季节不能用"螨扑"治螨，以防氟胺氰菊酯污染蜂产品。

为了对蜜蜂疾病进行有效的防治，必须首先要做出正确的诊断，确定病原，然后才能确定正确的防控方法，进行对症施策、对症用药，方能收到较好的防控效果。

一、蜜蜂疾病诊断流程

蜜蜂疾病最基本的诊断是蜂场临床症状诊断，根据蜜蜂患病后的典型症状进行区分，然后大致可以确定蜜蜂患有某种疾病。然而对一些症状相类似的蜜蜂疾病往往只从临床症状上是难以区分的，所以必须通过实验室诊断，才能确诊。蜜蜂疾病诊断流程如下。

首先进行蜂场诊断。蜂场诊断也称蜂群观察诊断，或叫症状诊断。主要包括箱外观察和开箱检查。有些病害如孢子虫病、中毒等也可在箱外观察和开箱检查的基础上进行蜜蜂消化系统解剖诊断。通过蜂场箱外观察、开箱检查及解剖诊断，如对一些临床症状相类似不好区分、难以确诊的，可采样进行实验室诊断。实验室诊断也称实验室检测诊断，主要包括病原诊断、生物学特征鉴定和分子生物学诊断。最后方可确诊。

二、蜂场诊断

1. 箱外观察

患病蜂群在蜂场场地巢门前可以观察到病蜂、死蜂、死蜂蛹或死亡幼虫，根据这些症状进行诊断。

（1）巢门前病蜂行为检查

① 病蜂的行动是否正常，反应是否灵敏，有无身体颤抖现象或爬行或跳跃等异常表现。

② 检查病蜂胸、腹部绒毛是否脱落，腹部膨大或缩小以及体色有无变化。

③ 检查巢门口爬出蜂箱外的幼蜂体上有无大蜂螨寄生，翅膀发育是否健全。

④ 拉取病蜂消化道，中肠颜色及弹性是否正常，大肠内充满花粉还是混浊状液，有无臭味。

（2）巢门口死蜂、死蛹和死幼虫检查

① 检查死蜂的数量，死蜂体态、体色的变化，吻是否伸出，翅是否完整，根据这些特点并结合外界因素进行分析。

② 观察拖出箱外死蜂蛹的体色、体态和气味，区分是病毒性蜂蛹病还是由于巢虫或蜂螨危害所致。

③ 观察拖出箱外的死幼虫体色、体态及气味，身体上有无黄绿色或白色或黑色的霉状物，区分是哪种病原引起的幼虫病。如患美洲幼虫腐臭病严重的蜂场，夏季气候炎热的中午走到蜂场就可以嗅到鱼腥臭味。

2．开箱检查

开箱检查的时间依据季节和气温而定，夏季气温高最好选择早晨检查，早春和晚秋气温低最好选择在中午检查。提取子脾观察幼虫、蛹以及成蜂状况。

（1）成蜂的观察 开箱后首先观察框梁上、巢箱底部及边角处有无反应迟钝、行动缓慢、腹部膨大或体色油光发黑、身体颤抖的病蜂，检查成蜂体上蜂螨的寄生率。

（2）封盖子脾的检查 观察封盖巢房是否整齐，巢房盖有无下陷或小的穿孔，打开巢房盖挑取幼虫或蜂蛹观察体色和体态有无变化，用镊子挑取幼虫有无拉丝现象。

（3）未封盖子脾的检查 观察有无死卵和死亡的小幼虫，死虫体色和体态有无变化，有无卵虫相间的"插花子脾"现象。

（4）死蛹的检查 观察封盖是否正常，有无"白头蛹"，拉取死蛹，观察体色有无变化，有无味道，有无小巢虫或大、小蜂螨。

3．解剖诊断

蜜蜂消化系统解剖诊断用以诊断蜜蜂孢子虫病、阿米巴病及农药中毒、甘露蜜中毒和消化不良等。抓取可疑病蜂，用左手大拇指和食指轻轻捏住蜜蜂胸部，右手持镊子夹住腹部末端，也可用拇指和食指直接捏住腹部末端，轻轻拉出蜜蜂消化道，先后见到大肠、小肠及马氏管、中肠及蜜囊，根据中肠颜色、环纹和弹性变化确定是否患孢子虫病等。健康蜜蜂的中肠呈淡褐色，环纹清晰，弹性良好。如患孢子虫病的蜜蜂中肠呈灰白色，膨大，环纹模糊，失去弹性。甘露蜜中毒的蜜蜂中肠呈灰色或黑色，农药中毒蜜蜂中肠皱缩，有些病蜂大肠内充满黄色粪便，有时带有恶臭气味。

三、蜜蜂病害标本的寄送

对于蜜蜂疾病必须在首先做出正确诊断的基础上，采取科学的防治措施，才能收到满意效果。症状诊断是初步的，根据某些疾病出现的典型症状加以判断疾病的类型，这是养蜂生产者必须掌握的。但是对有些成年蜂传染病和幼虫病害来说，又不是轻易能识别和确诊的，还必须通过专业研究蜂病的实验室诊断确诊。只有将病蜂标本邮寄到具有蜜蜂病敌害诊断能力的蜜蜂病敌害研究诊断单位，通过各种仪器或科学方法加以诊断确诊，如显微镜诊断、解剖镜解剖诊断、电子显微镜诊断以及血清学等诊断方法。

1．成蜂标本的寄送

成年蜂取样自蜂群内巢脾上和蜂箱底部带有典型病状的病蜂以及蜂箱外的爬蜂、垂死的病蜂和死亡蜜蜂，每种约20～30只，分别装入小纸袋内，作好标记和记录，再装入小木盒内到邮局或快递公司寄送。注意切勿用酒精浸泡。

2．幼虫标本的寄送

（1）**割取**　割取一小块带有病幼虫和死虫的巢脾，装入小木盒内邮寄。

（2）**木盒寄送**　挑取单个病虫或死虫若干只装入已消毒的小玻璃管内，封口后，装入小木盒内寄送。注意，凡是提供做微生物检测的标本，一律不能加任何防腐剂，也不能用化学试剂浸泡。

（3）**标本的新鲜度**　对于需做病毒检验分析的标本，除按上述方法进行包装外，还必须考虑到保持标本材料的新鲜度和感染活性。可将邮寄的标本放入制冷器内或干冰保存邮寄。

3．蜂产品标本的寄送

若检查蜂产品是否污染病原菌，可将采集的样品装入广口瓶内，外用胶布或封口纸封好装入木盒内寄送。蜂花粉、蜂胶样品可装入塑料袋内，放入木盒或布袋内寄送。

第六节　西方蜜蜂常见病敌害诊断及防控

一、螨害

1．狄斯瓦螨（大蜂螨）

狄斯瓦螨（简称瓦螨）也称"大蜂螨"，是对世界各国养蜂业危害最大的蜜蜂寄生虫。2000年重新命名之前，它一直被称为雅氏瓦螨（图6-2）。

（1）**对蜂群的危害**　由于狄斯瓦螨起源于亚洲的东方蜜蜂，长期以来与寄主形成一种相互适应关系，因而大蜂螨对东方蜜蜂危害不大，但对西方蜜蜂群危害极大。狄斯瓦螨不仅吸食蜜蜂幼虫和蛹的血淋巴，造成大量被害虫、蛹不能正常发育

图6-2 黏附在蜜蜂蛹体上的大蜂螨

而死亡，或幸而出房，也是翅足残缺，失去飞翔能力，受害严重的蜂群，群势迅速下降，子烂群亡。它们还寄生于成年蜜蜂，使蜜蜂体质衰弱，烦躁不安，影响工蜂的哺育、采集行为和寿命，使蜂群生产力严重下降以致整群死亡。此外，狄斯瓦螨还能够携带蜜蜂急性麻痹病病毒、慢性麻痹病病毒、克什米尔病毒、败血症细菌、蜂球囊菌等多种微生物，使它们从伤口进入蜂体，引起蜜蜂患病死亡。

（2）生物学习性 狄斯瓦螨发育过程经过卵、幼虫、前期若螨、后期若螨、成螨5种虫态阶段。雄螨完全不进食，它在封盖的幼虫巢房中与雌螨交配后立即死亡。雌螨通常在封盖房内产1～7粒卵，卵的发育期需要2d，雄性前期若螨期3d，雌性为4d，后期若螨均为1～2d，这样雌螨的发育期是7～8d，雄螨是6～7d。雌螨比较喜欢在未封盖的雄蜂房中产卵。若螨以幼虫的血淋巴为食。已经性成熟、有繁殖力的螨常常侵袭正在羽化的蜜蜂。雌螨在夏季可生存2～3个月，在冬季可以生活5个月以上，一生中有3～7个产卵周期，最多可产30粒卵。

狄斯瓦螨有很强的生存能力和耐饥力，在脱离蜂巢的常温环境中可存活7d，在15～25℃、相对湿度65%～70%的空蜂箱内能生存7d，在巢脾上能生存6～7d，在未封盖幼虫脾上能生存15d，在封盖子脾上能生存32d，在死工蜂、雄蜂和蛹上能生存11d，在−30～−10℃下能存活2～3d。

第一阶段。狄斯瓦螨随羽化的蜜蜂出房，寻找1只工蜂或雄蜂寄生其上，用口器刺破蜂体的节间膜，取食蜜蜂的血淋巴，并随蜜蜂在蜂巢外漫游。延续时间约4～13d。大龄雌螨在巢外漫游时间较短。约有22%的雄螨进行第二次生殖，有更少的雌螨生殖3次以上。

第二阶段。狄斯瓦螨经过一段漫游期后，从蜂体上脱落，在巢房被封盖前不久进入将要封盖的工蜂幼虫巢房，1只或多只雌螨进入1个巢房内。

第三阶段。工蜂巢房封盖后，成年雌螨进入幼虫房6h后产下第一粒卵，这个卵发育成雄螨。接着再产2～5粒卵，这个卵发育成雌螨。雌螨在工蜂房内具有产5粒卵或雄蜂房内产7粒卵的能力。由于营养不足，有些雌螨不能产卵。

第四阶段。狄斯瓦螨成熟和交配。在封盖的幼虫巢房内，成熟的雄螨与成熟的雌螨交配。如果1个巢房内只进入1只雌螨，则子代雌螨进行近亲交配；进入2只以上雌螨时，子代雌螨就可能发生远亲交配。

（3）发生规律 大蜂螨的生活史归纳起来可分为两个时期，一个是体外寄生期，一个是蜂房内的繁殖期。蜂螨完成一个世代必须借助于蜜蜂的封盖幼虫和蛹。因此，大蜂螨在我国不同地区发生的代数有很大的差异。对于长年转地饲养和终年无断子期的蜂群，蜂螨整年均可危害蜜蜂。北方地区的蜂群，冬季有长达几个月的自然断子期，蜂螨就寄生在工蜂和雄蜂的胸部背板绒毛间或翅基下和腹部节间膜处，与蜂群的冬团一起越冬。

越冬雌成螨在第二年春季外界温度开始上升、蜂王开始产卵育子时从越冬蜂体上迁出，进入幼虫房，开始危害蜂群。以后随着蜂群发展、子脾的增多，螨的寄生率迅速上升。通常，季节的变化影响蜂群群势的消长。春季和秋季蜂群群势小，螨的感染率显著增加；夏季群势增大，螨的寄生率呈下降趋势。

（4）传播途径　不同地区蜂螨的传播主要是蜂群频繁转地造成的。蜂场内的蜂群间传染，主要通过蜜蜂的相互接触。盗蜂和迷巢蜂是传染的主要因素。

（5）诊断

① 箱外观察　巢门前发现许多翅足残缺的幼蜂爬行，死亡蜜蜂瘦小、翅足残缺不全，同时有死蛹被工蜂拖出。

② 开箱检查　提出子脾，发现巢脾上有死亡的变黑幼虫或蛹，并且在蛹体上能见到蜂螨附着。

③ 蜂螨检查　一是从蜂群中提取带蜂子脾，随机取样，抓取50～100只工蜂，检查其胸部和腹部节间处是否有蜂螨寄生。根据蜂螨数和检查蜜蜂数之比，计算寄生率。二是用镊子挑开封盖巢房50个，用放大镜仔细检查蜜蜂蛹体上及巢房内是否有蜂螨，并根据检查蜂数计算寄生率。三是春季和秋季有雄蜂时期，检查封盖的雄蜂房，计算寄生率。

（6）防治方法

① 物理疗法

a. 热处理法　狄斯瓦螨发育的最适温度为32～35℃，42℃出现昏迷，43～45℃出现死亡。利用这一特点，把蜜蜂抖落在金属制的网笼中，以特殊方法加热并不断转动网笼，在41℃下维持5min可获得良好的杀螨效果。这种物理方法杀螨可避免污染蜂产品，但由于加热温度要求严格，一般在实际生产中应用不便。

b. 粉末法　各种无毒的细粉末，如白糖粉、人工采集的松花粉、淀粉和面粉等，都可以均匀地喷洒在蜜蜂体上，使蜂螨足上的吸盘失去作用而从蜂体上脱落。为了不使落到蜂箱底部的活螨再爬到蜂体上，并为了从箱底部堆积的落螨数来推断寄生状况，应当使用纱网落螨框。使用时，落螨框下应放张白纸，并在纸上涂抹油脂或粘胶，以便黏附落下的螨。粉末对蜜蜂没有危害，但是只能使部分螨落下，所以只能当作辅助手段来使用。

② 药物疗法　用各种药剂来防治蜂螨是最普遍采用的方法。治螨的药物已有很多，而且新的药物不断地被选出来，养蜂者可根据具体情况使用。选择药物时要考虑到对人和蜜蜂的安全性和对蜂产品质量的影响，应杜绝用农药如敌百虫等治螨的

作法。另外，应交替使用不同的药物，以免因长期使用某一种药物而产生抗药性。常用的治螨药物如下。

a. 有机酸　甲酸、乳酸、草酸等有机酸都有杀螨的效果，其中，甲酸的杀伤力最强。甲酸是一种化工原料，可到化工原料商店购买。甲酸系腐蚀性品，不可接触皮肤、鼻、眼等器官。先把甲酸倒入玻璃容器里，然后用纸巾蘸1～2mL，放在蜂箱离开巢脾和无蜜蜂处，或放入一次性纸杯内，然后放入蜂箱，利用其熏蒸气味杀灭蜂螨。一般5～7d治疗一次。

b. 高效杀螨片（螨扑）　有效成分为马扑立克（氟胺氰菊酯），对蜜蜂安全，药效持续时间长，对陆续出房的螨可相继消灭。杀螨剂附着在载体上，不与蜂产品直接接触，同时使用方便，省工、省时，工作效率高。按说明使用，一般强群呈对角线悬挂2片，弱群1片，3周一个疗程。

③ 生物疗法　可以用适当的养蜂管理措施来减少寄生瓦螨的数量，维护正常的养蜂生产。

a. 雄蜂脾诱杀　雄蜂蛹可为瓦螨提供更多的养料，一个雄蜂房内常有数只瓦螨寄生繁殖。可利用瓦螨偏爱雄蜂虫蛹的特点，用雄蜂幼虫脾诱杀瓦螨，控制瓦螨的数量。在春季蜂群发展到10框蜂以上时，在蜂群中加入安装上雄蜂巢础的巢框，让蜂群建造整框的雄蜂房巢脾。蜂王在其中产卵后20d，取出雄蜂脾，抖落蜜蜂，打开封盖，将雄蜂蛹及瓦螨震出。空的雄蜂脾用硫黄熏蒸后可以加入蜂群继续用来诱杀瓦螨。可为每个蜂群准备2个雄蜂脾，轮换使用。每隔16～20d割除一次雄蜂蛹和瓦螨。

b. 人工分群　春季，当蜂群发展到12～15框蜂时，采用抖落分蜂法从蜂群中分出5框蜜蜂。每隔10～15d可从原群中分出一群5框蜂群，在大流蜜期前的一个月停止分群。早期的分蜂群可诱入成熟的王台，以后最好诱入人工培育的新产卵蜂王。给分蜂群补加蜜脾或饲喂糖浆。新的分蜂群中只有蜜蜂而没有蜂子，蜂体上的瓦螨可用杀螨药物除杀。

c. 换新巢脾　狄斯瓦螨在相对较小的工蜂巢房中繁殖力强。新巢脾的巢房较旧巢脾的巢房大，勤换新巢脾可起到抑制大蜂螨繁殖的作用。

2. 梅氏热厉螨（小蜂螨）

梅氏热厉螨也称亮热厉螨，又称小蜂螨（图6-3）。

（1）对蜂群的危害　小蜂螨的原始寄主是大蜂螨，西方蜜蜂引入亚洲后，小蜂螨逐渐转移到西方蜜蜂群内寄生，并造成严重危

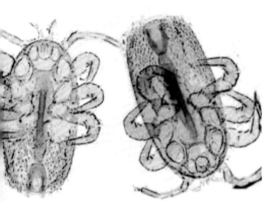

图6-3　小蜂螨

害。由于小蜂螨繁殖周期短，防治比大蜂螨困难，在亚洲小蜂螨被认为是一种比大蜂螨危害更大的寄生虫。小蜂螨主要寄生于蜜蜂幼虫和蛹体上，很少寄生于成蜂体上，在蜂体上寄生只能存活2d。小蜂螨不但可造成蜜蜂幼虫大批死亡、腐烂变黑，而且还会造成蜂蛹和幼蜂死亡，常出现死蛹，出房的幼蜂变得残缺不全，受害蜂群迅速削弱，甚至全群死亡。

（2）生物学习性　小蜂螨的个体发育经过卵、幼虫、若螨和成螨四个阶段。雌性小蜂螨进入幼虫房后48～52h开始产卵，蜜蜂幼虫封盖100～110h是雌性小蜂螨的产卵高峰期，以后产卵力逐渐下降。蜜蜂幼虫封盖208h后产的卵多为无肢体卵，不能孵化。一般情况下能产1～6粒卵，多数产1～3粒卵。

卵期15～30min，幼虫期20～24h，前期若螨44～48h，后期若螨48～52h，从卵到成螨整个发育周期为4.5～5.0d。

小蜂螨发育的最适宜温度为31～36℃，一般可存活8～10d，有的可达13～19d。9.8～12.7℃很难长时间生活，只能活2～4d。44～50℃下24h全部死亡。

小蜂螨的足较长，行动敏捷，常在巢脾上迅速爬行，具有较强的趋光性，在阳光或灯下小蜂螨很快会从巢房里爬出来。

小蜂螨主要寄生于子脾上，靠吸取蜜蜂幼虫和蛹体的血淋巴生活。雌螨潜入即将封盖的幼虫房产卵，当一个幼虫或蛹被寄生死亡以后，又从封盖房的穿孔内爬出来，重新潜入其他幼虫房内产卵繁殖，在封盖房内新繁殖成长的成螨，随新蜂一起出房。在成蜂体上只能存活1～2d，所以在北方小蜂螨是越不过冬的。同时利用这一特性，可采用断子防治小蜂螨。

（3）发生规律　小蜂螨顺利越冬的温度要求为蜂群越冬期的月平均温度在14℃以上，可越冬的温度要求为蜂群越冬期的月平均温度不低于5℃，月平均最低温度不低于0℃。小蜂螨顺利越冬的生物学指标为蜂群在整个越冬期内无绝对断子期，可越冬的生物学指标为蜂群越冬期的绝对断子期不超过10d。研究表明，我国广东、广西、福建、浙江、江西南部为小蜂螨的越冬基地。湖北、湖南、江苏、安徽、云南、四川、贵州及河南南部为其可越冬区。

小蜂螨的消长规律与大蜂螨有所不同，在一年中的消长与蜂群的繁殖状况及群势有关。宁夏6月份之前，蜂群中很少见到小蜂螨，但7月份后小蜂螨寄生率急剧上升，到8月下旬至9月份达到高峰。10月下旬以后当气温下降到10℃以下，蜂群内又基本没有小蜂螨。

（4）传播途径　小蜂螨群间的自然扩散依靠的是成年工蜂的传播，即错投、盗蜂和分蜂等，这是一种长距离的缓慢传播。小蜂螨的传播主要归于养蜂过程的日常管理，蜂农管理活动为小蜂螨的传播提供了方便，如受感染蜂群和健康蜂群的巢脾、蜂具等混用，使得小蜂螨在同一蜂场的不同蜂群和不同蜂场间传播。在转地养蜂中，感染蜂群经常被转运到一个个新的地点，这是一种最主要最快的传播方式。

（5）诊断

① 箱外观察　巢门前发现许多翅足残缺的幼蜂爬行，死亡蜜蜂瘦小、翅足残缺不全，同时有死蛹被工蜂拖出。

② 开箱检查　由于小蜂螨主要寄生在子脾上，在诊断上主要看巢房封盖子脾。提取封盖子脾，用镊子挑取封盖巢房，由于小蜂螨具有较强的趋光性，可迎着太阳光，仔细观察巢房内爬出的小蜂螨数，并计算其寄生率。另外，提出封盖子脾，用力敲打巢脾框梁时，巢脾上会出现赤褐色、长椭圆状，并沿着脾面爬得很快的小蜂螨。

小蜂螨与大蜂螨很容易区分，大蜂螨体型较大，外形像螃蟹，体宽大于体长，爬行缓慢。小蜂螨体型长大于宽，行动敏捷，在巢脾上快速爬行，容易被看到，诊断比大蜂螨容易。

（6）防治方法

① 药物疗法　升华硫防治小蜂螨效果好。为有效掌握用药量，可在升华硫药粉中掺入适量细玉米面做填充剂，充分调匀，将药粉装入一大小适中的瓶内，瓶口用双层纱布包起，轻轻抖动瓶口，将药粉均匀地撒在蜂路和框梁上。涂抹封盖子脾，可用双层纱布将药粉包起，直接涂抹封盖子脾。一般每群（10框足蜂）用药粉3g，每隔5～7d用药一次，连续3～4d一个疗程。用药时，注意用药要均匀，用药量不能太大，以防引起蜜蜂中毒。

如果蜂群内既有大蜂螨，又有小蜂螨，可用悬挂"螨扑"和用升华硫涂抹封盖子脾的联合用药方法，能达到较好的防治效果。

② 生物断子疗法　根据小蜂螨在成蜂体上仅能存活1～2d、不能吸食成蜂体血淋巴这一生物学特性，可采用人为幽闭蜂王、诱入王台、分蜂、同巢分区断子等方法防治小蜂螨。

a. 幽闭蜂王9d，打开封盖幼虫并将幼虫从巢房内全部摇出，即可达到防治目的。

b. 同巢分区断子的具体做法是采用一个与隔王板大小一样的隔离板置于继箱与巢箱间，将蜂王留在一区继箱产卵繁殖，将子脾调到另一区，造成有王区内绝对无大幼虫2～3d，待无王区子脾全部出房后造成该区绝对断子2～3d，使小蜂螨全部自然死亡，可达到彻底治螨的目的。

c. 分蜂、雄蜂脾诱杀治螨，参见大蜂螨相应的防治方法。

另外，在大小蜂螨的预防上，可采用选育抗螨蜂种、及时换王、积极造脾、更新蜂巢等方法。在治疗方面有断子期治疗和繁殖期治疗两种。

断子期治螨：切断蜂螨在巢房寄生的生活阶段，用药物喷洒巢脾，时间选在早春无子前、秋末断子后，或结合育王断子和秋繁断子进行。

繁殖期治螨：繁殖期既有寄生在成年蜂体上的成年蜂螨，也有寄生在巢房内的螨卵、若螨和成螨，应设法造成巢房内的螨与蜂体上的螨分离，分别防治；或选择既能杀死巢房内的螨又能杀死蜂体上的螨的药物，采用特殊的施药方法进行防治。常用的药剂有螨扑、甲酸、升华硫等。

二、白垩病

白垩病又名石灰质病或石灰蜂子，是由蜂球囊菌引起的一种蜜蜂幼虫死亡的真菌性传染病。在世界各地均有发生，仅危害西方蜜蜂。

1．病原

引起白垩病的病原是蜂球囊菌，是一种真菌，只侵袭蜜蜂幼虫。菌丝是雌雄异株的，只有在2种不同株菌丝相互接触的地方才能形成孢子。孢子在暗绿色的孢子囊里形成，球状聚集。孢子囊的直径为47～140μm，单个孢子为球形，大小为(3.0～4.0)μm×(1.4～2.0)μm。它具有很强的生命力，在干燥的状态下，可存活15年以上。

2．流行病学特点

白垩病主要通过孢子传播，病死幼虫和病菌污染的饲料、巢脾都是主要传染源。蜜蜂幼虫食入蜂球囊菌污染的饲料，孢子就在肠内萌发，菌丝开始生长，尤其是在中肠，菌丝生长旺盛，然后菌丝穿过肠壁，使肠道破裂，同时在死亡幼虫体表形成孢子囊。白垩病的发生与多雨潮湿，温度不稳有关。由于蜂球囊菌需要在潮湿的条件下萌发和生长，因此，发病的季节性较明显，一般为春季和初夏，气候多雨潮湿，温度不稳，变化频繁，蜂群又处于繁殖期，子圈大，边脾或脾边缘受冷机会多，发病率较高。蜂箱通气不良或贮蜜的含水量过高，都促进了病害的发生，花粉缺乏可使病情加重。

3．症状

白垩病主要使老熟幼虫和封盖幼虫死亡，雄蜂幼虫最易感染。幼虫患病后，虫体开始肿胀并长出白色的绒毛，充满巢房。接着，虫体皱缩、变硬，房盖常被工蜂咬开。幼虫死亡以后，初呈苍白色，以后变成灰色至黑色。幼虫尸体干枯后成为质地疏松的白垩状物，表面覆盖白色菌丝。严重时在巢门前能找到块状的干虫尸。

4．诊断

（1）箱外观察　根据死亡蜜蜂幼虫多呈干枯状，上面布满白色、灰黑色或黑色附着物，幼虫尸体无臭味、无黏性、易取出，常被工蜂拖出巢房，聚集在箱底和巢门前的特点，箱外观察巢门前发现堆积像石灰子一样的或白或黑的幼虫尸体，即为白垩病（图6-4、图6-5）。

（2）开箱检查　打开蜂箱，发现箱底堆积像石灰子一样的或白或黑的幼虫尸

图6-4 白垩病蜜蜂幼虫尸体　　　　图6-5 巢门口白垩病蜜蜂幼虫尸体

体。提出封盖子脾发现巢房不整齐，有凹陷，有或大或小的孔洞，从大孔洞可直接看到患病白色幼虫尸体，小孔洞挑开后可见患病白色幼虫。也可看到蜜蜂幼虫尸体像或白或黑的石灰子一样。同时发现雄蜂巢房中的患病幼虫比工蜂巢房中的患病幼虫更多。

5. 防治方法

① 加强饲养管理，坚持预防为主的原则。及时合并弱小群，饲养强群。春季应将蜂群摆放在向阳温暖、干燥通风、避雨的地方。保持蜂箱内干燥透气，防治蜂螨，不饲喂带菌的花粉，外来花粉应消毒后再用。同时要做好蜂场、蜂机具的消毒。

② 蜂群发病后，要及时抽出病群中所有病虫脾和发霉的蜜粉脾，换入干净的巢脾供蜂王产卵。抽出的巢脾用硫黄熏蒸4h以上，也可用4%甲醛溶液消毒巢脾。熏蒸过的巢脾要通风1d，药液浸泡的巢脾要经过清水洗净后才可加入蜂群中使用。

③ 药物治疗。抗生素对此病效果不明显或无效果，且易出现蜂产品抗生素残留，即判为不安全产品。可用大黄苏打片对病群进行药物治疗，也可用金银花、黄连、大青叶、甘草等中草药防治。

三、慢性蜜蜂麻痹病

1. 病原

慢性蜜蜂麻痹病是由慢性蜜蜂麻痹病病毒引起的成蜂病害。该病在世界范围内普遍发生，在我国春季和秋季发生的成蜂病中较普遍。

慢性蜜蜂麻痹病病毒大多为椭圆形颗粒，包括4种长度，分别为30nm、40nm、55nm和65nm，直径大约为23nm，单链RNA。

2．流行病学特点

慢性麻痹病的传播途径在蜂群内主要是通过蜜蜂的饲料交换、蜂体间的摩擦和借助蜂螨传播，而在蜂群间的传播主要是通过盗蜂、迷巢蜂等。

3．症状及诊断

病蜂常表现出两种症状。一种为"大肚型"，蜜蜂腹部膨大，蜜囊内充满液体，其内含有大量病毒颗粒，身体和翅颤抖，不能飞翔，在巢门前地面缓慢爬行或集中在巢脾框梁上、巢脾边缘和蜂箱底部，病蜂反应迟钝，行动缓慢。另一种是"黑蜂型"，病蜂身体瘦小，头部和腹节末端油光发亮，由于病蜂常常受到健康蜜蜂的驱逐和拖咬，身体绒毛几乎脱光，翅常出现残缺，身体和翅颤抖，失去飞翔能力，不久衰竭死亡（图6-6）。在一群蜂内有时同时出现两种症状，但往往以一种症状为主，一般情况下，春季以"大肚型"为主，秋季以"黑蜂型"为主。

图6-6　巢门口患慢性麻痹病的"黑蜂型"蜜蜂

4．防治方法

慢性麻痹病的防治主要采用加强饲养管理等综合防治措施。

（1）更换蜂王　对患病蜂群的蜂王，可采用无病强群培育蜂王进行更换，以增强蜂群的繁殖能力和对疾病的抵抗力。

（2）杀灭和淘汰病蜂　可采用换箱方法，将蜜蜂抖落，健康蜜蜂迅速进入新蜂箱，而病蜂由于行动缓慢，留在后面集中收集将其杀死，以减少传染源。也可采用加继箱法，将蜜蜂抖落在巢箱中，健康蜜蜂迅速爬入继箱，而病蜂由于行动缓慢，留在巢箱集中处理，以减少传染源。

（3）中草药防治　可用金银花、大青叶和贯众等防治。

四、蜜蜂孢子虫病

蜜蜂孢子虫病也称蜜蜂微孢子虫病，又称"微粒子病"，是成年蜜蜂常见的一种消化道传染病，只侵染蜜蜂各个日龄的成蜂，不侵染卵、幼虫和蛹。蜜蜂微孢子虫病在全世界主要蜜蜂饲养国家及我国均匀广泛分布，经常与其他病原一起侵害蜜蜂，造成并发症，给蜂群带来很大损失。蜜蜂微孢子虫不仅侵害西方蜜蜂，也侵害中蜂，但中蜂尚未见到严重流行。

1．病原

蜜蜂孢子虫病病原为蜜蜂孢子虫，孢子大小为$(3\sim8)\mu m\times(1\sim3)\mu m$，呈椭圆形米粒状，在显微镜下带蓝色折光，孢子内藏卷成螺旋形的极丝。

2．蜜蜂孢子虫生活习性

蜜蜂孢子虫寄生于蜜蜂中肠上皮细胞内，以蜜蜂体液为营养发育和繁殖。孢子虫有两种生殖形态，即无性裂殖和孢子生殖。蜜蜂孢子虫对成年蜜蜂和刚出房的幼蜂都有感染力。在$31\sim32℃$下，成年蜜蜂吞食孢子后36h即可感染，刚出房的幼年蜂47h就能被感染。孢子最初侵入中肠后端的上皮细胞内，感染时间越长，受害越重，到86h后中肠后端的上皮细胞几乎全部被孢子虫所充满。

蜜蜂孢子虫进入蜜蜂中肠后，是否能侵入中肠上皮细胞与蜜蜂中肠的围食膜的致密程度有很大关系，而蜜蜂中肠围食膜的致密程度又与中肠酪素酶的活性有关。当酶活性高时，围食膜致密；酶活性低时，围食膜疏松。围食膜的致密程度与蜜蜂孢子虫侵染呈负相关，围食膜越致密，侵染越少；越疏松，侵染越多。所以蜜蜂中肠酪素酶的活性决定了蜜蜂孢子虫的侵染程度。在四季中，蜜蜂中肠酪素酶的活性是随季节变化的，冬季、春季最低。

孢子虫对外界不良环境的抵抗力很强。在蜜蜂粪便中可存活2年，在自来水中可存活113d，在58℃的温水中可存活10min，在25℃的4%甲醛溶液中可存活1h，在37℃的2%氢氧化钠溶液中可存活15min。在高温水蒸气下1min就会死亡，用甲醛或冰醋酸处理1min就可将孢子虫杀死，在直射的阳光下15~32h才能杀死孢子，在10%的漂白粉溶液里需10~12h才能杀死，而在1%的石炭酸溶液中，只需10min就可杀死孢子。

3．流行病学特点

（1）传播途径　蜂群内个体间的相互传播通常发生在冬季和早春外界温度低或多雨时，蜜蜂被迫长时间幽闭，无法进行排泄飞行，疾病又促进了排泄，污染箱内环境和巢脾，蜜蜂进行清洁工作时，吞食了孢子。群间传播主要是孢子能随风到处飘落，造成大面积、大范围的散布，病蜂和健康蜂采集同一蜜源时，病蜂会污染花和水源，还有人为饲养管理过程中的合并、调脾、饲喂以及盗蜂、迷巢蜂的传播等。

（2）发病规律　病害在一年中，冬季、春季、初夏是流行高峰，到了夏季病害会显著降低。一方面，这与蜜蜂造成酪素酶的活力变化相吻合，冬季、春季、初夏酶活力低，围食膜疏松，侵染严重；夏季酶活力高，围食膜致密，侵染减轻。另一方面，夏季的高温抑制了蜜蜂孢子虫在蜜蜂体内的增殖。再者，夏季蜜蜂排泄方便，病蜂排泄出的孢子不会污染蜂箱、巢脾，减少了群内个体间的相互传染。

4．症状

被蜜蜂孢子虫侵染的蜜蜂初期没有明显的体表症状，随着病情的发展，逐渐表现出病状，行动迟缓，萎靡不振，后期则失去飞翔能力。病蜂常集中在巢脾的下缘和巢箱底部，也有病蜂爬在巢脾框梁上，由于病蜂常受到健康蜂的驱逐，所以有些病蜂出现翅膀残缺，许多病蜂在蜂箱巢门前和场地上无力爬行，病蜂腹部末端呈暗黑色，第一、二腹节背板呈棕黄色，略透明。

图6-7　拉开患病工蜂的中肠

解剖病蜂中肠呈灰白色，环纹消失，失去弹性，极易破裂（图6-7）。

春季和夏季，蜂群中被蜜蜂孢子虫侵染的蜜蜂寿命只有健康个体的一半，并且患病个体的王浆腺发育不完全，影响对幼虫的哺育，所以患病蜂群的群势增长缓慢。

冬季被侵染的蜜蜂，脂肪体的含氮量仅为健康蜂的1/4～1/2，病蜂血淋巴中的氨基酸也低于健康蜜蜂。直肠内容物迅速增加，所以冬季病蜂会下痢、早衰、寿命缩短，造成蜂群越冬失败或严重春衰。

雄蜂和蜂王对蜜蜂孢子虫也敏感，蜂王若被侵染，很快停止产卵，并在几周内死亡。

5．诊断

① 患病蜜蜂行动迟缓，腹部膨大，腹部末端呈暗黑色。当外界连续阴雨潮湿时，有下痢症状。

② 抓住疑患病蜜蜂，用拇指和食指捏住腹部末端，拉出中肠。患病蜜蜂的中肠颜色变白，环纹消失，无弹性，易破裂。

③ 必要时，取疑患病蜂样，送有关单位做化验室诊断，进行进一步确诊。

6．防治方法

（1）加强饲养管理　北方蜂群越冬准备期饲喂越冬饲料前，最好对蜂群做一次检查，如果巢脾上蜂蜜或花粉中有孢子虫则要尽快治疗。越冬饲料不能含有甘露蜜，一定要饲喂优质饲料。春繁饲喂蜂群尽量不要用来历不明的花粉，并一定要进行消毒处理。越冬春繁保温要适当，注意保温与通风的协调，特别是使用塑料薄膜覆盖保温的，一定要注意在内侧出现水流时，要掀膜降湿。选育对孢子虫抗性较高的蜂种也是一种好的途径。

（2）**消毒** 严格清洗消毒已经污染的蜂具蜂箱，用2%～3%氢氧化钠溶液清洗，再用火焰喷灯消毒。巢蜜用4%的冰醋酸消毒，收集并焚烧已死亡的病蜂。春季是孢子虫的高发期，繁殖前应对所有养蜂器具进行彻底消毒，蜂箱、巢框可以用喷灯进行火焰消毒，或者用2%～3%的氢氧化钠溶液清洗也可。

（3）**药物防治** 孢子虫在酸性环境中会受到抑制。根据这个特性，在早春繁殖时期可以结合蜂群的饲喂选择柠檬酸、米醋等配制成酸性糖水，1kg糖水中加入柠檬酸1g或米醋50mL，每群每次0.5kg，每隔5d饲喂1次，连喂5次，预防效果较好。当蜜蜂孢子虫病发生严重时，可使用烟曲霉素，防治效果好。

五、农药中毒

农作物病虫害的防治，目前很大程度上依赖于农药的使用。由于目前使用的农药多对蜜蜂敏感，加上蜜蜂对许多农作物的授粉起重要作用，使得蜜蜂农药中毒成为世界范围内养蜂业的一个严重问题。我国农药中毒已经造成某些地区养蜂业的巨大损失，一些蜜源作物由于大量使用农药，在某些地方蜜蜂已无法采集该植物的花粉和蜜。

1. 农药对蜜蜂的毒性

农药种类很多，归纳起来，对蜜蜂的毒杀作用主要是胃毒、触杀和熏杀。这些不同种类的农药喷洒到植物上以后，有的是通过蜜蜂采粉、采蜜或巢内的清洁活动直接被吞食，产生胃毒作用，有的是蜜蜂体壁相接触而产生触杀作用，有的是通过蜜蜂气门进入其体内而产生熏杀作用。

一旦农药进入成年蜜蜂体内，就有可能出现几种作用方式。药物可能只侵害消化道，造成其麻痹或肌肉上的毒害，使成年蜂无法取得所需的营养，腹部膨胀，脱水死亡。更为常见的是农药以各种途径侵害蜜蜂的神经系统，以致蜜蜂的足、翅、消化道等失去功能而死亡。

农药对蜜蜂的毒性可划分为3个等级，即高毒（剧毒）、中等毒、低毒。农药对蜜蜂的毒性大多是根据室内和田间测定的致死量来确定的。

2. 症状及诊断

（1）**蜜蜂农药中毒典型症状** 全场蜂群突然出现大量死亡（图6-8），死亡的多是采集蜂，有的死亡后，后足带有花粉团，群势越强，死亡量越大，交尾群几乎很少死亡。中毒的蜂群往往不安静，性情暴烈，爱蛰人，常常追逐人畜。中毒严重的，甚至一两天全部死完。

巢门前有大量中毒蜜蜂。其中有的死亡或即将死亡，有的不能或只能作短距离飞行，有的肢体失灵颤抖，后足麻痹，在地上乱爬、翻滚、打转、抽筋（图6-9）。死亡的蜜蜂两翅张开，腹部向内弯曲，吻伸出，如拉出肠道，可见中肠已缩短，肠道空，环纹消失。

图6-8　农药中毒引起蜜蜂大量死亡的蜂场（王彪　摄）　　　图6-9　巢门口农药中毒死亡蜜蜂

开箱检查，箱底上有许多死蜂。提脾时工蜂无力附脾而坠落箱底，能继续爬附在巢脾上的蜜蜂因疲软无力而不断向下滑动，不能远飞，只能飞落在箱底或地上。蜂体和巢脾由于工蜂吐出蜜水而显得很湿润。严重时，采集蜂将有毒花蜜花粉带回巢内，造成大批哺育蜂和幼虫死亡，中毒幼虫常从巢房脱出，挂于巢门口，或拖落在箱底上，称为"跳子"现象。许多巢房的封盖会被咬开，内有许多死亡的蛹。

（2）不同农药引起的蜜蜂中毒表现出不同的症状

① 有机磷类农药中毒的典型症状是蜜蜂身体潮湿，精神萎靡不振，腹部膨大，围绕打转，大部分蜜蜂死于箱内。

② 有机氯类农药中毒的典型症状是蜜蜂尾部拖地，异常激怒，爱蜇人，部分蜜蜂死于箱外或死于回飞途中。

③ 氨基甲酸酯类农药中毒的典型症状是蜜蜂兴奋激动，但失去飞翔能力，逐渐进入麻痹，最后死亡，多数死于箱外。

3. 防治方法

（1）宣传与合作　蜜蜂是传花授粉的社会性昆虫，它对农作物和生态的授粉作用已受到人们的高度重视。农作物花期使用农药不仅毒害蜜蜂，而且也影响作物授粉增产。为了避免农药中毒，养蜂场和使用农药单位应密切合作，共同制定施药时间、药剂种类及施药方法，既达到施药效果又避免蜜蜂中毒。如果作物花期非施药不可，要提前3d告知周边蜂农，以便蜂农提前采取防范措施；施药单位施药时，最好选用低毒、残留期短的农药，可在下午蜜蜂回巢后，用对蜜蜂影响较小的水溶性喷雾法。必要时，在不影响农药效果和不损害农作物的前提下，可在农药中加入石炭酸、煤焦油等对蜜蜂有驱避作用的驱避剂。蜂场进入农作物蜜源场地之前，要充分了解该作物的开花泌蜜时间及施药时间，以确定最佳进入场地时间。

（2）转移场地或关闭巢门　农药中毒一旦严重发生，很难救治，最好的办法就是转移场地。如果使用的农药毒性大，残效期长，死蜂严重，应立即把蜂场转移到3km以外的安全地方。如果农药相对毒性小，施药面积小，应在施药前一天晚上关闭蜂箱巢门，打开通气口；给蜂群喂水，蜂箱上覆盖湿麻袋，随时洒水，加强蜂群通风降温工作，防止蜂群闷死，2～3d农药作用降低后再打开巢门。

（3）中毒后解救　蜜蜂农药中毒后一般没有好的解救办法，尤其新烟碱类农药更没有解药。如蜜蜂已中毒，应立即清除有毒巢脾，速喂1∶3的稀蜜水或在框梁上喷洒少量水，同时根据不同的农药采用不同的解救药物。如有机磷农药中毒，可在250g蜜水中加1%硫酸阿托品2mL，也可用2mL解磷定加水1～1.5kg摇匀后喂蜂。如有机氯农药中毒，可在250g蜜水中加磺胺噻唑钠注射液3mL或1片片剂喂蜂，也可用甘草100g、金银花50g加2kg水煎制后喂蜂。将有毒的巢脾用2%的苏打水浸泡10h，再用水清洗，用摇蜜机把水摇干净，晾干后使用。

六、甘露蜜中毒

1．中毒原因

甘露蜜中毒多发生在晚秋蜜粉源缺乏时，蜜蜂采集和吸食了甘露和蜜露而引起中毒。因为甘露蜜中含有大量的糊精和无机盐等，使蜜蜂发生消化吸收障碍而中毒。另外蚜虫、蚧壳虫等昆虫分泌的甘露蜜被细菌等微生物污染产生毒素，引起蜜蜂中毒。

甘露蜜包括甘露和蜜露两种。甘露是蚜虫、蚧壳虫等昆虫采食树木或农作物的汁液后，分泌出的一种淡黄色无芳香气味的胶状甜液。尤其是干旱年份，这些昆虫大量发生，排出大量的甜汁，吸引蜜蜂前去采集。蜜露是由于植物受到外界气温变化的影响或是受到创伤，从植物的叶茎部分或创伤部位分泌出的甜液。在外界蜜源缺乏时，蜜蜂就大量采集这两种物质，将其酿造成甘露蜜。甘露蜜有两种类型，一种是结晶的松三糖型，另一种是不结晶的麦芽糖、果糖型。

2．症状及诊断

（1）蜜蜂中毒症状及诊断

① 巢门口检查　当外界蜜源缺乏或蜜源中断时，而蜂场出现蜜蜂采集积极时，可怀疑蜜蜂采集甘露蜜回巢。用手抓住回巢腹部膨大蜜蜂，拉开蜜蜂消化道，若发现蜜蜂消化道色泽暗黑，蜜囊膨大成球状，中肠呈灰白色，环纹消失，失去弹性，后肠呈蓝黑至黑色，充满淡紫色水状液体并伴有块状结晶物。巢门口蜜蜂腹部

膨大，伴有下痢，失去飞翔能力，常在巢门口地面上爬行，行动迟缓，体色变黑发亮，不久死亡。

② 开箱检查　打开蜂箱，发现中毒蜜蜂腹部膨大，在巢脾框梁上爬行，行动迟缓，体色发黑发亮，箱底有大量死亡蜜蜂。提出巢脾发现巢房内蜜汁呈暗绿色，并且无蜜源蜂蜜的芳香气味。

（2）甘露蜜诊断

① 石灰水检验法　将疑含有甘露蜜的蜂蜜用蒸馏水等量稀释后，取稀释液2～3mL放入玻璃试管中，然后加饱和的石灰水上清液4mL，充分摇匀后在酒精灯上加热煮沸，静置4min后，若出现棕黄色的沉淀，即证明含有甘露蜜。

② 酒精检验法　将怀疑含有甘露蜜的蜂蜜用蒸馏水作等量稀释后，取稀释液2～3mL放入玻璃试管中，然后加95%的乙醇80mL，摇匀，若出现白色混浊或沉淀，即证明含有甘露蜜。

3．防治方法

① 在晚秋外界蜜源结束前，除应留足蜂群越冬饲料外，还应及时将蜂群转移到没有松树、柏树的地方，以避免蜜蜂前往采集甘露蜜。

② 对已采集甘露蜜的蜂群，应将蜂群内的甘露蜜取出，给蜂群补充蜜脾或饲喂糖浆或蜂蜜。甘露蜜决不能留作越冬饲料。

③ 如因甘露蜜中毒而并发孢子虫病、阿米巴病或其他蜜蜂疾病，则可使用相应的治疗方法及时治疗。

第七节　中华蜜蜂常见病敌害诊断及防控

一、中蜂囊状幼虫病

蜜蜂囊状幼虫病又叫"囊雏病"，是由病毒引起的蜜蜂幼虫传染病。西方蜜蜂对该病有较强的抵抗力，感染后常自愈，中蜂对该病抵抗力较弱，感染后容易蔓延流行。1972年中蜂囊状幼虫病首先在广东暴发，以后蔓延到其他省份（宁夏暴发于1976年），致使全国中蜂饲养量急剧下降，死亡惨重，给养蜂生产带来巨大损失。以后随着病害科研和综合防控技术实践，使该病得以控制。

1．病原

病原为中蜂囊状幼虫病病毒。病毒粒子为二十面体，直径为28～30nm，无囊膜，RNA型核酸。

2．流行特点

当气候变化幅度大、温湿度不稳定、蜂群缺乏饲料、发育不良、脾多于蜂、过度开箱、保温不良，尤其寒流侵袭后，极易感染病害。有时大流蜜过后，取蜜太狠，摇蜜损失蜜蜂幼虫，往往引发病害发生。宁夏六盘山区多发生于5～6月份和8～9月份。

3．症状

患病幼虫为5～6日龄，幼虫死亡于封盖前后，一般多死亡于封盖后。蜂群发病初期，子脾呈"花子"症状；当病害严重时，患病的大幼虫或前蛹期死亡，巢房被咬开，呈"尖头"状。幼虫的头部有大量的透明液体聚集，用镊子夹出，幼虫呈"囊袋"状。死亡幼虫逐渐由乳白色变至褐色，当虫体水分蒸发，会干成一黑褐色鳞片，头尾部略上翘，形成"龙船"状。死亡虫体没有黏性，无臭味，易清除（图6-10～图6-12）。

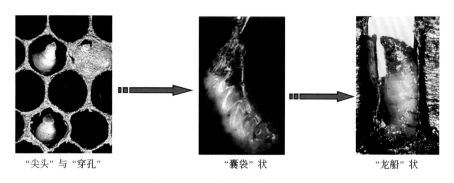

"尖头"与"穿孔"　　　　　　　"囊袋"状　　　　　　　"龙船"状

图6-10　囊状幼虫病典型症状

图6-11　典型的囊状幼虫病"尖头"

图6-12　镊子夹出呈"囊状"

4．诊断

（1）**箱外观察** 每天上午蜜蜂开始采集活动时，可看到工蜂从巢内拖出病虫尸体，散落在巢门前地上。

（2）**开箱检查** 提出子脾，可看到子脾上有"插花子"，房盖有穿孔，房内有尖头死幼虫，白色无臭，已从巢房中拖出（图6-13）。

（3）**化验室诊断** 必要时，挑取尖头或囊状病虫样，送有关单位进行化验室诊断，进一步确诊。

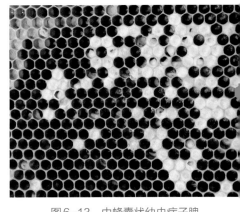

图6-13　中蜂囊状幼虫病子脾

5．防治方法

（1）**加强饲养管理**

① 选育抗病蜂王　每年春季从发病蜂场蜂群中选择抗病力强的蜂群培育蜂王，替换病群中的蜂王，如此经过几代选育，可大大提高蜂群对该病的抵抗力。也可结合在病群施药前的换王断子时进行。

② 密集群势，加强保温　早春或低温阴雨情况下，应及时合并弱小群，饲养强群，密集群势，抽出多余子脾，做到蜂多于脾，缩小巢门以提高巢温和蜂群的清巢能力。

③ 断子清巢，减少传染源　对患病蜂群应采取换王或幽闭蜂王的方法，人为造成蜂群断子期，以利工蜂清理巢房，减少幼虫重复感染，也可结合施药进行。

（2）**药物治疗**

① 凡有清热解毒的中草药和抗病毒的药物对该病均有一定疗效。半枝莲50g；或华千金藤10g；或五加皮30g，金银花15g，甘草5g。治疗时上述三种药方选任何一方，加适量水，煎煮后过滤配成1000mL 1∶1的药物糖浆，加入10片多种维生素，调匀后饲喂10框蜂，隔天1次，连喂5次1个疗程。

② 对患病蜂群紧脾缩巢后，饲喂中囊康复液，按说明要求治疗，连用3次即可。

二、欧洲幼虫腐臭病

欧洲幼虫腐臭病是一种感染蜜蜂幼虫的细菌性传染病，世界各国普遍发生。该病在中蜂发生较为严重，西方蜜蜂也时有发生。

1．病原

欧洲幼虫腐臭病的病原是蜂房蜜蜂球菌，其余为次生菌。蜂房蜜蜂球菌是一种披针形的球菌，其直径为0.5～1.1μm，不运动，不形成芽孢，是革兰氏阳性细菌。

2．流行特点

欧洲幼虫腐臭病多发生在弱群，蜂巢过于松散，保温不良，饲料不足，蜂房蜜蜂球菌易快速繁殖，促成疾病暴发。而强群中幼虫营养良好，受感染幼虫可被工蜂及时拖出清除，所以强群对欧洲幼虫腐臭病的抵抗力较强。成年工蜂在传播疾病上起重要作用，内勤蜂清除幼虫时，口器被病菌污染，在哺育幼虫时，将病菌又传染给健康幼虫。另外，盗蜂、迷巢蜂及养蜂人的随意调换子脾，蜜粉脾和蜂箱也可将病菌相互传播。西方蜜蜂和中蜂都感染此病，尤以中蜂发病较重。该病多发生在春秋两季。各龄未封盖的蜂王、工蜂、雄蜂幼虫均易感染，一般是1～2日龄的幼虫感染，4～5日龄死亡，幼虫日龄增大后，就不感染，成年蜂也不感染发病。

3．症状

欧洲幼虫腐臭病病原一般只感染日龄小于2日龄的幼虫，通常病虫在4～5日龄死亡。幼虫患病后，虫体变色，从珍珠般白色变为淡黄色、黄色、浅褐色，直至黑褐色。刚变褐色时，透过表皮清晰可见幼虫的气管系统。随着变色，幼虫塌陷，似乎被扭曲，最后在巢房底部腐烂，有酸臭味，无黏性，最后形成干枯的鳞片状，易清除。蜂群患病时，子脾上出现"花子"现象，严重时由于幼虫大量死亡，蜂群中长期只见卵、虫，不见封盖子（图6-14）。

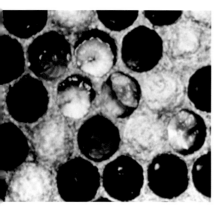

图6-14 欧洲幼虫腐臭病典型症状

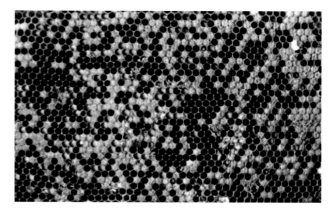

图6-15 欧洲幼虫腐臭病"插花子脾"

4．诊断

① 未封盖子脾上，出现虫卵相间的"插花子脾"现象，严重时在蜂群正常繁殖期子脾上只见卵、虫，不见封盖子（图6-15）。

② 死亡幼虫变色、移位、扭曲、腐烂，有难闻的酸臭气味。死亡幼虫开始呈灰白色，不饱满，无光泽，逐渐呈黄灰色至黑褐色，变色后，幼虫器官系统清晰可

见。随着虫体变色，幼虫塌陷，似乎被扭曲，最后在房底腐烂、干枯，成为无黏性易清除的鳞片。

③ 必要时，挑取患病蜂群子脾腐烂幼虫样，送有关单位进行化验室诊断，进一步确诊。

5．防治方法

西方蜜蜂发生欧洲幼虫腐臭病一般不甚严重，通常无需治疗，多数蜂群可自愈。中蜂欧洲幼虫腐臭病常常十分严重，严重影响春季繁殖及秋季繁殖，而且病群往往复发，较难根治。具体防治措施如下。

（1）加强饲养管理　紧缩巢脾，合并弱群，加强保温，经常保持群内饲料充足。选育抗病蜂王，替换病群蜂王，打破群内育虫周期，给内勤蜂足够时间清除病虫和打扫巢房。病群中的患病子脾取出销毁或严格消毒后再用。

（2）药物治疗　本病为细菌感染引起，用抗生素治疗效果较好。常用土霉素（0.125g/10框蜂）或四环素（0.1g/10框蜂）配制成含药花粉饼或糖浆饲喂蜂群。含药花粉饼的配制方法是将药物研碎，拌入适量花粉（10框蜂取食3d量），用饱和糖浆或蜂蜜揉至面粉团状，不粘手即可，置于巢内框梁上，供工蜂搬运饲喂。如果蜜蜂不取食花粉，可将药物先用水溶解，然后搅拌在糖浆里饲喂蜜蜂。如果蜜蜂不取食糖浆，可将药物加在稀糖水中，用喷雾器对巢脾喷雾，注意喷头不要直对巢脾，以免药物直接喷到幼虫身上，造成药害。应用抗生素治疗后，一定要严格执行休药期，过了休药期后，换掉原有巢脾，才能作为生产群。

饲喂上述药物，每隔1d饲喂1次，连喂3次。如果无效，证明是囊状幼虫病，或是欧洲幼虫腐臭病与囊状幼虫病混合感染，用中囊康复液即可。

三、蜡螟

1．危害

蜡螟有大蜡螟和小蜡螟两种。大蜡螟分布于全世界，小蜡螟分布于亚洲、非洲大陆。蜡螟的幼虫又称为巢虫、棉虫、隧道虫。为蛀食性昆虫，一生经历卵、幼虫、蛹和成虫4个阶段。蜡螟幼虫危害巢脾，破坏蜂巢，而且穿蛀隧道，伤害蜜蜂幼虫和蛹，造成"白头蛹"；蛹期吐丝结茧，在巢房上形成大量丝网。轻者影响蜂群繁殖，重者引起蜂群飞逃。中蜂较西方蜜蜂危害严重。

2．形态特征

（1）卵　大蜡螟卵呈粉红色，0.5mm×0.3mm，卵壳硬且厚；小蜡螟卵呈乳白色，0.3mm×0.2mm，卵壳软而薄。

（2）幼虫　大蜡螟幼虫初孵化时体乳白色，长0.8～1mm，前胸背板棕褐色；

图6-16 蜡螟幼虫危害的蜜蜂"白头蛹"

老熟幼虫体长23～25mm，体呈黄褐色。小蜡螟幼虫初孵化时乳白色至黄白色，体长0.7～0.9mm；老熟幼虫体长15～18mm，体呈蜡黄色。

（3）**蛹** 大蜡螟呈纺锤形，长12～14mm，白色或黄褐色；小蜡螟长8～10mm，黄褐色。

（4）**成虫** 大蜡螟雌蛾体长13～14mm，翅棕黑色，翅展27～28mm，前翅近长方形，外缘较平直；雄蛾较小，头、胸部背面及前翅近内缘处呈灰白色，前翅外缘凹陷。小蜡螟雌蛾体长9～10mm，翅展21～25mm；雄体较小，前翅近肩角紧靠前缘处有一个长约3mm的菱形翅痣。

3. 生物学特性

大蜡螟在我国一年发生2～3代，卵期8～23d，幼虫期28～150d，蛹期9～62d，成虫寿命9～44d。白天雌蛾隐藏在缝隙处，夜间活动，于缝隙中产卵300～1800粒。初孵化幼虫极小，爬行速度极快，1d后由箱底蜡屑中爬上巢脾，蛀蚀巢脾，幼虫5～6日后，食量增大，破坏力加重。小蜡螟一年可发生3代，幼虫期42～69d，蛹期7～9d，成虫期4～31d（图6-16）。

4. 防治方法

（1）**保持蜂巢卫生** 经常清除蜂箱内的残渣蜡屑，保持蜂箱内清洁，不给巢虫有可食的机会，并封闭蜂箱缝隙，不留底窗。摆放蜂箱要前低后高，左右平衡，铲除巢虫滋生地。清除换下的陈旧巢脾及时化蜡。

（2）**饲养强群** 保持蜂多于脾或蜂脾相称，合并弱群，筑造新脾，更换老脾，保持饲料充足。群势较强的蜂群，工蜂能及时发现幼虫蜡螟，并通过咬脾的方法，把蜡螟幼虫咬掉清除出去。蜡螟幼虫只有取食旧巢脾才能完成生长发育。饲料充足，蜡螟幼虫身上粘上蜂蜜后，会因气孔堵塞而窒息死亡。

（3）**药物预防** 当巢脾上出现巢虫危害时，应及时进行人工清除，或将蜜蜂抖落后，将巢脾装入空蜂箱内用二硫化碳、硫黄或甲酸进行熏杀。若用二硫化碳，每个继箱用10mL，滴加在厚纸上，置框梁上密闭熏蒸24h以上；若用硫黄，每个继箱按充分燃烧3～5g计算，密闭24h以上；若用甲酸，可用96%的甲酸蒸气，对蜡螟的卵、幼虫都具有杀灭力（熏蒸方法同二硫化碳）。另外，也可在蜂群中框梁上平放巢虫清木片进行防控。

第七章

中蜂高效养殖与优质蜂蜜生产

中蜂健康高效养殖技术与优质蜂蜜生产技术是国家蜂产业技术体系中蜂岗位科学家周冰峰教授提出设计方案，并作为国家蜂产业技术体系"十三五"期间的重点任务之一。

第一节 中蜂高效饲养管理

无论采取何种养蜂方式，高效养殖一直是养蜂生产者追求的最终目标。要实现蜜蜂高效养殖，丰富的蜜粉源、健康养殖是前提，饲养强群、规模化养殖是基础，生产优质蜂产品、开拓市场是保证。没有规模就没有效益，总体思路是全场蜂群周年保持一致，蜂群管理及操作处理一个"放蜂点（或分场）"。

一、简化操作

1．操作要点

（1）**管理单位**　蜜蜂饲养管理的单位由"脾"改为"放蜂点（或分场）"。改变传统的以脾为单位的管理方式，不再以调整巢脾为主要管理方式，而改为以一个"放蜂点（或分场）"为管理单位。也就是同一"放蜂点（或分场）"的蜂群基本保持一致的前提下，所有蜂群做相同的处理。

（2）**蜂群检查**　可多在箱外观察，减少开箱检查蜂群的操作。一般情况下，不查看蜂王。蜂王的质量可从蜂群状态判断。

① 全面检查　结合蜂群调整，只在每一阶段的开始或结束进行一次，每次检查只关注群势、蜂子及发育、粉蜜饲料贮存和蜂脾比。

② 局部检查　必要时，开箱提出1～2脾检查某一问题。

a. 贮蜜情况　提边脾，有蜜表明不缺；如边脾蜜不足，提边2脾，有角蜜表明不缺。

b. 蜂王及蜂子发育 在蜂巢中部提脾，有卵虫，无改造王台，则有王；可直接观察幼虫的发育情况。

c. 蜂脾比 边2脾上的蜜蜂数量。

③ 箱外观察在蜜蜂巢外活动的时段，在箱外观察蜜蜂在巢门前的活动情况。

（3）巢脾管理

① 每年换脾一次，也就是巢脾使用周期不超过一年。

② 在蜜粉源相对丰富的蜂群增长阶段，抓住时机集中快速造脾，在严重分蜂热发生前完成所有巢脾的更新。

③ 修造优质的巢脾，优质巢脾的特点是平整、完整、无雄蜂巢房。

④ 基本保持蜂脾相称。

（4）群势调整 保持蜂群适当的群势，不饲养弱群。要探索各地不同时期最佳的蜂群增长、蜂蜜生产、越冬的适宜群势。

（5）营养与饲料 粉蜜饲料充足，在任何时候均应避免巢内缺乏糖饲料，在蜂群增长阶段不允许缺乏蛋白质饲料，但不能蜜粉压子脾。

（6）分蜂热控制

① 应用选育的地方良种。

② 在分蜂阶段前中期换王。

③ 在分蜂热发生前，采取促蜂群快速增长措施，增加蜂群幼虫数量。

④ 通过人工分群在分蜂期控制蜜蜂群势，控制群势的具体数据各地因气候、蜜源等情况的不同而不同。

⑤ 降低蜂巢温度，通过遮阳、通风、饲水等措施降巢温，保持巢门外没有或很少有扇风的工蜂。

（7）蜂群放置

① 环境绿化、卫生。结合种植蜜粉源植物改善环境。

② 适宜小气候，高温季节避免阳光曝晒，早春温暖向阳。

③ 分散排列或加大箱距。

④ 蜂箱垫高，尽可能修筑统一、美观、实用的放置蜂箱的平台或支架。

2. 阶段管理

（1）增长阶段管理

① 群势调整 群势调整至适宜群势，各地适宜蜂群快速恢复和发展的群势有所不同。

② 蜂脾比调整 调整和保持蜂脾比，低温季节每张巢脾有蜂1.1～1.3足框；正常气温下保持蜂脾相称，分蜂热季节保持每张巢脾有蜂0.8～1.0足框。

③ 粉蜜充足 保持巢内粉蜜充足，如果不足，需要及时饲喂。饲喂蜜蜂的饲料

必须优质。

④ 奖励饲喂　在蜂群哺育力充足的前提下，可采取奖励饲喂的技术促进蜂群增长。蔗糖和水重量比1：1制成奖励饲喂的糖液，于每晚夜间少量饲喂。

⑤ 分蜂热控制　分蜂热是制约蜜蜂规模化高效养殖技术的关键问题。解决该问题的思路如下。

a. 控制群势　在蜂群发生严重分蜂热前，通过蜂群调整和人工分群控制分蜂热。

b. 更换新王　在分蜂热到来之前更换优王，增加蜂群控制分蜂热能力。

c. 调整蜂脾比　在分蜂季节，适当增加脾的数量。

d. 控制巢温　过热的巢温易促进分蜂热，通过遮阴，开大巢门、加大蜂路等控制巢温。

⑥ 修造新脾　通过修造新脾，增强蜂王产卵的空巢房，增加卵虫数量，有助于控制分蜂热。优质新脾是中华蜜蜂饲养技术的关键，是判断养蜂技术的重要依据。把握造脾时机，及时加础造脾，淘汰劣脾、旧脾，是中华蜜蜂饲养的基本技术。

⑦ 适龄采集蜂的培育　适龄采集蜂的数量是获取蜂蜜高产的重要保证。在流蜜期始花期前50d到流蜜期结束前30d，促王产卵，培育适龄采集蜂。

⑧ 更换新王　规模化中华蜜蜂饲养要求每年更换一次新王，以保证蜂王的产卵力和控制分蜂能力。流蜜期结束前30d可结合换王，在流蜜期结束前一个月去除老蜂王，诱入成熟王台。

（2）流蜜阶段管理

① 组织采蜜群　调整或合并组织强群采蜜，群势应以不发生强烈分蜂热为度。不同区域、不同蜜源、不同季节的采蜜群的群势不同。

② 维持采蜜群　在流蜜期中，必要时调整或合并维持强群采蜜。

③ 提高蜂蜜品质　取成熟蜜，一个蜜源花期只采收一次蜜。在大蜜源花期，能生产单一蜜种蜂蜜的尽量生产单花蜜。

④ 贮蜜区与育子区分离　用上继箱或单箱体分区方法，将贮蜜区和育子区分隔，不取子脾上的贮蜜。

（3）越冬前准备阶段管理

① 培育适龄越冬蜂　最后飞翔日前90d，调整蜂群，促蜂增长，为培育适龄越冬蜂做蜂群准备。最后飞翔日前50d，培育适龄越冬蜂做蜂群，蜂略多于脾，适当保温，粉蜜充足，不再取蜜作业，在保证哺育力充足的前提下促王产卵。最后飞翔日前30d，迫使蜂王停止产卵，适当保温，通过巢门前遮光等措施控制蜜蜂采集活动。最后飞翔日前10d，放王，开大巢门，加宽蜂路，去除保温等措施，降巢温，继续控制蜜蜂出勤；调整越冬蜂巢，半蜜脾在中间，两侧放大蜜脾。

② 贮足越冬饲料　在最后飞翔日前50～90d，留足越冬饲料，如果天然蜜源不足，需要及时补足。

（4）越冬阶段管理　保持蜂群安静，避免阳光直射巢门。

① 长江以北地区　加强蜂箱外保温，或放入越冬室。

② 长江以南地区　控制蜜蜂出巢飞行。

二、机具应用

1．基本原则

养蜂机具的应用是蜜蜂高效饲养的关键要素之一，目前在养蜂生产中机具及其应用还是相对薄弱的。没有与规模化程度相匹配的成套机具，蜜蜂高效养殖就会受到制约。

① 充分利用市场上已开发的养蜂机具。

② 自己动手发明新的机具和改进现有的机具。

2．主要机具

（1）起刮刀（图7-1）

图7-1　起刮刀

（2）蜂刷（图7-2）

图7-2　蜂刷（蜂扫）

（3）割蜜刀（图7-3）

图7-3　割蜜刀

（4）摇蜜机（图7-4～图7-6）

图7-4　普通摇蜜机

图7-5　电动摇蜜机

图7-6　电动摇蜜机

（5）喷烟器（图7-7）
（6）隔王栅（图7-8）

图7-7　喷烟器

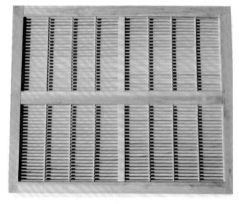

图7-8　隔王栅

（7）巢框（图7-9）
（8）置脾板（图7-10）
（9）埋线器（图7-11）
（10）王笼（图7-12）

图7-9 巢框

图7-10 置脾板

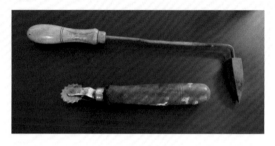

图7-11 埋线器

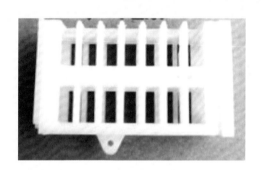

图7-12 王笼

（11）蜂王诱入器（图7-13）

图7-13 蜂王诱入器

（12）吹蜂机（图7-14）

（13）移动放蜂平台（图7-15）

图7-14　吹蜂机

图7-15　移动放蜂平台

三、地方良种

1. 基本原则

① 不在中华蜜蜂保护区核心区人为优王选育。

② 种用群没有明显不良性状，无病害，群强、分蜂性弱。

③ 保护遗传多样性。

2. 操作要点

（1）种用群选择

① 母群　为保护中华蜜蜂的遗传多样性，按蜂群数的20%选择，每一母群培育蜂王不超过5只。没有病害。在当地为群势最强蜂群，可在同一生境下100km范围内选种。杜绝远距离、不同生态环境间的引种。

② 父群　为保护中华蜜蜂遗传多样性，全场蜂群均为父群，但要割除病群雄蜂封盖子。

（2）哺育群的组织与管理

① 组织　将蜂巢用隔王板分隔成育子区和育王区。育王区中间，在育王框两侧放卵虫脾。巢内粉蜜充足，哺育蜂多，小幼虫适当减少。

② 管理　控制一次培育蜂王的数量，以不超过40个王台为宜。调节巢温，避免巢温过高或过低。奖励饲喂，促进蜂王培育。

（3）交尾群组织

① 专门交尾群组织　在蜂王出台前2d，抽取带粉蜜的封盖子脾一张、卵虫脾一张，带蜂组织成交尾群。在交尾群中抖入1足框幼虫脾上的内勤蜜蜂。交尾群放置在离蜂场50m的地方。交尾群组织后半天，诱入王台。蜂王交配成功后，可将蜂王提出，诱入生产群。交尾群调整后再诱入王台，再进行培养蜂王交尾。也可以将交

尾群补强成为正常生产群。

②结合生产群断子　在王台出台前两天，去除蜂群中的蜂王，诱入王台。

第二节　中蜂高效养殖的关键环节

蜜蜂高效养殖技术的基础是规模化，以分场为饲养管理基本单位的蜜蜂规模化饲养管理技术，关键在于保持分场内所有蜂群状态基本一致。这在我国养蜂生产技术发展中，是一项新技术课题。通过分析蜂群发展中可能导致蜂群差异的因素，采取技术措施保持蜂群基本一致。

一、蜂王保持一致

产卵蜂王携带蜂群的全部基因，产卵蜂王能够代表蜂群的遗传特征。蜜蜂规模化饲养管理技术要求，分场所有蜂群中的蜂王，在蜜蜂群势发展和维持的遗传特征基本一致，包括蜂王产卵力、工蜂寿命、育子能力等。

在没有供应生产用王的专业育王场的情况下，蜂王需要蜂场自行培育。在生产中需要选择群势发展快、能维持强群、抗病能力强的蜂群作为种用群，用于培育蜂王和种用雄蜂。在适宜育王的季节，培育充足数量的产卵王。除了种用群外，分场内所有蜂群的蜂王统一更换，无论老蜂王是优是劣。具体操作要点参见第五章第二节及第四节相关内容。

二、蜂箱和蜂群放置环境一致

1. 蜂箱一致

蜂箱不同有可能对巢温的保温和散热影响有所不同，规模化蜂场要求全场蜂群，至少同一分场的蜂群所使用的蜂箱一致。蜂箱一致包括材质、箱壁厚度、蜂箱大小、箱外壁颜色等。

2. 环境一致

蜂群放置的环境，包括朝向、光照、通风、植被条件等因子，能够影响蜜蜂的巢温和出巢采集。巢温和采集活动能够影响蜜蜂群势发展速度。

三、调整蜂群一致

1．调整蜂群时间

在每一蜂群饲养管理阶段结束之时，下一个阶段开始之前，将每一分场的蜂群进行群势调整，对每一蜂群巢脾数、蜜粉贮备数量、蜜蜂群势进行调整，以保证每一分场的蜂群保持基本一定。

2．调整蜂群方法

蜂群调整之前，要对分场所有蜂群的情况全面了解，确定调整后蜂群应具备的状态。蜂群调整需要注重群势、饲料、子脾结构（卵、未封盖幼虫、封盖子的比例）的一致。

3．辅助性调整蜂群

在规模化饲养管理技术发展的初期,蜂群调整一段时间，可能部分蜂群与分场蜂群总体产生差异。在蜂群普遍调整后月余，对蜂群普查群势变化。然后对有问题的蜂群查找原因，进行针对性处理，同时对群势进行辅助性调整。个别群弱的最主要原因可能是蜂王和病害，其次是粉蜜不足、盗蜂、分蜂热等。

四、蜂群管理措施一致

规模化蜜蜂饲养管理技术最主要的特点是蜂群一致和所有的饲养管理操作一致，一般不对蜂群做个别特殊处理。

第三节　中蜂优质蜂蜜生产

蜂蜜优质高产的三要素是蜜源、蜂群和天气。对蜜源的要求：在蜂群的增长阶段，也就是蜂蜜生产群培育期，粉源和蜜源较丰富，为蜂群的恢复和发展提供充足的食物来源。对蜂群的要求：健康、群强、脾新。对天气的要求：晴、无风或微风，昼夜温差较大。

在无污染、无残留、安全卫生的前提下，蜂蜜的品质体现在成熟度，成熟度的标志之一是蜂蜜的含水量。解决中华蜜蜂封盖蜜成熟度不足的关键技术是将蜂蜜生产群育子区和贮蜜区分开，不取子脾上的贮蜜。提高蜂蜜的档次，需要提升中华蜜蜂生产单花蜜的技术，克服中华蜜蜂多生产杂花蜜的问题。

一、中蜂蜂蜜生产蜂群的培育和组织

蜂蜜生产群育子区和贮蜜区分开的蜂群基础是强群。在流蜜期前的蜂群增长阶段，快速恢复和发展蜂群和适时培育适龄采集蜂对中华蜜蜂优质蜂蜜生产至关重要。

1．中蜂蜂蜜生产蜂群的培育

强群是蜂蜜优质高产的基础，也是蜂群健康的基本条件。健康强群需要抗病力强、维持强群、产卵力强的蜂王，提供蜜蜂健康生长发育的营养条件和良好的巢温条件。

（1）**人工育王**　参见第五章相关内容。

（2）**促进蜂群快速增长**　参见第六章相关内容。技术要点：培育产卵力强、分蜂性弱的优质蜂王；维持适当的群势，保持巢温稳定，保证充分的哺育能力和饲喂能力；调整蜂脾比，保证粉蜜充足和供蜂王产卵的空巢房。

（3）**适龄采集蜂培育**　大流蜜期开始前50d至流蜜期结束前30d（为维持流蜜期结束后的群势，限制蜂王产卵推迟10d），蜂王产下的卵发育成为主要蜜源花期的适龄采集蜂。通过促王产卵、饲料充足、巢温调节等技术手段，大量培养健壮的适龄采集蜂。适龄采集蜂培育结束，根据实际情况，可以考虑限王产卵。

（4）**病虫害防控**　参见第六章相关内容。技术要点：防控防疫，封闭蜂场，场外人员禁止动蜂群，本场人员不动场外蜂群，开箱操作前穿干净消毒过的工作服，用肥皂将手洗净，蜂场、蜂箱和工具定时消毒，避免蜂群感染疫病；增加蜂群对疫病的抵抗力，抗病育王、强群养殖、蜂脾相称、营养充足、小环境良好。

2．中蜂蜂蜜生产蜂群的组织

（1）**组织强群**　在流蜜期到来前，群势不足的蜂群可采取群势调整和蜂群合并的方法组织强群。

（2）**育子区与贮蜜区分开**　用隔王板将蜂巢分隔成育子区和贮蜜区。育子区2～5张脾，供蜂王产卵和蜂群育子。贮蜜区无王，初组织时可以有子脾，取蜜时贮蜜区巢脾中的蜂子已全部羽化，并贮满蜂蜜。

① 单箱体蜂蜜生产群组织　将巢箱用框式隔王栅分隔为两个区，育子区和贮蜜区（图7-16）。育子区根据蜂蜜生产阶段的长短决定巢脾的数量，流蜜阶段时间长，需要多放巢脾，保持蜂群可持续发展；流蜜阶段时间短，育子区巢脾少放，适当限制蜂王产卵。育子区一般放脾2～5张。

② 继箱蜂蜜生产群组织　用平面隔王栅将双箱体蜂群分隔为育子区和贮蜜区（根据蜜蜂向上贮蜜的习性，浅继箱可不用平面隔王栅）。贮蜜区提倡用浅继箱（图7-17、图7-18）。

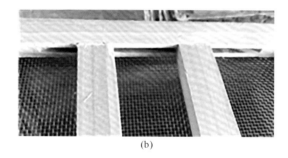

(a)   (b)

图7-16　中蜂单箱体蜂蜜生产群组织

（a）左边为贮蜜区、右边为育子区；（b）可调节位置的副盖上档条，与箱内隔王栅配合

图7-17　中蜂继箱生产群的组织（王彪　摄）　　　图7-18　中蜂浅继箱生产群的组织（王彪　摄）

二、优质蜂蜜生产

优质蜂蜜生产的要点：单一蜜种、成熟度高、安全无污染。

1．清空巢内贮蜜

在流蜜期初，将所有贮蜜区的巢脾贮蜜全部清空，保证所生产的蜂蜜高纯度。

2．在花期结束后一次性取蜜

（1）花期不取蜜　　花期取蜜影响蜜蜂采集活动，蜂蜜质量不高。

（2）加贮蜜继箱或贮蜜巢脾　　在流蜜期结束后一次性取蜜。巢内贮蜜区贮蜜80%时，加贮蜜继箱或贮蜜巢脾（图7-19、图7-20）。

（3）不取子脾上的蜂蜜　　子脾上的蜂蜜含水量偏高。取子脾蜜对蜂子伤害大。

（4）对含水量高的成熟蜜进行干燥室脱水　　干燥室要求清洁、密闭，安装高温除湿装置（图7-21）。干燥室内温度35～36℃，相对湿度30%～50%。使蜜脾中蜂蜜含水量降至17%。

图7-19　中蜂浅继箱生产的成熟蜜脾（王彪　摄）　　图7-20　中蜂继箱生产的成熟蜜脾（王彪　摄）

图7-21　成熟蜜脱水干燥室

干燥室可尝试将能够加热且有除湿功能的空调，作为调节室内温度和湿度的装置，也可以考虑用专业的除湿器降低干燥室内的空气相对湿度。

（5）取蜜作业　在清洁卫生的取蜜车间室内操作，保持环境温度30℃以上，相对湿度50%以下。优质蜂蜜含水量低、黏度大，干燥室取出的蜜脾，蜂蜜黏度相对较低，应直接进行取蜜作业。取出的蜂蜜需要马上过滤封装。

（6）蜂蜜贮存　优质蜂蜜的贮存环境，除了卫生清洁外，需保持低温0℃，避光干燥，相对湿度50%。

三、单花蜂蜜生产

1. 场地选择

① 在大流蜜期只有一种主要蜜源开花泌蜜。

② 花期长，泌蜜量大。

③ 环境良好。冬季蜜源花期背风向阳，高温季节通风遮阴。

④ 必要时可以根据不同主要蜜源的花期分段取蜜。

2．清空贮蜜区的杂蜜

在大流蜜开始时清空贮蜜区的所有巢脾中的贮蜜。

3．促贮蜜封盖

对蜜源即将结束，大部分蜂群贮蜜不足的情况，取出蜂场部分蜂群的成熟度不足的蜂蜜。将取出的蜂蜜再饲喂到强群中。注意防盗蜂。

第四节 中蜂分区饲养管理

保障中蜂蜂蜜优质高产的最佳方法是将蜂蜜生产群的育子区和贮蜜区分开饲养，而蜂蜜生产群育子区和贮蜜区分开饲养的蜂群基础是强群。

一、蜜蜂分区饲养的概念

蜜蜂分区饲养就是把蜂群中育子区和贮蜜区用隔板或隔王栅分开饲养的一种方法，也可利用蜜蜂向上贮蜜的习性，采取添加继箱或浅继箱自然将育子区和贮蜜区分开饲养的一种方法（大流蜜期可不用隔王板）。蜜蜂分区饲养可通过对产卵蜂王行为的限制，来实现对整个蜂群的调控，从而实现饲养管理蜂群的目的。

中蜂分区饲养有两种方式，即横向（平箱或卧式）分区和纵向（继箱或立式）分区。

无论哪种分区方式，都有暖区与冷区，或育子区与贮蜜区两种，即有王区和无王区，或繁殖区和采蜜区。

采用分区饲养蜜蜂，既能满足"蜜蜂王国"趋于优化状态的生活，又能显著提高蜂群生产力。省工、省时、省料，可促进蜂群有计划地发展。

1．早春繁殖期分区饲养

蜂王在适合育子的暖区产卵，哺育蜂生活在暖区，外勤蜂栖息在冷区，符合蜜蜂生物学习性。

2．夏季生产期分区饲养

由于取蜜时不要每框都摇蜜，不振动影响蜂王，不破损幼虫和子脾，不干扰蜜蜂的正常繁殖，使蜂王能安心产卵，不会有失王现象，使蜂王安定，可提高蜂蜜产量和质量。

3. 秋季越冬准备期分区饲养

将蜂王控制在繁殖区内，一是有利于贮存越冬饲料，二是适当限制蜂王产卵，保存实力。到培育越冬蜂时能促使蜂王集中精力产卵，培育出日龄接近的适龄越冬蜂。

4. 特殊管理蜂群分区饲养

如人工移虫育王所需大卵、组织哺育群等特殊蜂群管理，均可根据蜜蜂生物学习性，采用分区饲养，有计划达到所需要的目的。

二、春季蜂群繁殖阶段的分区管理

蜂群的春季繁殖是指从越冬后蜂王开始产卵，一直到主要蜜源泌蜜期之前的繁殖阶段。蜂群春季繁殖是奠定全年蜂产品高产以及高效授粉的基础，是全年养蜂生产的关键环节，也是蜂群发展最困难的一个阶段。具体管理措施参见第四章第三节相关内容。

三、夏季蜂群生产阶段的分区管理

1. 夏季蜂群生产期强群的组织与维持

夏季蜂群生产阶段从气候到蜜粉源以及蜜蜂群势等情况都是周年养蜂环境最好的阶段，所以在一年四季周年的养蜂活动中能否实现高效养蜂，最终结果就看夏季生产阶段。这一阶段蜂群管理的关键点：一是在春季饲养强群和培育适龄采集蜂的基础上，组织强群，维持强群，防止分蜂热；二是生产阶段中后期保持群势，为蜂群恢复和发展或下一个蜜源打下蜂群基础。蜂群管理的原则是维持强群、控制分蜂热、保持群势旺盛的采集积极性、减轻巢内负担、加强采集力量、创造蜂群良好的采蜜和酿蜜环境，努力提高蜂蜜的质量和产量。此外，还应兼顾流蜜后期的下一个蜜源蜂群管理。其具体管理措施参见第四章第四节夏季生产阶段蜂群管理。

2. 中蜂夏季生产阶段分区管理方法

中蜂夏季生产阶段带子取蜜不仅会伤害蜜蜂卵虫，而且易感染囊状幼虫病。分区饲养管理不仅能有效克服传统饲养管理上的诸多弊端，而且可有效提高中蜂的产量和质量。

（1）流蜜期前蜂群分区和管理　生产阶段大流蜜期前蜂群的分区是繁殖区为大区，放5～6张巢脾，卵虫脾放中间，蜜粉脾靠边放，蜂王在大区内紧靠隔王板处产卵繁殖；贮蜜区为小区，放1～3张空脾或出房子脾供贮蜜，外侧放活隔板。根据工蜂发育期和出房采集蜂日龄，在蜜源泌蜜前40～60d，每晚用稀糖浆200～300g进行奖励饲喂，及时扩大蜂巢，为蜂王提供产卵巢脾，防止"分蜂热"的发生。当有雄蜂出房时，即可着手培育蜂王，为采蜜和分蜂做好准备。随着流蜜期的到来，逐渐缩小繁殖区，扩大贮蜜区。

（2）流蜜期蜂群分区和管理　流蜜期到来之后的蜂群分区贮蜜区以大区为主。蜜源泌蜜前5～7d，可将蜂群进行一次调整。将1张正出房的子脾、1张老蛹脾和1张蜜粉脾调往小区，组成繁殖区繁殖；大区组成贮蜜区，一般可放2～3张子脾，4～5张蜜脾，空脾不够可加巢础框，子脾紧靠隔王板，也可与蜜脾相夹排放。为了防止自然分蜂引起逃群，可将繁殖小区的巢门关闭。或者采用加浅继箱的方法进行分区，巢箱为繁殖区，浅继箱为贮蜜区。流蜜期不取蜜，以"箱"为单位添加浅继箱，扩大贮蜜空间。如泌蜜较好，第一次加的浅继箱蜜蜂已装满，但未成熟，可在第一个浅继箱的位置添加第二个浅继箱，第一个浅继箱放在第二个浅继箱的上面，继续让蜜蜂酿造成熟，这样以此类推加第三个、第四个浅继箱。

大流蜜期要适当控制蜂王产卵，减轻巢内负担，促使适龄采集蜂全部出巢采集，增加产蜜量。中蜂采蜜期不能没有蜂王，也不能完全没有子脾。没有蜂王会引起蜂群不安，导致工蜂产卵；完全没有子脾，使蜂群失去恋巢性，很可能发生飞逃。

（3）流蜜中后期蜂群分区和管理　流蜜中后期，为避免蜂群下降严重，影响蜂群群势和下一个蜜源，要适当扩大蜂王产卵空间，贮蜜大区造成的新脾可与繁殖小区内蜂王产满的卵虫脾对换，也可向繁殖区域内加空脾，促使蜂王产卵。

四、秋季蜂群越冬准备阶段的分区管理

1. 蜂群秋季适龄越冬蜂培育与饲料贮备

秋季养蜂管理工作的重点和主要任务是培育大量健壮的适龄越冬蜂，贮备充足优质的越冬饲料，为蜂群安全越冬创造条件。如何培育适龄越冬蜂和贮备优质充足的越冬饲料详见第四章第一节蜂群越冬准备阶段的管理。

2. 蜂群秋季越冬准备期分区管理方法

用隔王板将蜂巢分割成有王的繁殖区和无王的贮蜜区，一是有利于越冬饲料的贮备提留，二是有利于适龄越冬蜂的培育。可适当限制蜂王产卵，保存实力，到培育越冬蜂时能促使蜂王集中精力产卵，蜂王不用多跑路就能找到产卵的巢房，子脾集中，卵圈面积大，能有计划地培育出日龄接近的适龄越冬蜂。

（1）秋季提留越冬饲料蜂群分区管理　北方的初秋是秋季主要蜜源植物开花泌

蜜提留优质越冬饲料的重要季节，这时蜂群分区管理方法可参照流蜜期分区管理，但要适时调脾，每隔10d调一次脾，即将繁殖区内封盖子脾调入贮蜜区，同时将贮蜜区内的出房子脾或空脾调入繁殖区，使繁殖区在10d内有足够的空脾供蜂王产卵，也使贮蜜区内有足够的空脾和空间供采集蜂采集酿蜜。尤其要挑选脾面平整、雄蜂房少、培育过几批虫蛹的浅色优质巢脾，放入贮蜜区让蜜蜂贮满蜂蜜。巢脾中蜂蜜贮满后放到贮蜜区巢脾外侧，促使蜜脾封盖并提出集中妥善保存。

（2）秋季培育适龄越冬蜂的分区管理　　在秋季及其有限的时间内，要集中培育出大量健壮的适龄越冬蜂，就需要有产卵力强的蜂王、适当的群势和充足的粉蜜饲料。所以，在夏末秋初要培育一批优质蜂王，及时更换老劣王，调整或合并蜂群，使蜂群群势具备哺育和繁殖的能力，同时保证蜂群内饲料充足。蜂群的分区以促进繁殖为主。在培育适龄越冬蜂前10d左右，可将繁殖区放满封盖子脾和蜜脾，限制蜂王产卵，让蜂王休养生息一段时间。到培育适龄越冬蜂开始时，紧脾缩巢，保持蜂脾相称或蜂略多于脾，并坚持奖励饲喂，调动蜂王产卵和工蜂哺育积极性，然后向繁殖区内调入一张出房子脾或换入一张空脾，供蜂王产卵。当调入的第一张巢脾蜂王产满卵后，蜂巢内即有出房子脾，可及时调入繁殖区内供蜂王产卵，以此类推，直至培育好适龄越冬蜂。

第八章 蜂产品市场营销策略

美国营销学家E. J. 麦卡锡将企业可控制的营销因素归纳为四个方面：产品、价格、渠道、促销。所谓市场营销策略，也就是产品策略、价格策略、促销策略和销售渠道策略的优化组合，体现了现代市场中的整体营销思想。所以，蜂产品也应该采用市场营销策略来实现企业的经营目标。

第一节 产品策略

蜂产品企业可以在产品的效用、品质、品牌、式样、特色、包装、付款条件、服务、保证、蜜蜂文化和销售人员素质等方面按照目标消费群的需求进行产品创新和设计，制定出产品策略。

一、产品质量安全策略

蜂产品质量安全是现在消费者非常注重的核心利益，特别是蜂蜜的安全性和真实性问题已经影响了整个行业的健康发展。蜂产品质量安全的优劣对企业的形象、产品的市场竞争力和企业的经营效益具有决定性的影响。因此，只有加强质量安全管理，不断提高蜂产品的质量安全，当产品质量安全达到消费者满意后，应努力保持产品质量安全长期稳定，真正做到产品"安全、有效、稳定、均一"。只有这样，才能在消费者中建立良好的信誉，才能不断增加市场的份额，也才能创出真正的名牌产品。

二、品牌策略

所谓品牌，简单地讲就是消费者对企业产品和产品系列的认知程度，而品牌最持久的含义是其价值、文化和个性。企业的商标注册后形成品牌，受国家法律保护。品牌是企业长期努力经营的结果，是企业的无形载体。因此，蜂产品企业必须十分重视品牌策略。

三、包装策略

对于蜂产品来说，设计良好的包装能刺激消费者的购买欲望，也能为企业创造促销价值。包装策略主要有以下几种。

1．类似包装

企业对其生产的产品采用相同的图案、近似的色彩、相同的包装材料或相同的造型进行包装，便于消费者识别出本企业的产品。这种策略有利于树立企业的形象，扩大企业的声望，增强消费者对该企业产品的信任，同时能够节省包装设计、制作等费用。

但类似包装策略只适宜于质量相同的产品，对于品种差异大、质量水平悬殊的产品则不宜采用。大多数蜂产品企业对某一类产品，比如蜂蜜一般采取类似包装策略，但是对蜂蜜、蜂王浆、蜂胶等不同类别的产品则采取不同特征的包装。

2．等级包装

即按照产品的质量、价格的高低，将产品分为若干等级。优质产品采用高档包装，一般产品采用普通包装，使产品包装与产品质量相符，这有利于优质产品的销售。蜂产品企业中普遍采用这种包装策略。

3．再使用包装

指包装内的产品使用完后，包装物还有其他的用途。购物礼袋是典型的再使用包装，但采用该策略要避免因成本加大引起价格过高而影响产品的销售。

福建农林大学科教蜂产品开发部曾推出一款精美玻璃瓶包装的蜂蜜，蜂蜜饮用完，玻璃瓶可以当水杯或茶杯使用，很受消费者欢迎。

4．组合包装

将数种有关联的产品组合包装在一起成套销售，便于消费者购买、使用和携带，同时还可扩大产品的销售。特别是在组合包装中加入某种新产品，可使消费者不知不觉地消费新产品，有利于新产品上市和推广。形式上有多种蜂产品礼品盒包装、多种单花蜂蜜套装等。

福建农林大学科教蜂产品开发部曾推出一款福建荔枝、龙眼、枇杷、柑橘的"四大水果蜂蜜"组合包装，很受消费者的青睐。

5. 加大包装策略

是指设计出更大的包装容器盛装更多的产品进行销售活动。

福建农林大学科教蜂产品开发部曾在1.5kg蜂蜜包装瓶的基础上，增加瓶子高度设计出可装1.75kg蜂蜜的包装瓶，每逢节假日就在各大超市进行"加量不加价"促销活动。由于包装明显加大，对消费者的震撼力极强，促销效果非常明显。

6. 改变包装策略

即改变或放弃原有的产品包装，采用新包装。

由于食品的包装技术、包装材料不断更新，消费者的偏好也不断变化，因此，蜂产品企业应适时采用新的包装以弥补原包装的不足，同时做好宣传工作，以免引起消费者的误解。

> **案例分析：六盘山"土蜂蜜"的产品策略**
>
> 根据固原市中蜂"土蜂蜜"的特点，其核心产品是品质保证"不喂糖、不喂药"的成熟蜜。在产品的形成层和延伸层上是"如何让消费者相信产品的品质"。在产品差异化上追求"不同的风格、独有的特征、可靠的产品质量和优质的服务"等。对贫困户生产的产品，由政府进行背书："统一品牌、统一生产标准、统一产品质量、统一价格"。同时，为保证产品质量和准确产量，对所有按标准要求建设的示范蜂场安装监控摄像头进行监控和监管，在保障消费者知情权的同时，进一步培育其忠诚度，通过口碑效应扩大"土蜂蜜"的销售。

第二节 价格策略

制定产品价格应考虑企业内部和外部多种因素的影响。企业内部因素主要包括企业营销目标、产品成本、营销组合策略等。企业外部因素主要包括产品的供求状况、竞争者的产品质量及价格、消费者对产品价值的理解、政府的有关政策、国内外宏观经济状况等。企业需根据不同情况采用灵活的定价策略和适当的定价方法，合理确定产品价格。

一、产品价格与质量策略

蜂产品质量安全是企业的命脉，企业不断提高产品质量安全，很重要的一条是贯彻"按质论价"。即按照产品质量的不同，分等级定价，做到优质优价、低质低价、同质同价，这是价格策略一项很重要的原则。一般来说，按价格与质量的关系，可分为以下九种策略（图8-1）。

		低	中	高
质量	低	9. 经济策略	8. 虚假经济策略	7. 虚假策略
	中	6. 优良价值策略	5. 普通策略	4. 高价策略
	高	3. 超值策略	2. 高价值策略	1. 溢价策略

图8-1　九种价格–质量策略

1. 共存类策略

采取第1、5、9这三种定价策略的企业一般可以在同一市场上同时存在，若是三个不同的企业分别采取这三种不同的策略，也将在市场上长期共存。

2. 竞争类策略

采取第2、3、6这三种定价策略是针对共存策略而采取的竞争策略。如2策略针对1策略就表示，"我们的产品质量一样好，但我们的售价更低"，这可能会触动对性价比敏感的消费者。

3. 欺瞒类策略

采取第4、7、8这三种定价策略，即价格与产品的价值相比，定价过高。消费者购买后会觉得"上当受骗"，可能产生抱怨，甚至会散布不利的言论，因此，企业必须避免采用。

二、心理定价策略

蜂产品心理定价策略主要有以下几种。

1. 尾数定价策略

也称零头定价或缺额定价，指企业给产品定一个零头数结尾的非整数价格。即"取零不取整"的定价技巧。

如：10元的蜂蜜定价为9.98元，20元的定价为19.88元等，消费者会认为这种价格是经过精确计算，购买不会吃亏，从而产生信任感。同时，价格虽离整数仅相差几分或几角钱，可使消费者从心理上产生便宜的感觉。

2. 整数定价策略

与尾数定价策略相反，是指企业有意将产品价格定为整数，以显示产品具有一定质量。

这种策略实质上是利用了消费者按质论价的心理、自尊心理与炫耀心理。一般来说，整数定价策略适用于那些名优产品或高档产品。这些目标消费者对产品的质量较为重视，往往把价格高低作为衡量产品质量的标准之一。

3．声望定价策略

是指利用消费者对企业或企业某些产品的信任而适当抬高价格的定价策略。

因为这些产品在消费者心目中享有较高的声誉，虽然价格高于同类商品，但由于消费者的信任，产品仍然能够畅销。

4．习惯定价策略

是根据某种产品在市场上长期销售所形成的比较稳定的、人们习惯的价格而定价的策略。

对消费者已经习惯了的价格，企业不宜轻易变动。降低价格会使消费者怀疑产品质量是否有问题；提高价格会使消费者产生不满情绪，导致消费转移。在不得不需要提价时，应采取更换包装或品牌等措施，以减少消费者抵触心理，同时引导消费者逐步形成新的习惯价格。

案例分析：六盘山"土蜂蜜"的价格策略

根据固原市六盘山区中蜂"土蜂蜜"的特点，其定价的策略必须充分考虑到"土蜂蜜"的成本，采取成本导向定价法，再结合其他定价策略，给消费者以"货真价实"之感。

第三节　促销策略

促销策略是由一系列活动组成的，主要有人员推销、广告、营业推广和公共关系等，蜂产品的促销策略也主要为这四大类。

一、人员推销

1．人员推销的作用

企业的推销人员肩负着开拓市场、扩大产品销售、收集市场信息的重任。因此，人员推销是一项专业性很强的工作，要求推销人员必须具备较高的思想素质、业务素质和能力素质。

2．人员推销的基本程序

为提高推销工作成效，推销人员应遵循一定的工作程序，主要包括以下几个步骤：

（1）**寻找用户**　推销人员要通过各种渠道找出潜在用户，包括企业用户和个人用户。

（2）**收集有关资料，制定销售计划**　确定推销对象之后，要了解潜在消费者的情况、竞争对手的产品情况、本企业的有关情况，然后有针对性地制定出有效的推销计划。

（3）**访问用户**　选择合适的时间、地点和方式与用户进行接触，以准确和精练的语言向用户介绍产品，并附送有关资料。同时要着重说明产品能给消费者带来的利益，以引起他们的兴趣。

（4）**化解异议**　要耐心地倾听消费者提出的不同意见，并以事实为论据用适当的措辞进行说服。

（5）**促成交易**　接近和成交是推销过程中两个最困难的步骤。如果发现对方有愿意购买的表示，应立即抓住时机，签约成交。

（6）**事后跟踪**　推销人员应认真执行订单中所保证的条款。跟踪收集用户的意见和建议，了解消费者对产品的满意度，及时发现产品可能存在的问题，以此作为企业不断改进产品的重要依据。

二、广告

1．广告的作用

广告宣传是指企业通过一切传播媒介，向社会公众介绍企业的产品并引导其购买的公开宣传活动。这是非人员推销的主要方式。对企业而言，广告宣传企业文化，提升企业知名度，提高产品销售量，促进新产品开发、新技术的发展等。对消费者而言，广告引导消费观念，追捧消费文化，加强消费意识，引领消费潮流等。

2．广告词

（1）**概念**　广告词又称广告语，是指企业用于广告宣传的标语。广告词是一则广告的灵魂，是诱惑消费者的主要工具。一般要求简短易懂、新颖独特、朗朗上口。

（2）**什么样的广告词最有效？**

①具有本企业的特色，换一家企业就不成立、不贴切、不合适。

②具有明显的"价值"概念，强调用与不用的区别。

③市场定位清晰，只针对某一特定的目标消费群。

④ 强调与其他类似（或相同）产品的区别及特色。

⑤ 侧重消费者最关心的一个或两个方面。

⑥ 能激发人们去想象、去比较、去尝试的愿望。

3．广告媒介

广告的传播媒介主要有报纸杂志、电视、广播、邮寄、户外和互联网等，这些媒介各有优缺点。

（1）报纸杂志广告　报纸广告的优点是传播迅速及时，且能对产品进行详细说明。缺点是表现力差，不易引起读者注意。近几年受互联网各种新媒体冲击大，发行量急剧下降，出现倒闭潮。杂志广告的优点是能针对特定的目标消费群，印刷精美，传播信息量大，保存价值高等。缺点是传播迟缓，费用较高。蜂业界的专业期刊《中国蜂业》《蜜蜂杂志》等，因为专业性强，针对性也强，特别对生产蜂机具、蜂药和各种蜂产品包装物等企业来讲，广告投放效果很好。

（2）电视广告　优点是能把图像、动作、声音结合为一体，给观众以深刻的印象。缺点是广告费很高、时间短、产品介绍过于简单等。近几年受互联网各种新媒体的冲击也很大。

（3）广播广告　优点是可以用优美的声音详细介绍产品，各层次听众可以自由选择，广告费用较低。随着中国汽车的保有量越来越多，广播广告的效果也越来越明显。缺点是缺乏图像视觉刺激，不易记忆。

（4）邮寄广告　是众多小企业经常采用的广告形式，优点是针对性强，可以直接寄给消费者、中间商或代理商，传递较快，灵活。缺点是传播面窄，可信度差。

（5）户外广告　优点是可以利用广告牌在繁华的街道、交通要道等地方，采用多种艺术手段宣传产品，持续时间长，使人印象深刻。缺点是内容信息量小，针对性差。

（6）互联网广告　优点是可以文字、色彩、图像共用，给人较深刻的印象，且方便交流。现代互联网广告发展迅速，形式多种多样，传播效果好。各种崭新的广告形式既能方便企业进行即时促销，又可以进行长期的品牌规划，是大多数企业的重要选择。

案例分析：六盘山"土蜂蜜"的促销策略

根据固原市中蜂"土蜂蜜"的特点，其促销策略主要为，设计出符合自己产品特点的"广告词"，按照"说服力强、针对性强、可信度高、具有地域文化色彩"制作广告，通过直播软件、自媒体等进行宣传促销。通过政府搭台的"地方名特优产品""特色农产品"的展销会进行有针对性的营业推广。按照政府对消费扶贫的要求，派出推销人员到各企事业单位进行推销，等等。

正确地选择和运用销售渠道，可以使企业迅速及时地将产品转移到消费者手中，达到扩大产品销售、加速资金周转、降低流动费用的目的。

根据有无中间商参与交换活动，可以将销售渠道分为直接销售渠道和间接分销渠道。

一、直接销售渠道的主要形式

1. 购销合同销售

是指企业与用户先签订购销合同或协议，在规定时间内按合同条款供应产品，交付款项。比如蜂产品公司与饮料生产厂家直接签订的蜂蜜供销协议等。

2. 专卖店销售

是指生产企业自己开设连锁蜂产品专卖店销售自己生产的蜂产品。

3. 网络平台销售

是指生产企业在天猫、淘宝、京东等网络平台开设旗舰店或专卖店销售自己生产的蜂产品。

4. 会议营销

企业通过各种方式把目标消费群集中在一起，通过讲师团宣讲产品的特征、功能以及各种气氛的渲染等，鼓励消费者购买本企业的产品。目前，全国有很多蜂产品公司采取这种营销方式，但切记一定要提供可靠的产品和优质的服务，只有这样，企业才能长远发展。

二、间接分销渠道的形式

① 生产者——零售商——个人消费者。
② 生产者——批发商——零售商——个人消费者。
③ 生产者——代理商——批发商——零售商——个人消费者。

案例分析：六盘山"土蜂蜜"的渠道策略

根据固原市六盘山区中蜂"土蜂蜜"的特点，主要采取直接销售渠道（如专卖店、淘宝店）销售，同时，可以通过由地方政府组织背书的电商平台（区域特色农产品平台）进行"土蜂蜜"的销售。有能力的也可以通过"会议营销"等方式进行销售。也可以通过消费扶贫扶持的特色产品店（如福州六盘山特色馆）进行分销。

第九章 蜜粉源植物生理学及开花泌蜜预测预报

蜜源植物是指能分泌蜜露并被蜜蜂采集酿造成蜂蜜，能为蜜蜂的生存与繁衍提供主要能源物质的植物。粉源植物是指能产生较多花粉，并为蜜蜂采集利用的植物，能为蜜蜂的生活提供基本的蛋白质来源。在养蜂生产中，常把蜜源植物和粉源植物统称为蜜粉源植物。蜜粉源植物是蜜蜂食料的主要来源之一，是发展养蜂生产的物质基础。

蜜粉源植物按在养蜂生产中的作用分为主要蜜源植物、辅助蜜源植物、粉源植物和有毒蜜源植物；按照用途分为油料作物蜜粉源（油菜、小葵子、芝麻等），果蔬作物蜜粉源（苹果、黄瓜等）、药用植物蜜粉源（党参、枸杞、桔梗等）等；按照开花季节分为春季、夏季、秋季、冬季蜜粉源；按照栽培方式分为人工种植蜜粉源和野生蜜粉源等。人工种植的蜜粉源受人为因素影响大，西方蜜蜂的饲养主要依靠种植的蜜粉源。农作物蜜粉源多是一年生栽培作物，所以每年的种植面积、品种可能有所变化，而且生长情况在不同年份也可能不同。对新的蜜粉源品种和新的栽培方式应充分注意，因为其很可能会改变作物的泌蜜量。因此，要想采集这类蜜粉源，必须事先进行调查。野生蜜粉源受污染和人为因素影响相对较小，受气候影响较大。

第一节 蜜粉源植物生理学

花是植物的基本构成单位，也是蜜粉源植物最主要的构成因素。因此，要了解蜜粉源植物，就必须先了解花的基本组成。在花的组成与构造中，既有相当于茎的部分（如花柄、花托），也有相当于叶的部分（如花萼、花冠、雄蕊、雌蕊）。

花的形态和构造随植物种类而异，但同一类植物的花的形态和构造较其他器官稳定，变异较小，植物在长期进化过程中所发生的变化，也往往从花的构造方面得到反映。因此，掌握花的有关知识，对于了解蜜粉源植物的开花习性和泌蜜规律等均具有重要意义。

一、花的构造

一朵花通常由六个部分组成，即花柄、花托、花萼、花冠、雄蕊（群）和雌蕊（群）等（图9-1），有些植物的花还有蜜腺或苞片等。

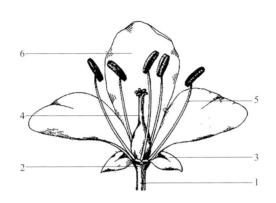

图9-1　花的构造

1—花柄；2—花托；3—花萼；4—雌蕊；5—雄蕊花药；6—花冠

一朵具有萼片、花瓣、雄蕊和雌蕊的花是完全花，如桃；缺其中一项或两项的为不完全花，如杨属的花是无被花，没有花萼和花冠；铁线莲仅有花萼，缺少花冠，为单被花。一朵具有雌蕊和雄蕊的花为两性花；缺少一种花蕊的为单性花，其中仅有雄蕊的为雄花，仅有雌蕊的为雌花，如黄瓜。有花被而无花蕊的为无性花或中性花，如向日葵花盘的边花。雌花和雄花生于同一植株的，为雌雄同株，如黄瓜；雌花和雄花生于不同植株的为雌雄异株，如杨属。两性花与单性花共同生于一植株上的为杂性同株，如柿。

二、开花

当植物生长发育到一定阶段，雄蕊的花粉粒和雌蕊的胚囊（或二者之一）已经成熟，花被展开，雄蕊和雌蕊露出，这种现象称为开花。开花是被子植物生活史中的一个重要时期，是有花植物性成熟的标志。研究和掌握各种蜜粉源植物的开花习性和传粉受精生理，对养蜂生产中蜜粉源的利用和利用蜜蜂为农作物传粉具有重要的意义。

1. 开花年龄

各种蜜源植物的开花年龄因种类不同而异，一、二年生的草本蜜源植物生长几个月后就能开花，一生中只开一次花，花凋谢后结果产生种子，植株枯萎死亡。多年生木本蜜源植物要生长到一定年龄才能开花，往后每年按时开一次花，并持续多年。开花年龄除因植物种类不同而异外，繁殖和栽培技术措施等不同，开花年龄也有差异。如桃需要3年才能开花，李子需要4年，柑橘需要5~6年，而荔枝和龙眼需要8~10年才能开花。同一种植物，无性繁殖比有性繁殖的开花早；水肥供应充足且适宜可促进早开花；适时整枝修剪可促进提前开花。

2．开花季节

每一种植物每年都在大致相同的季节开花，虽然常因气候变化而有迟早，但开花季节大体一致。例如，荔枝、龙眼和紫云英等在春季开花；刺槐、枣树、山乌桕和荆条等在夏季开花；向日葵、棉花和芝麻等在秋季开花；鹅掌柴、枧和枇杷等则在冬季开花。各种植物在不同季节开花是因为一年四季的气候如温度、日照长短等有所变化，它们开花所要求的气候条件各不相同。

3．开花类型

有些落叶蜜源植物，在早春、初夏或冬季开花，有的是先开花后长叶，如山苍子（冬季开花）以及有些品种的桃、杏和泡桐等。有的是花和叶同时开放，如梨、李、苹果和有些品种的桃等。有些植物是先长叶后开花。即使同一种植物在同一季节开花，但花和叶的形成与展现有时是先花后叶，有时又是先叶后花，如刺槐，前者泌蜜量大，后者则泌蜜少。

4．开花时间

植物开花时能为某些动物提供花蜜或花粉食料，在动物采食花蜜或花粉的过程中也为该植物传粉受精。由于生物在长期的协同进化过程中形成了植物和某些动物特殊的密切关系，各种植物的开花时间也能反映出与动物活动的相互关系。例如，由蜂类、蝶类、蝇类和鸟类帮助传粉的植物，花一般在白天开放；由蛾类和蝙蝠类帮助传粉的植物，花一般在夜间开放。

植物开花的昼夜周期性也因植物种类不同而异，有些植物在早晨开花，有些在中午开花，有些在傍晚开花，有些在深夜开花。

植物的开花习性是植物在长期演化过程中形成的遗传特性，在一定程度上受纬度、海拔、气温、光照和湿度等环境条件的影响。早春开花的植物，当遇上3~4月间气温回升较快时，花期普遍提早；若遇早春寒冷，晚霜结束又迟的年份，花期普遍推迟。清朗干燥、气温较高的天气可以促进提早开花；反之，阴雨低温的天气则会延迟开花。掌握植物的开花规律对养蜂生产具有重要的意义。

5．开花次数

有些多年生蜜源植物，一生中只开一次花，如龙舌兰等。也有一些蜜源植物一年中多次开花，如四季橘全年开花，三叶橡胶一年开3次花，柠檬桉一年开2次花等。

三、花蜜

蜜腺和花蜜都是植物长期适应自然的产物。蜜腺存在于植物体地上部分的各器官，制造分泌花蜜和露蜜，并以此为诱物和报酬，吸引传粉昆虫采食，从而达到传粉的目的。同时，花蜜对吸引传粉昆虫、黏着花粉、防止花粉干化等有重要的生物学意义；而露蜜对招引蜜蜂、蚂蚁以防止害虫危害和调节自体营养等也有着重要的作用。因此，研究蜜腺形态结构、生理功能以及花蜜的形成、分泌生理基础和影响植物泌蜜的因素，对养蜂生产和科研有重要意义。

1. 蜜腺

（1）蜜腺的形态结构与分泌方式　蜜腺是普遍存在于植物上分泌糖液的外分泌组织，是植物在长期的演化过程中，适应获取异源基因、保证种群繁衍和进化而形成的一种特殊腺体。其分泌的蜜汁具有吸引传粉生物采食引发传粉效应，或吸引蚂蚁采食保护植物不受食草动物的侵害及防止微生物侵入等功能。其形状、大小、颜色以及所在位置，因植物种类不同而异。

植物蜜腺是在植物其他器官基本分化形成后才开始发育的，它起源于蜜腺原基。蜜腺原基来源于各器官基部的表皮细胞及其下面的数层细胞，这些细胞较周围细胞的核大，细胞质浓，具有分生组织的特点。它们不断分裂使器官基部产生突起，发育为蜜腺原基。此后，蜜腺原基细胞经过平周分裂和垂周分裂，使整个蜜腺体积增大并分化形成分泌表皮和泌蜜组织。据报道，许多蜜腺的泌蜜组织在发育过程中含有丰富的淀粉。

蜜腺的结构通常有两种。一种由分泌表皮和泌蜜组织构成，如革苞菊雌花的蜜腺随着大孢子的发育而分化成表面、内部两种不同类型的细胞。表面的分泌表皮细胞由单层细胞组成，内部的泌蜜组织由多层多边形细胞组成，蜜腺中无维管束。另一种蜜腺由分泌表皮、泌蜜组织和维管束三部分构成。这类蜜腺的植物如短果大蒜芥，其蜜腺为不规则的环状突起，是由条状纹饰的分泌表皮、产蜜组织以及维管束构成。维管束来自花托维管束的分支。大量研究认为，泌蜜组织细胞内含有浓厚的细胞质，有显著的细胞核和大量的细胞器（线粒体、内质网、高尔基体、核糖体等），分泌细胞具有体小、壁薄、核大、胞质颗粒致密、内质网多等特征。泌蜜组织通常和韧皮部的维管束相接，而植物蜜腺的维管束主要是由韧皮部组成。

不同植物的蜜腺结构不同，即使是同一植物，其蜜腺结构也可能存在差异。例如旱柳的雌花序着生在子房基部与花序轴之间的花托上，其形态为扁平的半圆形、心形或哑铃形，内部结构由表皮、泌蜜组织和维管束组成。雄花序着生在花丝与花序轴和苞片之间，呈棒状，内部结构由表皮和泌蜜组织组成。

蜜腺的泌蜜方式多种多样，这些不同方式与产生分泌细胞的组织类型有关。当分泌细胞为薄壁细胞时，分泌物质先到细胞间隙，再从细胞间隙流到表皮层的气孔，由表皮开放的气孔泌出。当分泌细胞是由表皮细胞发育时，若其外无角质层，分泌物质是通过细胞直接扩散到外围环境中，若表皮细胞外具有角质层，分泌物质由扩散通过细胞壁，由于角质层的破裂而泌出。一般认为植物蜜腺的泌蜜方式主要是渗透型和胞吐型两大类。前者泌蜜组织细胞内通常贮有大量的淀粉粒，在泌蜜期通过水解作用，将淀粉转化成单糖或双糖，以渗透方式分泌到细胞外。胞吐型蜜腺的泌蜜组织细胞内一般不贮藏淀粉，前蜜汁物质是由韧皮部运转到泌蜜组织中的，它经过内质网或高尔基体的加工、浓缩，以小泡的方式分泌到细胞外。比如我们常见的旱柳雄花蜜腺主要以渗透型方式分泌，而雌花蜜腺的泌蜜方式以胞吐型为主，雌、雄花的表皮中均分布变态气孔，通过渗透型或胞吐型泌出的分泌物质都是由气孔排出体外。

根据蜜腺在植物体上的部位可分为花内蜜腺和花外蜜腺两大类型。

花内蜜腺常简称为花蜜腺，花蜜腺是指分布在花器官各组成部分或花序上的蜜腺。花蜜腺是蜜蜂采集的主要对象，我国生产的蜂蜜主要是以花蜜酿成的，蜜味芳香，质地优良。花内蜜腺在花中的位置，因植物种类而异，多位于子房、雄蕊、雌蕊、花萼、花瓣基部或花盘上，也有在花的其他部位的（表9-1）。

表9-1　一些常见蜜粉源植物花蜜腺位置

蜜腺位置	代表性植物名称
花被基部	荞麦、水蓼等
花萼基部或花萼上	椴树、陆地棉、马利筋等
花瓣内侧基部	毛蕊花等
距内	凤仙花、旱金莲等
花萼或花冠与雄蕊之间	荔枝、龙眼、柳穿鱼、天竺葵等
蜜腺隆起，常位于雄蕊上或雄蕊基部	油菜、野桂花、山茶、升麻等
雄蕊与子房之间的花盘	枣花、桃、李、樱桃、盐肤木、柽柳等
子房基部	紫云英、刺槐、野坝子、荆条、泡桐等
花管内周	沙枣、向日葵等
子房顶端、花柱基部	南瓜、鹅掌柴、枇杷、苹果等
柱头下面的环上	马齿苋等
子房的中隔内	某些单子叶植物（如唐菖蒲、水仙属等）
花的苞片上	陆地棉、海岛棉等
花柄上	豇豆等
花序轴上	乌桕、山乌桕等
花序上	忍冬科的陆英

花外蜜腺是指分布在幼茎或叶（叶片、叶柄或托叶）等营养器官上的蜜腺。花外蜜腺见于各种植物中，在双子叶植物中较为常见。花外蜜腺分泌的露蜜，对蜜蜂生活和养蜂生产也有重要价值。花外蜜腺主要分布于植物的地上营养器官，一些常

见植物花外蜜腺的分布位置见表9-2。

表9-2　一些植物花外蜜腺常见位置

常见植物名称	蜜腺的位置
棉花等	叶脉
臭椿、桃等	叶缘
乌桕、橡胶树等	叶柄
蚕豆、西番莲等	托叶

不同种类植物的蜜腺形态不同。从外观上来看，植物蜜腺的颜色一般都比临近组织的颜色鲜艳夺目。蜜腺的大小也常因植物种类、不同树龄和着生部位而存在差异。如木本植物大年花朵和蜜腺大，而小年则反之；主茎花蜜腺大，分枝和枝顶部的花蜜腺小。几种常见蜜腺的形状和颜色如表9-3所述。

表9-3　几种常见蜜粉源植物的蜜腺形状和颜色

蜜粉源植物名称	蜜腺形状	蜜腺颜色
油菜	圆形	绿色
荞麦	圆形	黄色
紫椴	瘤状	黄色
柳属	肾形	黄色
地锦	环状	黄绿色
柑橘	瘤状	绿色
柠檬桉	环状	黄色
枔木	环状	黄色
蚕豆	圆形	紫色

（2）蜜腺的主要功能　蜜腺的主要功能是制造和分泌蜜汁。蜜汁前物质通过植物体的输导组织——维管束的筛管运到蜜腺，集聚于分泌组织，在酸性磷酸酯酶、氧化酶和糖代谢酶的作用下，转化为蜜汁。蜜汁通过胞间连丝，送到表皮细胞或毛状体，先储于内质网中，以后转移到由内质网产生的囊泡内，囊泡逐渐向原生质膜移动，最后两者融合，蜜汁便从细胞中释放出来。通过薄壁表皮细胞分泌，或由毛状体分泌，或由适应这种功能特化了的分泌孔分泌，或外壁膨胀使角质层破裂分泌，花蜜便积聚于蜜腺之外。

蜜腺具双向输导和再吸收的功能。放射性同位素实验表明：蜜腺不仅能分泌蜜汁，而且还能吸收蜜汁，这种现象不仅在泌蜜末期有，而且在整个泌蜜过程都有，从而使花蜜成分得到进一步改善。蜜腺组织的薄壁细胞还能从蜜汁中再吸收氨物质、磷酸盐和其他物质。蜜汁的分泌并不是韧皮部的渗出物经过细胞膜向外空间简单的移动，而是以蜜腺细胞和胞间连丝所分开的外界环境之间的平衡为基础的。

蜜腺还具有阻留 NH_2 物质的功能。其阻留能力随蜜腺结构的复杂而增大。如刺槐高度特化了的蜜腺分泌的蜜汁中，NH_2 化合物的含量比韧皮部渗出物的少5000倍。

在蜜腺细胞中，发现有活化的酸性磷酸酯酶，表明蜜腺有强烈的磷代谢作用。

2. 花蜜

花蜜是由花蜜腺分泌得来的产物，也是回报访花昆虫的回报物。

（1）花蜜的来源 花蜜来源主要有两种途径。一种是由韧皮部运输至蜜腺的前物质，经泌蜜组织细胞加工后分泌到表皮之外，但韧皮部运输来的碳水化合物亦可先以淀粉的方式储藏起来，在开花前再水解泌出，花蜜的前物质主要来源于此。这种可塑性物质通过维管束进入蜜腺，在三磷酸腺苷酶、二磷酸核苷酶及葡萄糖-6-磷酸酶的作用下转化为花蜜。此种蜜腺一般分泌量较大，但分泌时间较短。另一种蜜腺本身含有叶绿体，可自身合成碳水化合物，并以淀粉粒的方式储存起来，该种蜜腺内一般没有维管组织，且它们的蜜汁分泌量较大，因而其前物质应主要来自维管组织的韧皮部汁液，但由于蜜腺泌蜜组织中在开花前也储存了相当数量的淀粉，并且在开花后，淀粉数量逐渐减少，因而这些淀粉也可能在一定程度上参与了蜜汁的合成。但研究发现，有时盛花期和败花期的雌、雄性功能花花蜜腺的泌蜜组织中仍还有少量淀粉，说明淀粉粒水解是缓慢和渐进的，因而淀粉参与形成蜜汁的量十分有限，但其形成的蜜汁分泌时间却可能相对较长。

（2）花蜜的成分 花蜜中的成分主要是蔗糖、葡萄糖和果糖。此外，在许多植物的花蜜中还有少量的低聚糖、麦芽糖和棉子糖，以及黏质、氨基酸、蛋白质、有机酸、维生素、矿物质和酶等。通常，可根据分析结果将花蜜分成三种类型：①蔗糖占优势的花蜜；②含有蔗糖、葡萄糖和果糖大约等量的花蜜；③葡萄糖和果糖占优势的花蜜。蔗糖占优势的花蜜与有长管状花有关联，花蜜在其中受到保护，如三叶草类的花。而展开的花朵，如十字花科植物的无保护花蜜，一般只含有葡萄糖和果糖。花蜜的糖平衡可能影响蜜蜂喜爱一个植物种而不喜爱另一个种。例如，蜜蜂对采集葡萄糖、果糖、蔗糖含量相同的草木犀比采集含有蔗糖占优势的苜蓿、杂三叶草或红三叶草更积极。

（3）花蜜的数量 花蜜的数量决定于植物种类、蜜腺结构、前蜜来源、营养水平、呼吸强度、代谢速度、酶的活性、花朵性别和日龄、蜜腺大小等。同一植株的花，先开的蜜多，后开的蜜少；主枝的蜜多，侧枝的蜜少。其主要原因是受营养状况和蜜腺大小的影响。据测定，花蜜前物质来源于韧皮部的泌蜜多、浓度高，而来源于木质部的则量少而稀。

（4）花蜜的浓度 花蜜浓度的高低，受内在因素和外在因素的制约。内在因素包括蜜粉源植物种类的生物学特性、开花习性、蜜腺分泌组织与输导组织相联系状况、树龄和长势等。外在因素包括植物开花前和开花期间的光照条件、开花泌蜜期间的气温、大气湿度、土壤含水量、风力大小和风的性质等。如黄瓜花的含糖量在正常情况下为65.4%，但空气湿度饱和时仅为38.4%；椴树的花蜜浓度在空气湿度饱和时仅为22%，但空气湿度为51%时，其糖度可高达72%。通常情况下，蜜蜂喜欢采食含糖量较高的花蜜，当花蜜含糖量低于8%时，蜜蜂不去采集或采集的积极性不高。花蜜含糖量在8%以上时，蜜蜂才开始去采集。若外界蜜粉源丰富，蜜蜂往往要等到含糖量达15%～20%以上才去采集。这种现象在南方的主要蜜源——荔枝上表现尤为突出，在空气湿度很大的时候，花蜜虽多，但蜂不采蜜，直至花蜜蒸发变浓，才有蜜蜂"光顾"。

3．露蜜

露蜜是植物花外蜜腺分泌的甜汁，因其蜜珠如露，甘甜如蜜，故暂取名露蜜。此名也便于和虫蜜（甘露蜜）相区别。

我国以露蜜酿成的蜂蜜，主要有棉花蜜和橡胶树蜜。这两种蜜源植物面积大，分布广，泌蜜多，蜜质较好，生产潜力很大。在秋末冬初时节，我国南方的马尾松、北方的油松和黄菠萝的叶部，在干旱温高、昼夜温差大的年份，能分泌大量的露蜜。这类蜜颜色深，灰分大，极易结晶，蜜蜂吃了，可中毒致死，越冬可全群覆灭。如有发现要断然迁场，或采后及时换以好蜜或糖，防患于未然。

四、影响花蜜分泌的因素

1．影响花蜜分泌的内在因素

（1）遗传基因　遗传性对花蜜分泌的影响可能是由于对光合作用的限制、糖的传导系统的容量、蜜腺的大小，以及蜜腺酶补体的不同等。研究表明，每种蜜源植物花蜜的形成、分泌、蜜量、成分和色泽等都受亲代遗传基因的制约。例如大叶桉的泌蜜量为76mg，向日葵的则只有0.2mg。据研究，野生蜜粉源植物的泌蜜量和花蜜成分变化不大；而栽培的蜜粉源植物不仅有种间差异，而且有品种间的差异。所以各种植物的泌蜜量大小、泌蜜时间长短和花蜜浓度是不同的。

（2）树龄　多数木本蜜粉源植物要生长到一定年龄才能开花。处于不同年龄阶段的同一种植物，在开花数量、开花迟早、花期长短和泌蜜量大小等方面都有差别。在相同的生态条件下，通常是幼树和老龄树先开花，但花朵数量较少，花朵开放参差不齐，泌蜜较少。中壮年树开花期稍迟，但花朵数量多，泌蜜多，开花整齐。

（3）营养水平　蜜源植物的开花量、泌蜜量和泌蜜强度，受营养状况的影响。如果植株长势不好，亦即营养水平低，会导致植物的花芽分化减少，有时甚至会使已形成的花芽因营养不良而黄化或蜕变；同时，长势不好的植株所产生的花蕾易受冻害，大量落蕾，泌蜜少，蜜期短。反之，如果植物营养水平高，则体内可溶性糖含量高，不仅泌蜜多，而且在自然条件较差的情况下，也可正常泌蜜。

另有研究表明：蜜源植物的开花数量，不仅取决于营养成分的总和，而且也取决于它们的比率，如碳氮比学说，就是以营养生理为基础提出的。碳氮比大，是花芽分化和开花多的重要因子之一。

总之，同一种植物在同等气候条件下，营养水平高、生长健壮的植株，花多、蜜多、单株花期长；反之，若长势差，则花少、蜜少、单株花期短。

（4）花的位置和花序类型　同一植株上的花，由于生长部位不同，其泌蜜量有很大差异。通常花序下部的花比上部的蜜多，主枝的花比侧枝的花蜜多。这与植物的营养供给条件有关。

无限花序类中长序轴的开花顺序是自下而上，着生于花序中部的花，花朵和蜜腺大，泌蜜多；而花序两端和枝稍的花，则花小蜜少。如油菜、枸杞等，中部的花朵泌蜜量多，最顶部的花朵泌蜜量最少。无限花序类中短序轴的开花顺序是由外周向中心开放，如向日葵等，花絮周围的花先开放、泌蜜少，里面的花稍迟开放、泌蜜量多，最中心的花最迟开放、泌蜜最少。

有限花序类植物的开花顺序是上部或中心的花先开放，最下部或外围的花最迟开放。最早和最迟开放的花朵泌蜜量少，中间开放的花朵泌蜜量多。

（5）花的性别　单性花中雌雄同株的植物，由于花朵性别不同，泌蜜量可能有差别。蜜源植物的泌蜜量，一般是雌花多，雄花少。例如，葫芦科中的黄瓜雌花泌蜜比雄花多，香蕉雄花的泌蜜比雌花多。但也有例外，如芭蕉雄花泌蜜比雌花多4倍以上。

（6）大小年　许多木本植物，如椴树、荔枝、龙眼、乌桕等都有明显的大小年现象。在正常情况下，当年开花多，结果多。由于植物体内营养消耗多，造成第二年开花少，泌蜜量少，这也是植物为了适应自然，通过自体调节来控制其开花和泌蜜的。

（7）蜜腺　蜜腺大小不同，造成泌蜜量的差异。如油菜花有2对深绿色的蜜腺，其中1对蜜腺较大，泌蜜最多，1对小蜜腺泌蜜较少；荔枝和龙眼的蜜腺比无患子发达，泌蜜量也比无患子大。

（8）授粉与受精作用　当植物雌蕊授粉受精以后，由于生理代谢活动发生改变，多数蜜粉源植物花蜜的分泌也随之停止。例如，油菜花授粉后18～24h完成受精作用，花蜜停止分泌；紫苜蓿的小花被蜂类打开后，花蜜就停止积累。

2. 影响花蜜分泌的外界因素

（1）光照　光是绿色植物进行光合作用和制造养分的基本条件。在一定范围内，植物的光合作用随着光照强度的增强而增强。充足的光照条件是促成植物体内糖粉形成、积累、转化和分泌花蜜的重要因素。同时，营养物质的输导速度，在一定范围内，随光照强度而增强，反之则减弱。光直接影响光合作用过程，在植物开花期，如晴天多，植物体内有机物质合成多，并有利于向花部运输。因此，充足的阳光可增强植株本身的生理机能，改善机体有机营养，使枝叶生长健壮，花芽分化良好，有利于花芽形成。如果光照不足，同化量少，已形成的花芽也可能变为叶芽或早期死亡。光质、光强和日照时间的变化，能使植物的生长发育、生理功能、形态结构和花蜜分泌等发生深刻变化。

通常而言，在同等条件下，适当稀播或稀植的植株泌蜜较密植的多，生长在阳坡的蜜源植物比阴坡的泌蜜多，林缘的比林内的泌蜜多。东北的椴树、新疆的棉花和杂草蜜源，由于日照时间长，泌蜜多。

研究还发现，在蜜源植物开花泌蜜季节，泌蜜量从早晨至中午随光强而增加，中午达到最高峰。以后因强光和高温使叶片强烈失水，气孔关闭，光合强度下降，泌蜜随之减少，蜜蜂也跟着"午休"。到了下午，随光强减弱，气温缓降，植物生理功能恢复，泌蜜又出现第二高峰。因而一天中泌蜜强度的变化，常为双高峰曲线。在我国西北和西南地区的荞麦花期，常因午后光强温高而无蜜，促成半天流蜜。

研究还表明：在温室里其他条件都保持相当稳定的情况下，不同的光照量使红三叶草花蜜产量的差异高达300%之多。在温带地区蜜粉源植物开花期，光照的强度和长短影响草本蜜粉源植物花蜜的产量；而对乔木和灌木而言，由于其花蜜可能来自于贮存的物质，因此，前一个生长季节所接受的光照量会影响本季花蜜的产量。

（2）气温　生物的一切生命活动都是在一定温度条件下进行的，如光合作用、呼吸作用、蒸腾作用、酶的活性、叶绿素的合成、细胞的分裂、花蜜的形成和分泌等。在适宜的温度范围内，蜜源植物随温度升高，细胞膜透性增强，植物对生长所必需的水分、二氧化碳和无机盐的吸收能力就会增强；蒸腾作用加速，光合作用提高，酶的活性增强，这样，植物就会在体内加速糖类的制造、运输和积累，有利于开花和泌蜜。但并不是温度越高越好，一旦气温超越了蜜源植物生物学温度，将引起植物生理功能障碍，不利于植物的生长发育和开花泌蜜。这是因为高温可使叶绿体和细胞质受到破坏，酶的活性钝化，呼吸作用和光合作用失去平衡，根系早熟、老化，影响水分和无机盐类吸收，泌蜜减少或干涸，花期缩短。当温度低于蜜源植物的生物学温度时，酶促反应下降，光合作用和呼吸作用缓慢，根细胞原生质胶体黏性增强，细胞膜透性减弱，阻滞水分和矿质盐类吸收，使根压减弱，正常代谢过程不能顺利进行。低温还影响有机物质的运输速率。当植物处于20～30℃条件下，有机物质的运输速率每小时可达20～30cm；如降温到1～4℃，运输速率则下降到每小时1～3cm，对一切代谢过程影响甚大。因此在蜜源植物花期骤然降温，常使泌蜜中断。

蜜粉源植物对温度的要求可分为三种类型：高温型、低温型和中温型。高温型25～35℃，如棉花、老瓜头等；低温型10～22℃，如野坝子、柳树等；中温型20～25℃，如椴树、油菜等。多数蜜粉源植物泌蜜需要闷热而潮湿的天气条件。在适宜的范围内，高温有利于糖的形成，低温有利于糖的积累。因此，在昼夜温差较大的情况下，有利于花蜜分泌。

秋季突然变冷，冬季融冻，春季的倒春寒或不正常的晚霜等气温变化，对蜜源植物的生长和泌蜜影响甚大。如在植物开花前期，遇突变冷，会使植株的幼枝受冻，造成植物泌蜜减少，如1952年山东青岛地区11月中旬天气尚暖，下旬突然变冷，刺槐幼枝受冻，造成次年蜂蜜大减产；1977年1月30日受中路寒潮侵袭，湖北的乌桕和云南的桉树受到冻害，直到1979年泌蜜才恢复正常。倒春寒或春季气温失常，常使刺槐先叶后花；不正常的晚霜，常使东北林区的椴树花蕾受冻害，造成有花而无蜜。

（3）水分　水是植物体的重要组成部分，是植物生长发育和开花泌蜜的重要条件。水分在植物摄取营养、维持细胞膨胀压力等方面起着重要作用。而各种蜜源植物需水临界期，大部在营养生长转入生殖生长阶段。此时植物正处于生长旺盛、叶面积较大和生殖器官发育时期，需水量较大。因此，水分是影响蜜源植物泌蜜的又一个重要因素。常有"花前雨量看长势，花期雨量定收成"的说法。雨季来的迟早，降水多少，对各地蜜源植物影响不同。雨季来得迟，对采集东南沿海的荔枝、龙眼和长江中下游的油菜有利，而对西南地区的野坝子生长不利。

秋季雨水充足，使得木本蜜粉源植物在营养生长阶段生长旺盛，贮存大量养分，有利于来年泌蜜；春季下过透雨，有利于草本蜜粉源植物的花芽分化和形成，花期泌蜜量大。北方冬季下大雪，有利于保护多年生植物的根系免受冻害或大风的影响。

降水量可能影响空气湿度和土壤湿度。大气湿度高时，叶面蒸腾作用受阻，植物体内积蓄水分相应增加，因而泌蜜虽多，但含糖量相对降低。在阴天大气湿度可达100%，而晴天有时只有30%以下，而适合于花蜜分泌的空气湿度一般是60%～80%。

但是，蜜源植物泌蜜对湿度的要求，也常因蜜腺类型而异。蜜腺暴露型的，如枣树和荞麦泌蜜需较高的湿度，在常温下湿度越高，泌蜜越多；其泌蜜特点是泌蜜量自早晨以后逐渐减少，到晚上又开始增加；而在阴天和空气湿度较高的情况下，其泌蜜量自早晨起一直上升，晚间开始下降。而对于蜜腺隐蔽型的植物，在空气湿度较低时，也能正常泌蜜。其泌蜜特点是泌蜜量自早晨起一直下降，晚间又开始上升，如紫云英、风毛菊等。

花期干旱，常使某种蜜源植物花蜜中生物碱浓度增加，对蜜蜂产生毒害作用。如枣花期的"五月病"，百里香花期的"闷蜂"，均由干旱引起。干旱还能引起落蕾、花期缩短，特别在植物体营养水平较低的情况下尤甚。

主要蜜源植物花期每隔6～7d下场小雨，有利于泌蜜。一天中，上午或中午下雨，雨水灌花，花蜜被冲，花粉膨胀，对当天生产有影响。夜间下雨次日晴天，有利于泌蜜，所以有"晚上下雨白天晴，收的蜂蜜没处盛"的蜂谚。北方冬季雪大，能保护多年生蜜源植物的根系免受冻害和大风摇撼的影响，也利于防春旱，保证植物苗壮生长。因此北方冬季降水多少，可作为预测蜜源植物长势好坏和泌蜜多少的依据之一。

一般陆生蜜源植物，当土壤水分过多或积水时，生长很快停止，叶片萎蔫、枯黄以至脱落，根系变黑腐烂，泌蜜减少或停止。刺槐积水日久没蜜，紫云英翻前灌水泌蜜减少，以至停止。

（4）风　风是影响泌蜜的气候因子之一，对植物的开花、泌蜜有直接或间接的影响。风力强大会引起花枝撞击而损害花朵，造成对蜜源植物的机械损害，同时，大风还能对蜜源植物造成生理危害，主要是影响植物的蒸腾作用、光合作用和细胞膜通透性等。干燥冷风或热风会使蒸腾加剧，叶片含水减少，根系活动降低，导致植株水分平衡失调，光合作用受阻；细胞膜发生变相，由液晶相变为固相，膜的透性受损害，造成细胞内电解质外渗；筛管原生质解体产生胼胝，堵塞筛孔，影响有机质输送。在多风、干燥和高温条件下，还能将细胞原生质分解，使植物体内积累有毒物质，如氨，并最终导致蜜腺泌蜜停止、已分泌的花蜜容易干涸等。湿润暖和的微风有利于开花泌蜜。风会改变环境的气温、空气湿度、土壤水分蒸发量等，并通过这些生态因子的变化而间接地影响植物的开花、泌蜜。

（5）土壤　土壤是蜜源植物固本生根的基地，土壤性质不同，对于植物花蜜分泌影响也不同。植物生长在土质肥沃、疏松，土壤水分和温度适宜的条件下，长势强，泌蜜多；不同的植物对于土壤的酸碱度的反应和要求也不同。如野桂花、茶树等要求土壤的pH在6.7以上才能良好生长和正常开花泌蜜，而柽柳等则要求土壤的pH在7.5～8.5才能良好生长和正常开花泌蜜。多数农作物、果树蜜源适宜在pH 6.7～7.5的土壤中生长。此外，土壤中的矿物质含量对植物开花泌蜜影响较大。例如，施用适量的钾肥和磷肥，能改善植物的生长发育，促进泌蜜。钾和磷对金鱼草和红三叶草的生长和开花及花蜜的产生等方面有重要作用，这两种元素适当平衡才能使花蜜分泌最好。硼能促进花芽分化和成花数量，提高花粉的生活力，提高疏导系统的功能，刺激蜜腺分泌花蜜，提高花蜜浓度等。

（6）病虫害　蜜源植物和其他生物一样，有时患病和受虫害。在病虫害大发生的年份能给养蜂生产带来巨大的经济损失。因此在选择蜜源场地时，要调查其长势和健康状况。定地饲养的蜂场，如遇蜜源植物受灾时，应及早转地，避灾争丰收。在防治蜜源植物病虫害时，注意防止蜜蜂农药中毒。

五、花粉

花粉是有花植物的雄配子，产生于花药中。它是蜜蜂食物的蛋白质、脂肪和矿物质的主要来源，同时也可以被广泛地用于人类的营养保健食品中。

大多数花粉成熟时分散，成为单粒花粉，但也有两粒以上花粉黏合在一起的，称为复合花粉粒。许多花粉结合在一起，在一个药室中至少有两块以上的，称为花粉小块。在一个或几个药室中全部花粉粒黏合在一起的，称为花粉块。花粉小块和花粉块主要见于兰科和萝藦科植物。

花粉粒在四分体中朝内的部分称为近极面，朝外的部分称为远极面。连接花粉近极面中心点与远极面中心的假想中的一条线，称为极轴，与极轴成直角相交的一条线称为赤道轴，沿花粉两极之间表面的中线为赤道。在有极性的花粉中，可以分为等极的、亚等极的和异极的3个类型。花粉通常是对称的，有两种不同的对称性：辐射对称和左右对称。

花粉的形状、颜色和大小常因植物种类不同而有很大差异。主要形状有超长球形、长球形、近球形、超扁球形；极轴与赤道轴相等或相差很少时，可称为球形或圆球形。大多数花粉的颜色为黄色，如油菜；有的为淡黄色，如玉米；有的为红色，如龙牙草；有的为橘红色，如紫云英；有的为紫黑色，如蚕豆；有的为灰绿色，如荆条。花粉粒的大小一般为30～50μm，如南瓜的花粉147μm。花粉的成分因花种不同而异，一般含有水分3%～16%、蛋白质13%～28%、脂肪1%～17%，还有糖类、淀粉、氨基酸、脂肪酸等。此外，还含有多种维生素，其中以B族维生素含量最多。灰分含量为1%～7%，纤维素含量为25%～50%，灰分中还含有钙、镁、硅、氮、磷等化学元素。

第二节　蜜粉源植物开花泌蜜的预测预报

一切事物都有其客观规律，只有掌握其客观规律，才能为生产实践服务。国内外广大科技工作者对于蜜粉源植物开花泌蜜与外界条件关系的研究已经有了一定的进展。这些研究主要包括不同时期的气候条件对蜜粉源植物泌蜜产量的影响，温度、水分等因子的变化对蜜粉源植物开花泌蜜的影响，以及泌蜜产量的变化波动周期，等等。这些研究结果都表明了环境条件特别是天气条件对蜜粉源植物开花泌蜜的影响显著，为进一步研究"蜜粉源植物开花泌蜜预报"的工作打下了基础。

一、蜜粉源植物开花泌蜜的共性特征

许多蜜粉源植物开花泌蜜的规律都有共性，但每种蜜粉源植物在不同条件下，又有其特殊性。因此，在目前条件下，要将每种蜜粉源植物的开花泌蜜规律说清楚是很困难的。在此，仅就与养蜂生产有关的开花泌蜜一般规律简述如下。

1．开花时期的三向地带性

蜜粉源植物按其地理分布，开花有明显的顺序性。掌握这一规律，可用来预测花期，合理安排生产，充分利用蜜源，增加经济效益。

（1）水平分布地带性　一般而言，蜜粉源植物在春、夏季始花，低纬度的先

开，逐渐向高纬度推移。如刺槐在东经115°～120°一线间，北纬28.6°的南昌4月15日始花，31.8°的合肥4月20日，34.7°的开封4月25日，36.6°的济南4月30日，39.1°的天津5月5日，39.9°的北京5月10日。始花北京比南昌晚25d，即由南往北每高1个纬度，花期约晚1.5d。

而秋、冬季蜜粉源植物的始花则由高纬度向低纬度推迟。如野菊花始花，39.9°的北京9月30日，34.2°的徐州10月10日，30.2°的杭州10月20日，28.6°的南昌10月31日，24.4°的厦门11月10日。始花厦门比北京迟40d，即由北往南每低1个纬度，花期推迟2.5d。因此，养蜂者充分利用我国优越的气候条件和丰富的蜜源条件，冬、春带着蜂群下南方，春末夏初随着蜜源植物花期北移，又带着蜂群追花上北方，连续生产，周而复始。从而能缩短蜂群越冬期，延长养蜂生产期，加速蜂群繁殖，提高产品产量。

（2）垂直分布地带性　山高地凉开花迟，我国很早就有记述。这归根结底是由海拔高度不同，其气温等也不同导致的。如宋朝诗人白居易曾在《游庐山大林寺》中写道："人间四月芳菲尽，山寺桃花正盛开。"是说南昌的桃花已凋，而庐山的桃花才开盛。庐山海拔约1474m，气温比山下低5℃，花期约迟20d。又如，唐朝宋之问也曾在《寒食陆浑别业》写道："洛阳城里花如雪，陆浑山中今始发。"是说洛阳城里之花盛极之时，陆浑山上之花才将开。秦岭山区主要蜜源植物白刺花始花，南坡岭下的徐家坪、白水江5月初，山麓油坊沟5月中旬，岭顶红花铺和黄牛铺6月初，花期由岭下到岭顶相差30d。秋季和冬季蜜源植物又有由山上往山下开的习性，如野坝子和野菊等，花期自山上往山下推迟。养蜂者根据这些规律，实行短途转地饲养，追花夺蜜，增加取蜜次数，提高产品产量。

山区地形复杂，相对蜜源面积大，花期持续时间长，有利于蜜蜂采集和增加养蜂生产。

（3）东西分布地带性　蜜源植物花期有自西向东推迟的趋势，愈近沿海地带愈明显，如刺槐始花，山东济南5月上旬，而近海的文登则要迟到5月下旬。养蜂者据此规律，实行小转地，一连可采3个刺槐花期，蜂蜜产量成倍增加。

2. 开花泌蜜的相对周期性

蜜源植物由于受营养状况和生态因子的影响，开花和泌蜜有相对周期性。如荔枝、龙眼、乌桕和椴树等木本蜜源植物，开花泌蜜有明显的隔年周期现象。多数蜜源植物日泌蜜周期有两个高峰，第一高峰8～11时，第二高峰14～16时。掌握这些规律，对主动改变开花流状况、正确选择蜜源场地、合理安排养蜂生产、夺取高产丰收有重要意义。

3. 开花泌蜜的温湿偏好性

蜜源植物在适宜范围内，于温高湿大的条件下，有利于有机物合成、无机盐类吸收、糖的水解和运输，更有利于花蜜的形成和分泌。因此，大多数蜜源植物在气温22~28℃、空气相对湿度70%~80%时，开花泌蜜最多，具喜温和喜湿的特性。

二、蜜粉源植物花期及泌蜜量的预测预报

蜜粉源植物的花期及泌蜜的预测预报是根据一定的理论、采用一定的方法在某种阶段对某种蜜粉源植物进行有根据的推断，预见其在当前条件或特定条件下植物的开花期、开花数量和质量以及泌蜜量大小等趋势。预测蜜源植物的花期和泌蜜量有很多的方法，这些方法都是建立在多年的观测、实验、分析、研究的基础上，将环境条件对蜜源植物开花泌蜜的影响从定性化提高到定量化，探索其规律性，从而得出其科学的预报方法。通过预测可以使利用蜜粉源植物更具预见性，减少盲目性，能在养蜂生产中有计划有步骤地繁殖蜂群，培育适龄采集蜂，制定更合理的放蜂生产路线，对提高生产效益和促进作物丰收均具有重要的意义。

国内外学者对"蜜源植物开花泌蜜预报"进行了深入研究，并取得一定进展。研究的方法可以归纳为数学模型预报法、生理指标测定法、积温预报法和物候学预报法等。

1．数学模型预报法

中国农业科学院蜜蜂研究所与农业气象研究所曾于20世纪80年代，在对敦化地区多年椴树泌蜜的年际变化、周期性变化等基础上，采用模糊数学建模法，对椴树的泌蜜综合做出了预报。于1987年3月对敦化地区当年椴蜜产量进行预报，预测1987年为平年；并于当年5月中旬、6月中旬进行两次订正预报，仍然认定为平年，最终实践表明，1987年确实为平年，结果预报正确。而对历年椴蜜产量年景进行模拟计算，拟和率为91.4%。

2．生理指标测定法

生理指标测定法就是从蜜源植物生理学的角度，以植物营养为基础，以器官长相为指标，预测蜜源植物开花泌蜜的方法。植物营养状况决定器官长相，器官长相反映植物营养状况，运用器官长相和开花泌蜜的相关规律，达到预测蜜源植物开花泌蜜多少的目的。它是从我国广大养蜂工作者的实践经验中总结出来的，简便易行，颇有实用价值。

蜜源植物是有机的整体，各器官相互影响制约，如花芽的分化、形成，以至开花和泌蜜，所需营养物质是由营养器官制造供给的，体现了植物生活的整体性，生长和发育的相关性。植物的生长发育和生命活动的正常进行，又依赖于各种生态因子的合理结合才能实现。

植物的长势强弱，是生态因素对植物影响的综合表现。看植物器官长相，不仅

可了解过去生态因子对植物的影响程度，更重要的是可判断未来开花流蜜多寡。蜜源植物开花泌蜜与植物长势呈正相关。植物长势决定器官长相，器官长相反映植物长势。透过植物器官长相看植物长势，进而预测植物开花泌蜜情况。

如根系的发达与否是植物泌蜜多寡的一个重要依据。根是从土中吸收水分、无机盐和二氧化碳，合成氨基酸和生物素，支持植物的地上部分，贮藏各种养料，对植物生命活动至关重要。"根深叶茂，本固枝荣"，根系发达，吸收营养面积大，叶子合成面积才能大，光合产物才能多，各种代谢活动和开花泌蜜才能旺盛进行。另外，根/冠比值大，也可作为预测植物泌蜜多寡的依据之一。

"短枝粗又壮，不愁没蜜糖。"茎是植物体的主要输送通道，对机体生活最重要。茎将根吸收来的水分和无机盐类输送到叶和其他生长部位；把光合产物送到植物体内利用或贮藏。许多木本植物的花芽着生于二年生短枝上，短枝生长充实，节间短，节数多，枝端挺直的蜜多；短枝纤细，枝梢呈鸡爪状的，是因越冬准备不充分，机械组织不成熟，体内贮存营养物质少所致，预示花稀蜜少，甚至不能开花。

"叶子肥绿亮，开花必有糖。"叶对植物的光合作用非常重要，能制造有机物质，进行蒸腾作用和气体交换，对机体生长发育和生命活动极为重要。叶片肥大、栅栏组织和海绵组织发达，有利于气体交换和制造更多的光合产物。叶色是反映植物体内糖、氮营养水平的最灵敏指标。叶色浓绿，有光泽，表明糖/氮比值大，有利于花芽分化、形成，及开花和泌蜜。"叶子小薄软，必定捧空碗。"叶片小、薄而且软，叶色浅淡，表明营养水平低，生长势弱，不能多开花泌蜜。

"树叶早落不是福，晚落必有祸。"不正常的落叶，是无蜜的预兆。秋季落叶的蜜源树种，到了季节叶子应落不落，或不到落叶期而早落的，是翌年蜜少的预兆。叶子应落不落，是贪青晚熟、树势弱的表现。这样的树，不仅花芽分化少，而且枝条易受冻害。因生理失调或病虫危害而早期落叶，对植物生长和营养物质积累不利，必影响翌年开花和泌蜜。

花是被子植物的生殖器官。花序长短，花蕾多少，花朵大小，是预测蜜源植物泌蜜多少的主要标志之一。花序长，花蕾大，花朵多，必泌蜜多。1984年海南岛琼山县的荔枝花序长20～30cm，蜂蜜单产10kg；而澄迈县南天乡的荔枝，花序长达40～50cm，蜂蜜单产17.5kg。东北的椴树，大年1序有花蕾7～9个，多的达十几个，蜂蜜单产30～50kg或更多；小年1序仅有花蕾2～3个，蜂蜜单产10～15kg或无收。

花蕾和花朵大小与泌蜜关系很大，1983年黑龙江省东部山区糠椴的花蕾比往年小1/3，滴蜜未流；1985年雷州半岛早春阴雨两个多月，并有倒春寒，窿缘桉的花蕾明显比往年小，不仅泌蜜少，而且花期推迟10d。

"花朵放香，丰收有望。"花色和花香也可作为判断泌蜜的指标之一。如紫云英，花色由粉色变粉红色，泌蜜增多，由粉红色变为紫色，泌蜜停止。荞麦开花前期青白色蜜少，中期雪白色蜜多，后期黄白色蜜停。胡枝子花初开粉红色有蜜；如紫红色或蓝紫色蜜少，期短。花香浓郁蜜多，不香则无蜜。

3．积温预报法

植物的生长发育需要一定的热量条件。当热量积累到一定数量，植物才有可能从一个生长发育阶段进入下一个生长发育阶段，这个累积的数量对于一种固定的植物而言基本上是一个定值。通过用"积温"来度量这个累积的定值，而上述规律被称为"积温相等原理"。"积温"是指某一时段内的日平均气温之和，其单位为"度·日"。如果能找到这个定值，就有可能预先计算出植物的某个生长发育期，但实际上植物的生长发育还会受到其他多种因素的影响，所以寻找这个定值是困难的，需要通过一系列分析计算。在一定范围内，生长速度和气温呈正相关，并积累到一定温度值才能开花。这个温度积累数，称开花积温。因此用积温预测蜜粉源植物开花期是较为可靠的。

积温分为活动积温和有效积温。每种蜜粉源植物的生长发育都有一个下限温度，一般以日均温表示。只有高于这个下限温度时植物才能生长，而低于下限温度时蜜粉源植物便不能生长，这个温度即为蜜粉源植物的生物学零度（一般温带为5℃，亚热带为10℃，热带为18℃）。通常，把高于生物学零度的日平均气温值，叫做活动温度。而蜜粉植物开花期内活动温度的总和，称开花期的活动积温。生物学上限温度一般为40℃，但有的植物超过30℃，生长发育就要受到抑制。为求得开花有效积温更准确，应将超过生物学上限的无效温度予以剔除。

活动温度和下限温度之差则称为有效温度。蜜源植物开花期内有效温度的总和，称开花有效积温。有效温度的计算方法，蜜粉源植物从播种、出苗或其他时期之日算起，到开花之日止，日均温减生物学零度，将其结果乘以此期的天数，公式如下：

$$有效体温（K）=（该时期的平均温度-生物学零度）\times 天数$$

根据物候资料和气温资料即可计算积温。例如，假定10℃是生物学零度，棉花从播种到出苗的平均温度为18℃，经7d，则播种到出苗的有效积温为：$K=(18-10)\times 7=56℃$；到开花则乘以此期天数，即可算出开花有效积温。反之，如果知道该植物开花的有效积温，则可根据该植物当年开花前期的温度推算出植物的花期，因而，积温法在准确推算蜜粉源植物的具体花期中具有重要的意义。

4．物候学预报法

各种植物开花期的迟早之所以存在差异，主要是受每年气候变化因素的影响。植物在长期适应环境的过程中，不断地改变内在生理代谢和生长发育状态以适应经常变化的环境。因此，各种物候现象，如萌芽、展叶、开花、结果、落叶等，是随着气候条件变化而变化的。这些物候现象不仅反映当时的气候，而且反映了过去一段时间内气候的积累对植物的综合影响。

各地植物的物候现象是有规律性的，在地理上表现为随经度、纬度和海拔高度的变化而变化；在同一地点，各种植物物候的出现有顺序性、相关性和同步性。顺序性是指同一地区同一种植物的各个物候期（萌芽、展叶和开花等）的先后是一定的，通常后一个物候期是在前一个物候期的基础上开始的，前一物候现象没有发生，后一个物候现象就不能出现；同一地区，不同种植物的物候现象的出现次序是一定的。各个地区一年中都有许多植物开花，它们开花的物候期出现的先后也是一定的。虽然不同年份它们之间的间隔天数会有所差异，但它们的顺序性是基本不变的。这说明植物物候期的出现对气候条件的要求是较稳定的。相关性是指一种植物的物候现象与另一种或几种植物的物候现象的出现有一定的相关。通常两个物候现象相隔愈近，相关系数愈大；相隔愈远，相关系数愈小。同步性是指每年的气候条件不同，各年间的同一物候期（如开花期）可以有一二十天的差异，但是同一年里，不同的物候期只是作相应的提前或推迟。

但在某些特殊情况下，植物物候的顺序性会出现物候倒置，如毛桃在北纬35°以北地区是先展叶后开花，而其以南地区则是先开花后展叶。所以物候期的变化因地而异，同时也因月份而有所差异。

一个地方蜜源植物开花期测报的主要理论依据是物候现象的顺序性、相关性和同步性。借观测对象的开花物候现象以推断某主要蜜源植物开花期的到来。

（1）开花历的制定　即根据多年对一个地方各种蜜粉源植物的始花期和盛花期的观察，记录最早开花的日期和最晚开花的日期，综合多年资料得出平均日期。从每年早春最早开花的木本蜜粉源植物（如北方的杨树、柳树等）的始花算起，再与各种蜜粉源植物的始花期和盛花期作比较，可得出它们相互之间的间隔天数，按顺序列表制成该地方的开花自然历。

（2）开花自然历预告开花期　根据一个地方植物物候变化的规律性理论和已制定的开花自然历，只要知道该地方某年早春最早开花的木本植物的始施期，就能够按照花历表中各种植物的始花期和盛花期相间隔的天数，按顺序排列制定出该地方当年的开花自然历。知道前一种植物的开花期，就可以推算出后一种蜜源植物的开花期。例如，杨国栋等分别以榆树、杏树和紫丁香的始花期推算华北地区刺槐的始花期测报模式，利用榆树始花期作为45d前预报刺槐的始花期，紫丁香始花期作为15～20d前预报刺槐的始花期。

山东省的王春煊在山东潍坊通过长期的物候观察记录，发现山东潍坊春季各种树木开花的次序为：榆树开花——垂柳始花——杏始花——泡桐始花——刺槐盛花。在制定出当地开花的自然历后，可以根据榆树开花日期预报刺槐盛花的日期（早期预报），可用杏树或泡洞的始花期进行刺槐盛花期的中期预报。可借鉴我国物候学家竺可桢先生的公式对当年某蜜源植物始花期或盛花期进行预报：

$$D = A_1 + (I - A)$$

式中，D 表示某蜜源植物始花期或盛花期到来的预测日期；A 表示早于所要预测蜜源植物先开花的植物始花期或盛花期的多年平均日期；A_1 表示早于所要预测蜜源植物先开花的植物在当年的始花期或盛花期；I 表示所要预测的蜜源植物始花期或盛花期的多年平均日期。

参考文献

[1] 周冰峰. 国家蜂产业技术体系"十二五"中华蜜蜂规模化饲养技术方案.

[2] 周冰峰. 国家蜂产业技术体系"十三五"中华蜜蜂健康高效养殖技术方案.

[3] 周冰峰. 专家与成功养殖者共谈——现代高效蜜蜂养殖实战方案 [M]. 北京: 金盾出版社, 2015.

[4] 吴杰. 蜜蜂学 [M]. 北京: 中国农业出版社, 2012.

[5] 张中印. 高效养蜂 [M]. 北京: 机械工业出版社, 2014.

[6] 薛运波. 长白山中蜂饲养技术 [M]. 北京: 中国农业出版社, 2019.

[7] 罗岳雄. 中蜂高效饲养技术 [M]. 北京: 中国农业出版社, 2016.

[8] 徐祖荫. 中蜂饲养实战宝典 [M]. 北京: 中国农业出版社, 2015.

[9] 冯峰. 中国蜜蜂病理及防治学 [M]. 北京: 中国农业科学技术出版社, 1995.